创建世界纺织强国

CHUANGJIAN SHIJIE FANGZHI QIANGGUO

秦贞俊 编著

东华大学出版社

编委员名单

编委会主任 胡伯陶 中国纺织工程学会棉纺织专业委员会副主任、
高级工程师、《棉纺织技术》编委

编委会成员 （成员排名不分先后）

胡伯陶 中国纺织工程学会棉纺织专业委员会副主任、
高级工程师、《棉纺织技术》编委

冯立林 中日合作大山研究所社长、研究员

魏春霞 河南工程学院、副教授

王 槐 高级工程师

梁业诚 高级工程师

孙蕴林 高级工程师

孙 霞 高级工程师

秦贞俊 高级工程师

目　　录

序

当前,中国工业正处在加快转型升级的关键时期,纺织工业作为传统的支柱产业、重要的民生产业和国际竞争优势明显的产业,正在面临新的发展机遇和挑战。教授级高级工程师秦贞俊同志在努力学习《纺织工业"十二五"科技进步纲要》及国际棉纺织先进技术的基础上,克服年事已高带来的种种困难,经过2012年大半年的努力,终于写成了28万字的《创造世界纺织强国》一书,为我国在努力创造世界级纺织强国中发挥科技创新的重要支撑作用,提供了实用的参考资料。对此,首先对秦贞俊同志孜孜不倦、勤奋刻苦的工作和坚定的理想信念表示崇高的敬意! 对《创造世界级纺织强国》一书的出版表示衷心的祝贺!

一、根据中国百度纺机网的信息资料等了解到,秦贞俊高级工程师50多年来一直致力于棉纺织的技术研究工作,撰写了大量技术论文和指导性文献。曾在《上海纺织科技》《纺织导报》《现代纺织技术》《纺织科技进步》《纺织经济研究》《棉纺织技术》《纺织器材》《国际纺织导报》《纺织科普》《纺织服装周刊》《中国纺织报》《纺织机械》《纺织标准》等媒体上发表过大量的优秀文章。有的文章曾在中国台湾及中国香港等地有关纺织期刊上转载。秦贞俊同志一生专注于纺织技术研究与发展工作,是为中国现代纺织工业的科技进步和人才培养作出了重大贡献的杰出代表。读者评价他是我国棉纺织业的技术理论泰斗,是棉纺织技术的机械专家。实际上也确实是如此。

二、秦贞俊同志还在网上发表了大量文章,如在百度网、中国纺机网及中国纱线网上就有上百篇技术论文刊登,而且还在不断地补充更新,增加新内容。如今,秦贞俊同志在中国纺机网上开设了自己的专栏,奉献更好的作品给大家,有兴趣的读者可以及时关注此专栏。

三、秦贞俊同志从2007年起先后编著了《现代棉纺纺纱新技术》《喷气织机的发展及应用》《世界棉纺织前沿新技术》《现代棉纺织生产的产品质量的监控与管理》《现代化棉纺织生产技术的发展》《2007年幕尼黑ITMA专题报告论文集》等书。目前,他又完成并发表了《创建世界级纺织强国》。这些著作的出版为我国纺织工业提供了大量系统的理论与实践的宝贵信息,以及国内外先进棉纺织新技术发展的资料。

虽然他已是70多岁的老人,但退休后的生活比退休前还要忙碌。他有良好的英语基础,订阅了美、英、奥、德、日及香港的外文纺织技术杂志,不断地学习。他说:"最害怕不知道世界棉纺织技术新发展的情况,在认识上及新的信息上掉队,跟不上新发展的步伐。"退休后,他的时间安排很紧张,除了外出开会或讲学外,其余在家全部用于学习上。他大量阅读有关中外文技术资料,并根据这些外文资料翻译和写作发表了400多篇有关纺织技术的论文文章,对国内外纺织技术的发展进行了比较广泛而深刻的研究与探讨,许多文章带有方向性及指导性。

退休后的秦贞俊同志以中国纺织工程学会棉纺织专业委员会委员的身份先后参加了协会、全国纺织信息中心及纺织工程学会组织的各种专业性的全国会议几十次。在新疆乌鲁木齐举办的国际棉纺织发展研讨会上发表的《世界棉纺织工业的技术进步》受到与会的中外代表的一致好评。他在国内举办的各类专业性会议上所作的专题报告,受到代表们的欢迎。同时,他还应邀先后到过新疆、天津、河北、四川、重庆、山东、河南,湖北、湖南、吉林、黑龙江、广东、广西、福建、浙江、江苏、安徽、北京、上海、海南等20多个省市的100多个纺织厂及纺机厂进行技术咨询和服务。有的企业并不认识他本人,像四川成都、山东青岛等纺织外的单位,他们就是通过介绍或在网上搜索查找到了他,请他去他们那里帮助考虑发展的问题。

秦贞俊同志虽然现在年近80岁了,他说,书不能再写了,但还可以继续写单篇文章在业内与同行交流。他常说:"只要身体允许,我的工作就不能停止!"。他作为一个纺织战线的老兵,一个共产党员,一个教授级高级工程师,在他的有生之年始终践行着自己的理想:要让中国早日成为世界级纺织强国!

我国《纺织工业"十二五"科技进步纲要》是要在把我国纺织科技进步的重点放在大规模地推广应用先进的工艺技术和设备、完善科技创新体系及加快纺织科技人才队伍建设等方面,使行业研发创新能力显著提高,以提高企业的效率及产品的附加值。我们要以《纺织工业"十二五"科技进步纲要》为奋斗指南,把握住世界棉纺织技术进步的发展趋势。大家要像秦老那样努力学习,不断地提高各级管理人员的技术和管理素质,通晓国内外纺织科学技术的发展,加强基础理论研究 发扬自我创新的精神,组织攻关,踏踏实实地努力工作,才能尽快地把我国由纺织大国建设成为纺织强国!

《创造世界纺织强国》编委主任:胡伯陶

编著者的话

首先,向参与本书编写与出版的领导与专家表示感谢!

一、我是 1960 年华东纺织工学院纺织系本科毕业的,一直在纺织行业工作,曾先后根据生产工作实践及学习的国内外大量的纺织科技杂志与书籍编写了包括本书在内的各种纺织科技书籍七册及文章约 400 篇。本人专业学习的不好及写作能力低下,书文的质量不高 为此特表示歉意! 但由于写作过程中先后受到许多专家的指导与帮助,因此书文能比较系统、全面地反应国内外棉纺织科技进步的水平,对纺织技术进步也起到了一定的作用,对此我对参加本书及以前各书编写的工程技术专家们深表感谢,他(她)对于本书的写作给予了很多的指导与帮助,在此一并深表谢意。衷心欢迎业界领导、专家及同行指教! 谢谢!

二、中国纺织工程学会副理事长王竹林教授级工程师对这本书的写作、出版诸多事宜给予了很大的关怀与指教,在此深表感谢!

三、本书的出版受到许多单位和朋友的大力支持与帮助,在此也深表感谢! 他们是:上海西达浆料有限公司董事长林源杰先生,上海立明化工化工集团公司董事长刘招明先生、总经理王硕晨先生,乌斯特技术(上海)有限公司总经理蒲小平先生、副总经理徐斌先生,浙江锦锋纺织机械有限公司董事长、总经理戴步忠先生。

四、对《创建世界纺织强国》编委会成员表示感谢! 他们是:中国纺织工程学会棉纺织委员会高级工程师,棉纺织专业委员会副主任胡伯陶,中日合作大山研究所社长(研究员)冯立林,河南工程学院副教授魏春霞,安徽省部份纺织高级工程师及专家:王槐、梁业诚、孙蕴琳、孙霞、朱纯平。编委会成员在主任胡伯陶高工的领导下精诚团结共同努力,才使本书能克服许多困难终于胜利出版问世,对此我深深的表示感谢!

五、在此我还要对中国纺机网、中国纱线网及中国百度网的大力帮助,特别是中国纺机网及王芳经理的关心与帮助深表感谢!

六、在各网的支持下,读者可很方便的在网上查阅到我的文章和有关情况。谢谢大家多交流指教!

七、对我以前出版的 6 本书的专家及董事长、总经理等领导及出版社的有关同志一并再表谢意。由于篇幅有限不再具名,特表歉意!

编著者　秦贞俊

第一章 总 论

第一节 我国棉纺织工业技术"十一五"发展成就

改革开放以来,特别是进入 21 世纪以来,我国纺织工业取得了长足发展,其中科技进步发挥了根本性的推动作用。特别是在"十一五"期间,围绕《纺织工业科技进步发展纲要》部署的目标和任务,全行业科技进步速度加快,自主创新能力迅速提升,开展了大量关键技术攻关和成果产业化推广工作。以自主创新的工艺、技术、装备为主体的发展速度加快,新产品开发能力和品牌创建能力明显增强,节能减排取得了较大进步,纺织工业劳动生产率和国际竞争力大幅提高,有效地支撑了产业结构调整和产业升级,为行业由大变强的发展奠定了坚实基础。

一、"十一五"期间,我国纺织行业自主创新能力明显提高

高性能、功能性、差别化纤维材料技术,新型纺纱、织造与非织造技术,高新染整技术,产业用纺织品加工技术,节能环保技术,新型纺织机械及信息化技术等重点领域的关键技术攻关和产业化取得了重大进步,多项高新技术在纺织产业领域取得实质性突破,一批自主研发的科技成果和先进装备在行业中得到广泛应用。先进生产技术与时尚创意的结合,明显增强了纺织服装产品开发能力和品牌创建能力。"十一五"期间,我国大中型纺织企业研发经费投入、规模以上企业新产品产值均增加了近 2 倍;全行业有 22 项科技成果获得国家科学技术奖,其中"年产 45 000 t 黏胶短纤维工程系统集成化研究""高效短流程嵌入式复合纺纱技术及其产业化"两项成果获国家科技进步奖一等奖。

二、棉纺织生产自动化、连续化、高速化

新技术的国产化攻关和大规模的推广应用,提高了生产效率和产品质量,是"十一五"期间的主要成就。2009 年棉纺行业精梳纱、无结头纱、无梭布、无卷化比重分别达到了 27.8%、65.4%、68.3%和 46.8%,比 2005 年分别提高了 2.8、10.1、16.1 和 8.4 个百分点。毛纺行业无结纱比例超过 60%,大中型毛针织企业基本实现纱线无结化;精梳产品 100%无梭化,粗梳产品 80%无梭化,产品质量大幅提高,接近世界先进水平。桑蚕自动缫丝机的推广应用使生丝质量水平平均提高了 1.5 个等级,应用比例由 20%提高到 85%。

紧密纺、喷气纺、涡流纺、嵌入纺等新型纺纱技术的采用使纱线品种更加丰富,天然纤维纺纱线密度大大降低,纱线质量显著提升。2009 年,棉纺紧密纺生产能力达到 443 万锭,喷气纺、涡流纺达到 5.9 万头。嵌入式复合纺纱技术已在毛纺行业得到产业化应用,开发出了羊毛 2 tex 的低线密度纱线,棉纺、麻纺行业也进行了产业化研究。半精梳毛纺加工技术取得了突

破,2009年生产能力达到100万锭,比2005年增加了70万锭。特种动物纤维绒毛分梳及改性加工技术也达到了世界领先水平,已在25％左右的羊绒分梳企业得到应用。

三、"十一五"期间,纺织行业面料加工技术上了一个新台阶

新型电子提花装置的大量应用、经纬编新型面料的开发、多种纤维的混纺交织,以及织物结构的创新,大大丰富了纺织面料的品种,我国棉纺、毛纺、针织面料及一批化纤面料已经达到或接近国际先进水平。印染行业自主研发了活性染料冷轧堆前处理及染色、数码印花、涂料印花等一批印染新技术,大量采用了电子分色制版、自动调浆、在线检测等先进电子信息技术,大大提高了面料质量的稳定性和附加值。面料后整理由抗菌、抗皱等单一功能的整理,发展为提高织物附加值而进行的多功能整理,应用也越来越广泛,突破了服装、家纺等传统消费品领域,逐渐拓展至电子、航空、建筑等产业用领域。"十一五"期间,我国纺织行业面料自给率达到95％以上,与2000年相比较,面料出口额年均增速超过10％。

四、"十一五"以来,《纺织工业科技进步发展纲要》确定的10项新型成套关键装备研发和产业化攻关进展明显

大容量涤纶短纤成套设备,新型清梳联合机、自动络筒机等高效现代化棉纺生产线,机电一体化喷气织机、剑杆织机均已实现批量生产,部分产品达到国际先进水平,有效替代了进口,国内化纤、棉纺装备自主化率显著提高。纺黏、熔喷、水刺非织造布设备以及电脑提花圆纬机、电脑自动横机、高速特里科经编机等针织设备均已研发成功,并推向市场,大大降低了纺织企业的装备成本。印染工艺参数在线检测与控制技术已经完成工艺点的检测,单机台的监测与闭环控制系统也研发成功,进入推广阶段。印染设备领域发展了大批具有节能、节水、减排潜力的新产品,国产前处理设备和连续染色设备已经可以替代进口。

五、"十一五"以来,我国主要的棉纺织先进设备

主要包括以下几类:

1. 高效现代化棉纺生产线。清梳联中往复抓棉机产量达1 500 kg/h,梳棉机产量达到100 kg/h。(供应精梳环锭纺),供应转杯纺的梳棉机单产达到250～280 kg/h。

2. 粗纱机。基本替代进口,达到国际先进水平;粗纱机锭翼最高转速为1 500 r/min;多电机传动的悬锭粗纱机占粗纱机销量的20％左右。

3. 细纱机。基本替代进口,细纱机锭子最高转速为25 000 r/min;全自动集体落纱细纱长机占国内细纱机销量的20％左右;国产紧密纺环锭细纱机的紧密纺装置接近国际先进水平,占据国内市场主流。

4. 自动络筒机。实现批量生产,最高卷绕速度为2 200 m/min,达到国际先进水平。国内自动络筒机生产企业成为世界自动络筒机四大主流厂商之一。

5. 机电一体化剑杆织机。机械转速已达600 r/min,使用转速超过450 r/min,已实现产业化;此外机械转速达630 r/min的剑杆织机也已小批量进入市场。

6. 机电一体化喷气织机。运行速度突破了1 100 r/min;具有宽幅、高速的性能,并能配套生产大提花、色织、双幅、双经轴、毛巾等特殊品种,整机技术已接近国际先进水平。

7. 智能化圆机。电脑提花圆纬机、调线电脑提花圆纬机以及结合移圈、调线、衬经的多功

能提花大圆机等系列产品,各种花色的单、双面圆纬机已实现产业化;无缝针织内衣机具有自动扎口、自动剪线、废纱回收、吸风牵引等功能,已开始小批量生产。

六、纺织技术的提升

以上设备虽然比我国 20 世纪 90 年代及以前的技术要先进得多,但仍然是 20 世纪末的水平,大多是 1999 年法国巴黎国际纺织机械展会展出的水平。而国际上在 2007 年德国慕尼黑 ITMA 及 2011 年巴塞罗纳 ITMA 上,纺织技术又比 20 世纪末前进了一大步。

七、纺织机械的推广应用

纺织机械制造技术水平不断提高,国产纺织机械市场竞争力显著提升,信息化技术得到推广应用。主要体现在以下几个方面:

1. 纺织机械产品机电一体化已向深层次的智能化、模块化、网络化、系统化方向发展,节能技术在纺织单机和成套装备中推广应用。节能、降耗、减排的新理念在印染和化纤机械设计中得到贯彻,依托循环经济理念推出了适用于废旧纤维纺纱、切片纺丝和非织造布等新装备。采用先进制造工艺技术、多功能机床、先进刀具、辅具,建立装配流水线,提高装配精度,加强制造过程中的检验和检测,随时监控产品质量。计算机技术逐渐在铸造、热处理、表面处理和装配等方面应用,极大地缩短了理论应用于实际生产的时间,提高了产品质量。

2. 伴随着自主创新能力的提高和加工制造技术的进步,我国纺织机械行业的市场竞争力显著提升。2010 年,国产纺织机械的国内市场占有率超过 70%,主要产品中,棉纺细纱机、粗纱机等产品的国内市场占有率超过 90%,中、高档剑杆织机国内市场占有率超过 60%,自动络筒机超过 25%。国产纺织机械出口规模也持续扩大,"十一五"以来出口额年均增速超过 10%,在印度、孟加拉国、巴基斯坦等东南亚市场广受欢迎。

3. 产品设计数字化和生产制造自动化水平得到较大提升。CAD、CAM 等产品研发设计数字化技术得到广泛应用,有效提高了产品创新能力和市场反应速度。计算机测配色和分色制版等技术的广泛应用,使印染后整理水平大幅提高。远程通信技术等在纺织装备领域得到推广,纺织机械正朝着数字化、集成化、网络化方向发展。在线生产监测系统的一些关键技术取得突破,并在企业得到应用,为物联网在纺织行业的应用打下了基础。

4. 企业管理信息化取得较大进展。规模以上纺织企业应用企业资源计划系统(ERP)的比例达到近 10%,其中化纤、纺机、棉纺企业应用比例较高,大型骨干企业普遍采用。应用水平不断提高,部分大中型企业已经达到国际先进水平,成为行业内推广的典范。纺织 ERP 产品开发取得明显成效,印染、棉纺织、毛纺织等多个子行业的 ERP 系统已达到产业化应用阶段。纺织 ERP 系统的开发应用降低了原料库存,节省了成本,提高了产品质量和劳动生产率,缩短了产品开发周期,极大地提升了纺织企业的运行管理水平和竞争力。

5. 射频识别技术(RFID)取得研发突破并进入产业推广阶段。电子商务和营销信息化取得应用成果,有利于纺织企业开拓市场。公共信息服务平台在重点产业集群得到推广,为广大中小型企业提供了所需的信息服务。

6. 纺织机械制造工业自主创新能力及制造水平大幅提高。"十一五"以来,《纺织工业科技进步发展纲要》确定的 10 项新型成套关键装备研发和产业化攻关进展明显。大容量涤纶短纤成套设备,新型清梳联合机、自动络筒机等高效现代化棉纺生产线,机电一体化喷气织机、剑杆织机均已实现批量生产,部分产品达到国际先进水平,有效替代了进口。国内化纤、棉纺织装备自主化率显著提高。此外,我国的纺织器材及纺织专件也有了较好的发展,如罗拉、针布、精梳梳理元件及钢领钢丝圈等也有出口到东南亚等国家及地区。

7. 绿色环保技术开发和应用进展较快。具体体现在以下三个方面:

(1)一批节能、节水新技术已实现研发突破并在行业中推广应用。"十一五"期间,按可比价计算,纺织行业单位增加值综合能耗累计下降约40%,节能新装备、新技术在行业中得到广泛应用。棉纺行业推广采用节能电机、空调自动控制等技术,其中空调自动控制技术可降低空调能耗10%~15%。化纤行业推广差别化直纺技术、新型纺丝冷却技术等实用节能型加工技术,其中新型熔体直纺热媒加热系统可减少燃料消耗近1/3。印染行业节能降耗的新工艺技术研发和推广成效显著,其中高效短流程前处理技术可节约电、汽消耗30%以上,已经应用于各类棉及其混纺织物;冷轧堆染色可节约蒸汽40%,已在中厚型织物上应用。

"十一五"期间,纺织行业节水工作取得进展,用水量最大的印染行业百米印染布生产新鲜水取水量由4 t下降到2.5 t,累计减少37.5%。在印染行业中开始大量推广应用的高效短流程前处理技术可减少水耗30%以上,生物酶退浆可节水20%以上,冷轧堆染色可节水15%。

国产绿色环保纺织专用装备研发和制造能力的提高为纺织行业实现节能降耗创造了良好基础条件。其中,国产连续前处理设备和连续染色设备可有效节约蒸汽、水各20%;新型间歇式染色机可节水50%、节能40%。

(2)污染物控制技术明显进步。"十一五"期间,按可比价计算,纺织行业单位增加值污水排放量的累计下降幅度超过40%,污染物减排及治理技术明显进步。印染行业开发了对废水分质分流进行深度处理及回用的新技术,实现废水处理稳定达标,同时使印染布生产水回用率由2005年的7%提高到2010年的15%,大幅减少了污水排放。丝绸行业研发了缫丝生产废水深度净化循环技术,缫丝废水循环使用率可达90%以上,基本实现污水零排放,目前已在大中型缫丝企业中推广应用。化纤行业采用膜技术处理化纤废水,采用长网洗浆机、连续打浆机和漂白自控系统等装置进行黏胶浆粕黑液治理,采用活性炭吸附法、废气制硫酸装置等治理黏胶废气,有效减少了液体、气体污染物的排放,提高了行业的清洁生产水平。

(3)资源循环利用技术取得进展。废旧聚酯品回收利用技术得到有序推广,技术不断升级。再生纤维用于家纺填充料已经开发出三维中空纤维等新品种,卫生性能也显著改善;用于生产可纺棉型短纤维、有色纤维等差别化纤维、中等强度工业丝的新技术也已实现突破,正在加强推广应用。目前,国内再生纤维生产能力达到700万t,产量达到400万t。行业利用速生林材等可再生、可降解生物质资源开发纤维材料的能力提高,竹浆、麻浆纤维已实现产业化。冷凝水及冷却水回用、废水余热回收、中水回用、丝光淡碱回收等资源综合利用新技术,在行业中推广应用的比例均已达到50%,提高了水、热等各种资源的使用效率,同时也减轻了排污压力,产生了较好的经济和社会效益。

第二节 我国"十二五"科技发展规划对纺织行业科技进步的要求

一、"十二五"期间我国纺织工业的科技进步

纺织行业自主创新能力将重点围绕加大关键技术攻关力度,大规摸地推广应用先进工艺技术和设备,完善科技创新体系,加快纺织科技人才队伍建设等方面,使行业的研发创新能力显著提高,以提高生产效率及产品附加值。我国棉纺织企业在技术进步的各个方面与国外先进水平之间存在一定的差距,棉纺织机械设备、器材、专件、测试与控制以及厂房选用与建设、空调与除尘、照明、职工素质、用工及科学化管理等方面存在一定的问题。要实现把我国从一个纺织大国建设成世界上的纺织强国的目标,任务是十分坚巨的。我们要以"十二五"纺织科技发展计划为指南,把握世界纺织科技的发展趋势,加强基础理论建设,组织前沿技术攻关,踏踏实实地工作,才能把我国建设成纺织强国。

二、"十二五"期间我国纺织行业的任务

包括以下 10 个方面:

1. 从"十二五"起要推广应用清梳联并使国产化率达到 85%;梳棉机要应用模块化技术,提高梳理能力,分转杯纺及精梳环锭纺供应生条,发展高档精梳纱要与转杯纺相结合,能生产精梳环锭纱的企业也应配备一定数量的转杯纺纱机,可配用精梳落棉生产转杯纱;推广应用新型高速并条机的开环式自调匀整及粗节监控等技术;粗纱机要大力推广四单元传动四罗拉双短皮圈三区牵伸技术及全自动或半自动落纱技术;大力发展棉纺细纱紧密纺,加快扩大紧密纺在棉纺环锭细纱机锭数中的比重。到 2015 年无结头纱的比重要达到 75%,全自动转杯纺纱机及其他新型纺纱机要进行国产化研发并扩大新型纺纱的市场;国产自络筒机要进一步提高清纱性能、防叠性能,要实现无痕接头,推广应用光电数码电子清纱器,提高清除异纤的能力;解决好细络联、粗细联等系统自动控制的稳定性等问题,市场占有率由 10% 提高到 30%,粗细联合机今后每年要销售 80 台套。"十二五"期间要继续提高浆整的技术水平,为我国高速无梭织机的运转配套。此外,要研发自动穿经、自动接经技术,推广应用高档机电一体化的喷气织机及剑杆织机,到 2015 年高挡无梭织机自主化率要达到 25%～35%;推广应用生产毛巾及提花用的无梭织机;要加快以剑杆织机取代普通有梭织机的进程,扩大我国无梭织机的应用范围。推广应用离线自动验布技术,提高无梭织机织造工程的自动化水平。其他像电脑横机、经编机等针织设备的国产化率,到 2015 年要达到 60%。

2. 要加快提高国产化纺织设备的加工制造及更新换代的研发速度。国外纺织机械早已在 1999 年巴黎 ITMA 基础上研发出了 2007 年慕尼黑及 2011 年巴塞罗纳 ITMA 的新型纺织机械并投放市场,我国却停留在 1999 年巴黎 ITMA 及以前的工艺技术、设备水平上,比较起来我国是落后的。2011 年巴塞罗纳 ITMA 展会推出了更新的纺织新技术、新工艺及新装备,因此要使我国早日成为世界纺织强国,一定要以 2011 年巴塞罗纳 ITMA 展会的水平为赶超目标,努力赶超 21 世纪国际先进水平。只有迎头赶超才能真正实现成为世界纺织强国的宏伟目标。

3.纺织信息化技术的应用及改造是提升纺织工业技术水平的重要内容。要加快棉纺织厂、针织厂的纺织信息化技术的推广和应用,在重点大中型棉纺织企业推广应用于工业化生产管理的电子技术,并能与企业的其他管理信息系统(如销售信息等)实现集成联网。到2015年大中小型纺织企业的管理信息平台要达到10 000家。

4.在"十二五"期间要继续努力研发并生产高速化、自动化、数字化、智能化、信息化的棉纺织生产技术装备。从纺织品及服装设计到工艺、生产、设备、测试、评估及销售网络体系的全过程,要实现电子技术产业化、信息化的联接,形成纺织生产技术的网络。

5.大力提高纺织器材及专件的制造加工水平,是提高我国棉纺织机械制造水平的关键。要像江苏省常州市同和纺织机械制造有限公司和浙江锦峰纺织机械有限公司等公司那样,敢于创新、敢于超越国际先进水平,把产品带出国门,参与国际先进水平的竞争,在竞争中得到不断提高。我国有不少纺织器材、纺织专件企业在各自的产品研发上做出了很大的贡献,如浙江锦峰纺织机械有限公司、江苏省常州市同和纺织机械制造有限公司、江阴市华方新技术科研有限公司、无锡二橡胶股份有限公司、南通金轮针布有限公司,河南二纺机股份有限公司、常德纺织机械有限公司、衡阳纺织机械有限公司等,在纺织器材及纺织专件的加工制造及质量水平上得到重大的发展与提高。

6.要努力对国内一些棉纺织厂进行技术更新改造,提升其生产设备水平及产品质量水平,以提高参与国际市场的竞争力。我国现有棉纺纱锭1.2亿锭,棉织机126万台,但规模以上的企业还不多,设备及管理水平较低。我国的纺织生产工艺设备要瞄准2007年慕尼黑ITMA及2011年巴塞罗纳ITMA的水平进行技术改造及新建工厂。要把好新建棉纺织厂的厂房设计及建造、设备选型及配套关,使新建棉纺织厂在生产速度、生产效率、用工、产品质量、产品档次、能耗及环保等方面都能进入到国际先进行列中。

7.在新厂建设及老厂改造中,要高度重视配备与应用高科技的离线测试仪器管理生产及把好产品质量关。这是我国棉纺织企业上水平,从纺织大国走向纺织强国的重要环节。

8.要不断壮大科技创新人才队伍,把产、学、研及行业公共服务体系等各方面人力资源整合起来,加快培养高水平的科研、工程设计、管理等领军人才和骨干队伍,加强对在岗职工的专业技能培训,全面提高纺织从业人员的整体素质,促进行业创新能力、生产效率的提高。我国纺织工业面临人才严重缺乏问题,人才培养与实际需求及应用有很大的差距,要建立起产研合作、校企合作、工学结合等人才培养机制。

9.对于高水平的新装备、新工艺、新技术,全行业尚严重缺少高素质的专业工程技术人员。要像巴西那样,针对引进的新设备、新技术要常年不断地举办各类学习培训班,从而提高纺织厂的应变能力。要在引进消化的基础上不断研发国产的新装备、新工艺、新技术,以达到赶超世界先进水平的目的。

10.要提高科技创新体系的能力,必须把纺织企业与高等学校、科研院所结合起来,改变目前的松散状态,提高科研院所在科技创新体系中的地位和作用。要迅速改变创新资源没得到有效应用的现状,使行业的创新水平得到提高。要充分发挥高等学校、科研院所在行业科技创新中的作用;加强专题基础科学研究,提高研究院所的科学研究能力;可以把一些具有战略性的科研项目交给科研院所完成,强调院、校、厂挂钩、共同合作。

总之,要深入贯彻落实科学发展观,紧密围绕"到2020年实现纺织强国"的战略目标,坚持以科学发展为主题,以转变经济发展方式为主线,以市场为导向,充分发挥科技第一生产力和人才第一资源的重要作用,提高行业自主创新能力,提升行业整体技术素质,加快产业结构调整和产业升级,为建成纺织强国提供强有力的科技支撑。要使规模以上的先进棉纺织企业的容量在 10 年后达到 3 000 万锭,更新改造 3 000 万纱锭为紧密纺,更新半自动转杯纺 500 万头(包括部分全自动转杯纺纱机),促进全国棉纺织快速无梭化。

三、"十二五"期间,我国纺织工业要实现的主要目标

1. 加强纺织基础理论研究,掌握一批高新技术纤维开发应用和先进纺织装备研发制造的核心技术,成为世界上自主掌握纺织高新技术的主要国家之一。

2. 要使主流工艺、技术和装备达到 21 世纪国际先进水平。

3. 在节能减排方面达到国家强制性标准要求,在此基础上大规模实现清洁化生产,基本建立低碳、绿色、循环经济体系。

4. 主要企业(规模以上企业中的前三分之一,所谓规模以上企业是指企业产值在 2 000 万元以上)具备较强的自主创新能力,技术和产品研发、检测中心完备,拥有高素质、专业化的科技创新人才队伍,研发投入比例达到 3%～5%。

5. 行业信息化技术开发和应用接近或达到国际先进水平,推动管理和营销模式的现代化。

6. 要努力缩小我国纺织企业的技术及管理差距,扩大规模以上企业的比例,使规模以上企业中的前三分之一企业有很大的提高。继续提高生效产率,到"十二五"末,规模以上企业的劳动生产率争取比 2010 年翻一番。

第二章　纺纱工程的纺前准备

第一节　短流程开清棉生产线

纺纱工程的纺前准备包括开清棉、梳棉（或清梳联）、并条、精梳、粗纱等工序。

2011年巴塞罗纳ITMA（国际纺织机械展览会）展出的各式开清棉机，主要体现了流程短、模快化技术的应用、开松除杂的柔和渐增性等，其中瑞士立达、德国特吕茨勒等公司的开清棉机组具有一定的代表性。

一、立达新型VARIOline开清棉机组及C70高性能梳棉机

瑞士立达公司在2011年巴塞罗纳ITMA上，展出了最新式应用模块化技术的VARIOline开清棉系统及C70高性能梳棉机，形成了新型的开清棉、梳棉生产线。VARIOline开清棉系统应用了模块化技术，针对不同的原棉质量，可选用不同的开松棉及清棉模快，充分提高了单机的开清棉能力。C70高性能梳棉机是在C60梳棉机的基础上进一步改进的机型，其提高了梳理功能，除了保留C60梳棉机的一些先进特点外，C70梳棉机比C60多了32根活动盖板，其中通过盖板导向的重新设计使盖板梳理区达到重新分配。与C60梳棉机相比，在相同生条质量条件下C70的产量增加了40%，供应转杯纺的C70梳棉机的单产可达到250 kg/台·h以上，供应纺精梳环锭纱时的单产可达80～100 kg/台·h。

应用模块化技术的立达新型开清棉机组VARIOline，是最新设计的单产达1 200 kg/台·h的开清棉生产线。该机组根据原料的质量情况设计了清洁模块（R）及开松模块（S），用于混棉机、储棉机和喂棉机上，使开清棉生产线能根据原棉含杂情况应用Varioset系统，进行精确自动调节，调节量为<3%、<5%及>5%。如果机器按正确顺序编组运行，生产线上会有4个清洁点和开松点，清洁模块（R）开松模块（S）相互之间可精确协调，可在开清棉生产线上把原棉中的结杂和异纤分离排出。由于采用了模块化技术，可根据原料的差异安置不同的清棉或开松的模块，使原棉在排出结杂时受到柔和的开松与打击，棉纤维损伤少，棉结产生少，提高了喂入梳棉机棉束的洁净质量及纤维束微细化的水平，为梳棉机生产出优质的生条提供了良好的条件，也是纺好纱的基础。

在2011巴塞罗纳ITMA上展出的立达新型VARIOline开清棉生产线的设备有：

A11 UNIfloc自动抓包机、B12 UNIclean预清棉机、B72 UNIclean混棉机、B 76 UNIclean混棉机、B17（B16）UNIclean清棉机、A79 UNIclean存储给棉机和开棉机/清棉机。

立达VARIOline开清棉生产线是根据不同的开清棉要求分阶段设置不同的机组及清洁开松点，主要根据原料情况、短绒和棉结杂质等的含量以及下游工序的质量要求对开清棉的能

力进行调节,实现对原棉柔和的开松与除杂。具体配置见表2-1-1。

表 2-1-1 立达新型开清棉机组 VARIOline 的模块化配置

机型	功能	开松模块(S)	清洁模块(R)	产量/(kg·h^{-1})	配(R)模块
A11 UNIfloc	抓棉机	不可配	不可配	1 400	不可配
B12 UNIclean	预清棉机	不可配	不可配	1 400	配(R)模块
B72 UNImix	混棉机	配 S 模块		800/800	可配 R 模块
B76 UNImix	混棉机	配 S 模块	配 R 模块	1 200/1 000	可配 R 模块
B17 UNIclean	清棉机	不可配	不可配	1 200	配 R 模块
A79 UNIstore	存储给棉机	可配 S 模块	可配 R 模块	1 200	可配 R 模块
	开棉机/清棉机				

注:可配 S 模块、可配 R 模块、为建议方案;配 S 模块、配 R 模块、不可配为肯定方案。

VARIOline 开清棉系统的设计产量为每条线 1 200 kg/h,可同时供应 10 台 C60 或 C70 梳棉机,使抓棉机到梳棉机之间形成一条连续的、稳定的生产线。新型开清棉机组是高性能的,它能把棉包抓取成极微小的棉束。在这条新型生产线上,混棉机前的集中预清及之后的预清棉机的清棉效率很高,这是纺好纱及生产优质终端产品的基础。B12 UNIclean 预清棉机在开清棉工序的开始阶段就尽可能多地去除杂质及灰尘,防止了较大的杂质及植物性碎屑等通过开清工序,给下道工序的进一步除杂造成困难或难以清除。

VARIOline 开清棉生产线应用数字化设定系统 Varioset,可控制生产线的每台机器都能达到合理落棉,提高原料利用率。通过 Varioset 可改变清棉机的开松及清棉效率,只要按一下电钮即可快速调整或重新设立除杂功能、开松功能。由于设备的功能可根据被加工的原棉质量及产品要求,通过 Varioset 进行快速调整,从而提高了 VARIOline 开清棉生产线的灵活性,保证了产品质量的稳定与提高。

短流程的 VARIOline 开清棉系统通过模块化技术的应用提高了单机的开清棉功能,减少了开清棉工序的机器,在纺纱厂经济效益、节能、降耗、价格及纤维处理与加工等问题上取得多项成就。像落杂运输的空气运输等电力消耗则是通过机器内的间歇性吸风降低能耗的;VARIOline 开清棉系统柔和地处理纤维,以减少纤维的损伤,使纤维损伤率保持在最低水平,提高了制成率,减低了原棉价格上扬的成本压力;足够的原棉清洁能力也是 VARIOline 开清棉系统的特点之一。

(1)A11 UNIfloc 自动抓包机是清除微细杂质及提高制成率的首道工序。新型超短流程清梳联中的第一台机器是往复式抓包机,担负着对原棉的精细抓取、初步开松及混棉的任务。往复式抓棉机的精细抓取是向下道工序输送经过初步开松与混和的精细抓取的棉束。往复式抓棉机的下降动程最小为 0.1 mm,抓取棉束质量为 30~60 mg。为了降低抓棉机打手的速度,尽量减小对纤维的损伤,已使机幅适当加宽,同样的速度下产量要比狭幅的高(目前最宽机幅为 2 200~2 300 mm,机长达 50 m)。在一定的产量供应条件下,打手速度可相应降低,采用变频调速电机,可自动调节抓包机往复运行速度及降低抓棉打手的速度(6~13 m/min),以减小抓取时对纤维的损伤。但对于抓包机的任务来讲,最重要的是向下游机器均匀地输送开松程度较好、杂质能充分暴露在外面的棉絮。在同样的产量条件下,加宽的往复抓包机车速可相应降低,下降动程变小,可以成功地通过柔合和的开松作用使棉纤维束得到游离细小化,从而使杂质暴露在棉纤维外面,在下道工序能很好地被清除。这种自动抓包机提高了梳棉机生产的棉条质量、纺纱质量及生产效率,并获得了较高的经济效益。这种抓包机的最低产量为1 600 kg/h,具有很大的适应性,可抓取棉花或人造纤维。

(2)B12 UNIclean 预清棉机具有高效而可靠的清除杂质功能。B12 UNIclean 预清棉机放在开清棉的第一道工序,具有出色的对原棉的清洁和除尘功能。它直接与 A11 UNIfloc 自动抓包机相连,机器的产量为 1 400 kg/h。由于采用的是无握持的喂入,因此对棉纤维的开松及除杂作用柔和而高效。此外,高效除尘保证了后道工序的最佳运转性能(如转杯纺),可通过电钮调节最佳的清除杂质等废料的能力,可充分地保证做到高水平地利用原棉。B12 UNIclean 预清棉机是一种高效清棉及除尘设备,直接安排在抓棉机的后面。可用于棉或其他天然纤维的清棉及除尘。

(3)B72/B76 UNImix 混棉机应用模块化技术,它们分别是在 B71/B75 型混棉机的基础上改进而成的。可以说,没有其他机器能像 B72/B76 混棉机一样,在很小的空间里很好地完成混棉任务。机上设有清洁模块及开松模块,UNImix 混棉机采用三点式混棉原理,在机内的三个位置对纤维进行混合,可达到非常高的纤维均匀混合。配备清洁模块后,UNImix 混棉机还能用作清洁设备,对纤维进行第二次清洁。B72/B76 型混棉机可对抓包机喂入的棉束进行均匀的混和,即使在抓包机上棉包排放得不均匀,B72/B76 型混棉机也可实现均匀的混棉。独一无二的三点式混棉技术很适用于生产棉与人造纤维的混合产品。八仓混棉机不仅可有效地实现对原料的混合,而且具有产量高,储棉容量大,可排除或降低因棉包的差异对下游工序的影响。由于加装了清洁模块及开松模块,可直接作为喂入梳棉机的喂入设备。

(4) B17 UNIclean 是为了清除污染严重的天然纤维而配置的专用设备,安排在混棉机 B72/B76 UNImix 的后面。该机具有可调节的栅格,使纤维束在栅格内进行 7 次完全回转,见图 2-1-1,从而实现对纤维束的有效清洁。由于是无握持的自由打击,其清除结杂及灰尘的效率高,并能柔和地进行开松与除杂。通过 Variosetke 精细的调节,提高了对原棉的清洁及排除灰尘的能力。B17 UNIclean 的工作滚筒比预清棉机多出 25% 的工作点,从而使棉束分布得更均匀。此外,棉束在旋转顶点再次翻转,可将仍未清洁的表面暴露在栅格里的棉束外。

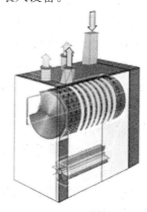

图 2-1-1 B17 UNIclean 清棉机

(5)A81 UNIbleng 是高标准、高精度的多仓混棉机,其精度偏差可在 1% 以内。A81 UNIbleng 可对不同的普梳生产线供应混好的原棉絮,可同时供应 4 条梳棉生产线。A81 UNIblend 精密混棉机的最大产量为 1 000 kg/h,适于加工棉纤维较长的原棉,其具有简单、快捷的特点。

(6)A79 UNIstore 包括存储、开松及清棉等机器,是在储棉机上进行的第四道清洁工序的机器,可加工天然纤维及 65 mm 合成纤维,单产为 1 200 kg/h。同时通过 Smartdfeed 智能喂入功能测量梳棉机的压力并逐级控制原料供应。它有两种机型可供选用:A79s 主要用于对纤维的开松;A79R 可增加对纤维束的除杂清棉作用。

(7)对于异性纤维的排除问题,可根据需要在 VARIOline 开清棉系统选配必要而有效的清除异性纤维的装置。Jossi 公司生产的异纤检除机可排放在开清棉工序中,以在开清棉的最后工序为宜,在喂入梳棉机前的棉束已开松得较细微,异纤较易检出并易去除。Jossi 公司生产的异纤检除机的传感器安排在原料的两侧同时监测,可减少异纤断头和电清切纱,异纤检除机带有扩展色普的新型图像分光仪可检测出淡色和浅色的杂质。异纤检除机采用模块化结构,体积小,可配置在所有的开清棉生产线中。

(8)根据原棉质量及产品质量要求,可对 VARIOline 开清棉系统的设备和模块进行选择编组。表 2-1-2 为不同产量和含杂量的 VARIOline 开清棉系统的编组示例。

表 2-1-2　不同产量和含杂量的 VARIOline 开清棉系统编组示例

脏污程度	含杂量/%	产量/(kg·h⁻¹)	选用的机器及模块				
轻度	<3	800	A11	B12	B72R		
轻度	<3	1000	A11	B12	B76R		
轻度	<3	1200	A11	B12	B76	A79R	
中度	<5	800	A11	B12	B72R	A79R	
中度	<5	1000	A11	B12	B76R	A79R	
中度	<5	1200	A11	B12	B76	A79Ra	A79Ra
重度	>5	800	A11	B12	B72R	B17	A79R
重度	>5	1000	A11	B12	B76R	B17	A79R
重度	>5	1200	A11	B12	B76	B17	A79Ra	A79Ra

注:表中是 A79 UNIstore 系统配 R 模块与 A79Ra 做运行对比。

开清棉、梳棉在生产线上的编组情况,见书后附表 2-1、2-2、2-3、2-4,这些均为在立达生产的开清棉机及梳棉机四条生产线上编组的试验情况。表中 A21 凝棉器用于纤维的输送及集成除尘装置,B16 及 B17 为新型清棉机,比 B12 型清棉机的清棉效率高,SB045、RSBO45 为并条机,是 C70 梳棉以后的纺纱设备。

开清棉加工及产品质量、梳棉机生条质量都会直接影响纺纱质量,特别是立达公司生产的高性能梳棉机 C60、C70 是四种纺纱系统中最重要、最关键的设备。就像大家常说的一样:梳棉机是纺纱的心脏,而梳理区是梳棉机的心脏。瑞士立达公司在提高纺纱质量的问题上,对梳棉机的研发就是按照这个原则进行设计的并取得了很好的效果,C70 高性能梳棉机具有车速高、生产效率高、产品质量好、纤维利用率高及能耗低等特点。

VARIOline 开清棉系统是短流程、高度自动化、模块化技术应用的很好典范。不论是 VARIOline 开清棉系统还是高性能梳棉机,都应作为推广应用的机型,作为我国实现纺织"十二五"科技发展规划的重要引进项目。

二、德国特吕茨勒公司的开清梳联机组

在 1999 年以前,德国特吕茨勒公司的开清棉流程为:全自动抓包机→双轴流开棉机→多仓混棉机→精细清棉机→双棉箱给棉机→梳棉机等,另外还有金属探测仪、异纤清除机及微除尘机等,也是短流程开清系统。但特吕茨勒公司的新式短流程开清棉机组在此基础上又有了很大的改进,把开松、除杂等功能分布于全流程的四台机器上,既完成了开松纤维、清除杂质等任务,又完成了清除异纤的任务。不论是除杂还是开松,其作用的程度在四个工序中是渐增性

的,对棉束的开松及除杂都尽力保持柔和的作用。流程短、作用柔、高效除杂及清除异物、异纤是特吕茨勒公司的新式短流程开清棉机组的特点,为进一步纺好纱创造了条件。对于原棉的开松与除杂,开清棉系统有一对孪生的矛盾,即如果强调了开松与除杂,必然会使短绒及棉结增加;如果考虑了减少短绒及棉结的产生,势必要削弱对原棉的开松与除杂。特吕茨勒公司的新式超短流程开清棉机组,充分体现出对原棉的渐增性柔和的开松和除杂作用,可保证良好的开松清棉效果,而对纤维的损伤最少。

表 2-1-3　老式短流程开清棉系统各单机棉结情况

项目	原棉	抓棉机	轴流开棉机	多仓混棉机	精细开棉机	清梳联喂棉机
棉结数/(个·g^{-1})	221	241	271	333	418	441
单机增长率/%		9.95	11.52	22.88	21.52	5.50

特吕茨勒公司的新式超短流程开清棉、梳棉机组的配置为:BLENDOMATBO-A 全自动抓包机→预清棉机、CL-P→SP-MF 多功能分离装置→ MX-1 一体式混棉机及 CLEANMAT CL-C3 清棉机→DUSTEX 异物分离及除尘机→梳棉机(经双棉箱给棉机)。这样的配置就是为了实现渐增性柔和的开松除杂作用,以减少棉结与短绒的产生并可很好地开松除杂。

1. 为了生产精梳环锭纱,要用长绒棉或绒棉,在超短流程开清棉机组中要充分发挥每台单机的作用,既减少结杂而又能少损伤纤维并减少短绒的产生。一般带一台清棉机的产量为 1 000 kg/h(单线),带二台清棉机的产量为 2 000 kg/h(复线),整个短流程开清棉机的编组充分体现了对原棉的渐增性柔和的开松除杂作用,可保证良好的开松清棉效果,而对纤维的损伤最少。超短流程开清棉机组占地面积小也是其优势。

2. 新型超短流程清梳联中的往复式抓包机担负着精细抓取、初步开松及混棉的任务。图 2-1-2 为 BLENDOMAT BO-A 自动往复式抓包机,它是由计算机程序控制的抓棉机,因此抓棉动作是连续不停的,能精细抓取棉花,且均匀地向下工序输送经过初步开松与混合的原棉。抓包机下降动程最小为 0.1 mm,抓取棉束质量为 30～60 mg;使机幅适当加宽,目前最宽机幅为 2 200～2 300 mm,机长达 50 m,抓取量大,在一定的产量供应条件下,打手速度可相应降低。由于采用变频调速电机,运行速度可自动适应(6～13 m/min),以减少抓取时对纤维的损伤;由于机幅加宽,横向排包由 3～4 包增加到 5～6 包,抓棉机排包长度 50 m,排包量可超过 200 个大包。混棉量大,控制生产 8 组配棉棉包,供应 1～3 条开清棉生产线,能使机器长时间运行,可做到 24 h 无人看车生产,全自动抓包机的产量可达到 2 000 kg/h。可选用单面或双面抓包。BLENDOMAT BO-A 抓包机上反向抓棉罗拉在抓包机向前运行时可自动升高 10 mm,不会因刀片方向与抓棉移动方向相同而引起抓取较大的棉块。

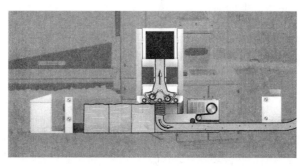

图 2-1-2　BLENDOMAT BO-A 自动往复式抓包机

由于开始生产时棉包高度不同,可按不同高度排放棉包,抓包机会自动升降处理,使抓取量一致。当 BLENDOMAT BO-A 抓包机的产量为 1 500 kg/h 时,其最大抓取量也只有 30 mg。表 2-1-4 所示为抓包机抓取质量与产量间的关系。这台抓包机最多可供应 3 台清棉机或开松生产线。

表 2-1-4　抓包机抓取棉块平均质量与抓包机产量的关系

序号	抓包机抓取棉块平均质量/(mg·束$^{-1}$)	抓包机产量/(kg·h^{-1})
1	6	300
2	12	600
3	18	900
4	24	1 200
5	30	1 500

3.新式短流程开清棉机组中的第二个重要装备是 SP-MF 多功能分离装置,其可将危险的异物从原料流中分离出去,包括金属重物、火源及带火的物质等,另外还有清除灰尘、自动灭火、原料输送及落棉重新喂入等功能。如图 2-1-3 所示,SP-MF 多功能分离装置代替了金属探测器、重物分离器、火警探测及灭火器等装置。

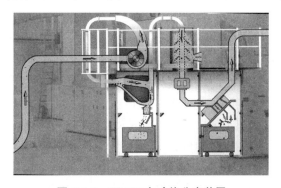

图 2-1-3　SP-MF 多功能分离装置

4.MX-1 混棉机、CLEANOMAT CL-C3(三刺辊系统)和 CLEANOMAT CL-C4(四刺辊系统)清棉机,如图 2-1-4 所示。其具有如下特点:

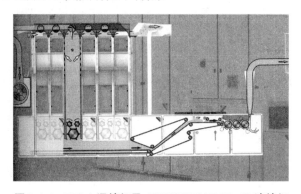

图 2-1-4　MX-1 混棉机及 CLEANOMAT CL-C3 清棉机

(1)从抓包机开始,MX-1 混棉机及 CLEANOMAT CL-C3 精清棉机是第三组重要的机器。混棉机(多仓混棉)与精清棉机直接连接,独立的混棉箱依次进行混棉并受计算机的控制,而且可重复进行;新型的喂棉系统带有旋转阀门,使喂棉受到可靠均匀的控制;清洁效率可调节,使落棉中纤维较少;CLEANOMAT CL-C3 精清棉机的产量高达 1 000 kg/h。精清棉机的功能与原来的 CVT3 类似,其针布的密度及速度都是渐增性的;第一个清洁罗拉上使用角钉,可最大限度地减小纤维的损伤,减少短绒。原棉经过 SP-MF 多功能分离装置后得到清洁、除尘和混合。根据不同的原料及品种,在 CLEANOMAT CL-C3 精清棉机上可设 2~5 个清洁点;混棉机与清棉机直接连接可节省空间。

(2)CLEANOMAT CL-C3 精清棉机与 CVT3 清棉机相比较,对纤维的损伤较小,短绒少,棉结增加也少。这是特吕茨勒公司的新式短流程开清棉机组中 CLEANOMAT CL-C3 精清棉机的优点。它代替了前后的开松、除杂轴流开棉机和多仓混棉机的混棉作用。

(3)经过 CLEANOMAT 清棉机加工的原棉清洁程度很高,对纤维的处理柔和,使纤维的损伤小,短绒少,棉结也减少。

(4)通过电动机控制,可单独调节导向翼来灵活地调节清洁度,使加工后的棉束在任何情况下都能保持最清洁。

(5)由于新开发的清洁罗拉上的针布及锯齿具有很好的适应性,通过无级变速的电机可快速改变速度,因此可加工各种品级的棉纤维。

(6)在清洁点处的直接负压吸风系统可保持清棉机的清洁,可很好地加工易缠罗拉的棉花而不会产生积聚现象。

(7)通过特别的除尘技术,使转杯纱或环锭纱的质量更好,机器运转效率也得到提高。

(8)配有一体式的特吕茨勒微型计算机的精确控制及连续不停的永久性在线检测系统。

(9) CLEANOMAT CL-C3 精清棉机沿用了第一代 CVT3(或 CVT4)开清棉机组的设计理念,用的大都是锯齿金属针布,针布的密度及速度都是渐增性的。第一个清洁罗拉上使用的是角钉,以最大限度地减小纤维的损伤,减少短绒及棉结。但针的截面是矩形的,对纤维的损伤还是较大,棉结较多。从表 2-1-2 中可看出,精细开棉(CVT3 或 CVT4)棉结增加多,自身棉结增加 21.52%(见表 2-1-2)。如能全部改用截面为圆形的梳针打手,则不仅开松除杂效果好,而且对纤维的损伤小,棉结也不会增加许多。图 2-1-5 为克罗斯诺开清棉系列的清棉机,该机应用圆针式的开松装置。

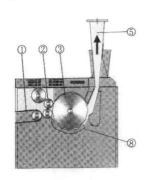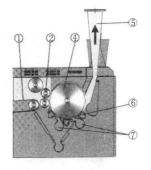

1. 输送带
2. 给棉罗拉
3. 梳针打手
4. 锯齿打手
5. 出棉管
6. 分梳板
7. 排杂管
8. 封闭漏底

图 2-1-5 克罗斯诺开清棉系列的清棉机两种不同的锡林(圆针式和锯齿式)

(10)克罗斯诺开清棉系列的清棉机根据原棉及生产的品种选用圆针式或锯齿式的开松锡林装置,替代 CVT3 系统来加工不同的原料,可比现有的 CLEANOMAT CL-C3 更有利于减少短绒及棉结。

(11)在新型短流程开清棉系统中,棉束质量的变化如下:

①抓包机抓取的棉束质量大约为 70 mg,BO-A 自动抓包机的两个打手以相对较低的速度运行,可减少纤维损伤。

② CL-P 预清棉机的棉束质量大约为 8 mg,作为第一道开松的 CL-P 预清棉机的梳针大而疏。

③精清棉机第一刺辊的棉束质量大约为 1 mg,CLEANOMAT CL-C4 精清棉机的第一开松罗拉表面的针密较稀,足以让棉束通过。

④精清棉机第二刺辊的棉束质量大约为 0.7 mg,第二刺辊上包覆的的针布较稀,运行速度有所提高。

⑤精清棉机第三刺辊的棉束质量大约为 0.5 mg,第三刺辊上包覆的针布较细密,表面运行速度约提高 30%。

⑥精清棉机第 4 刺辊的棉束质量大约为 0.1 mg。

⑦梳棉机棉网喂入装置 WEDFEED 的棉束质量大约为 0.05 mg。

⑧梳棉机锡林开松后的棉束质量仅为 0.001 mg,已形成单纤维状。

(12)模块化技术在开清棉生产线上的应用。除了开清棉生产线编组外,还有 CL-P 预清棉机,它是模块化技术在开清棉工序应用的一个例子。根据原棉及产品的不同,可用或不用 CL-P 预清棉机,对于含杂较高的原棉及质量要求高的产品需要进行轻柔的预清除杂。CL-P 预清棉机放置在混棉机与精细抓包机之间,适当的气流速度可使棉花受到很好的较长时间的柔和清洁处理,使棉花的清洁度高,同时因经受的打击强度低,故纤维损伤小。

图 2-1-6 为 CL-P 预清棉机,其手动操作简单,可灵敏地控制落棉量。CL-P 预清棉机相当原特吕茨勒开清棉机组中的轴流开棉机。

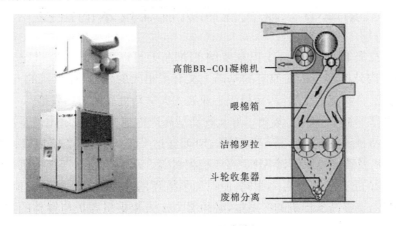

高能BR-C01凝棉机

喂棉箱

洁棉罗拉

斗轮收集器

废棉分离

图 2-1-6 CL-P 预清棉机

(13)纺不同纱线产品的机台配置如下:

①环锭纺,超长纤维,配 CL-P 预清棉机,纺 5.8~7.2 tex 精梳纱。

②环锭纺,长纤维,CL-P 预清棉机→FD-T 及 MX-1 混棉机→CLEANOMAT CL-C3 精清棉机,纺 7.2~14.6 tex 精梳纱。

③环锭纺,中长皮辊,棉纤维(杂质少于 5%),CL-P 预清棉机→ FD-T 及 MX-1 混棉机→CLEANOMAT CL-C3 精清棉机,纺 14.6~19.4 tex 精梳、普梳纱。

④环锭纺短/中长锯齿,棉纤维(杂质少于 3%),FD-T 及 MX-1 混棉机→CLEANOMAT CL-C3 精清棉机,纺 19.4～97.2 tex 普梳环锭纱(不用预清棉机)。

⑤转杯纺,中长皮辊/锯齿,棉纤维(杂质少于 5%),FD-T 及 MX-1 混棉机→CLEANO-MAT CL-C3 精清棉机,纺 16.2～12.4 tex 转杯纱(不用预清棉机)。

⑥转杯纺,短/中长锯齿,棉纤维(杂质少于 5%),CL-P 预清棉机→ FD-T 及 MX-1 → CLEANOMAT CL-C3 精清棉机,纺 12.4～97.2 tex 转杯纱。

5. 渐增性柔和开清棉是超短流程开清棉机组的重要特征。主要表现在:

(1)德国特吕茨勒公司的新式超短流程开清棉机组在原开清棉短流程基础上又有了很大的改进,把开松、除杂等功能分布于全流程的四台机器上,即自动开包机→多功能分离装置→混棉清棉联合机→异物分离装置,既完成了开松纤维、清除杂质等任务,又完成了清除异纤的任务。

(2)瑞士立达公司的开清棉机组也很注意对原棉的柔和作用和高效除杂,渐增性的开松减少了棉结及短绒的产生。

6. 异物分离及除尘联合系统是精细除尘及异物分离两个功能的联合体。特吕茨勒把除尘技术 DUSTEX 与异物分离装置 SECUROMAT 及 SECUROPROP SP-FP 合并形成联合体,使进一步开松后的棉束细小而均匀,有助于对异纤异物的检测,包括异纤、异物、聚丙烯和塑料薄膜等。异物分离及除尘系统具有最优化的除尘性能,能检测罗拉表面的有色异物;采用偏振光检测白色或浅色的聚丙烯以及透明、半透明的异物,采用 2 台高稳定性的特吕茨勒特种数码照相机对准开松罗拉上的棉网,以检测异物;为了保证纤维的分离,采用 3 排每排 64 个喷嘴对纤维进行选择性分离,最后将棉束精确、均匀、连续地喂入到梳棉机。

第二节　现代梳棉机梳理技术的进步

从 2007 慕尼黑 ITMA 及 2011 巴塞罗纳 ITMA 上可以看出,自 20 世纪末的 1999 巴黎 ITMA 以来,国内外梳理技术在原有的基础上又有了很大的发展,梳棉机的五大特点及精梳技术的高速节能、自动化的发展等,使棉织工业技术向更新更高的方向发展。

在 2011 巴塞罗纳 ITMA 上展出了好几种新型高产梳棉机,都显示出产量高、质量好的共同特点,如德国特吕茨勒 TC11 高产梳棉机、瑞士立达 C60、C70 高产梳棉机、意大利马佐里 C701 高产梳棉机及英国克罗斯诺 MK7 高产梳棉机等。从展出的高产梳棉机来看,这些梳棉机在提高产质量的方法上虽然各不相同,但在加强梳理的观点上是一样的。梳棉机的梳理核心是盖板与锡林,要提高梳棉机的产质量,必须努力扩大梳棉机盖板与锡林的积极梳理区,以提高其梳理能力。

一、德国特吕茨勒公司生产的 TC11 高产梳棉机

1. 新型 TC11 高产梳棉机是由德国特吕茨勒公司生产的,其基本性能及机件与以前的 TC03、TC07、TC08 类似,但在扩大梳棉机的积极梳理区、提高梳理能力方面,TC11 型高产梳棉机却有很大的改进,是在专供转杯纺的 TC07、TC08 梳棉机的基础上改进与提高而成的。

2. 特吕茨勒 TC11 高产梳棉机如果与转杯纱生产配套,与 TC03 一样,将锡林中心距提高 20 cm,梳理弧长由 2.17 m 增加到 2.82 m,如图 2-2-1 所示。加长了梳棉机的梳理区,使梳理

质量更好,可获得最好的梳理效果。梳棉机的梳理质量取决于锡林与盖板区,在这个区域里,尤其要重视活动盖板的配备数及质量,要配有最佳盖板根数的活动盖板以及与锡林的配合精度,这对于清除杂质、去除棉结、分离短绒是不可缺少的。为获得最佳效果,要有一个充分准备的棉网,这项工作需要由预梳理区的清洁元件和梳理元件来完成。对纤维束的预开松度越高,梳理效果越好。增加的后梳理区可保证棉条更加清洁、纤维平行更好。特吕茨勒 TC11 梳棉机很注意并保持拥有最长的梳理弧长以确保最长最大的梳理区,这是特吕茨勒 TC11 梳棉机能生产出优质棉条的根本原因。梳棉机清除结杂的能力高,可减轻转杯纺纱箱的除杂负担。此外 TC11 高产梳棉机的工作机幅增加到 1.28 m,使梳棉机的实际梳理面积达到 3.7 m²,如图 2-2-1 所示。这不仅提高了产量,而且产品质量也大为提高。

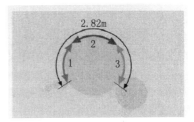

梳理质量的提高　　　1 预梳理区
取决于梳理区的长度　　2 盖板梳理区
　　　　　　　　　　　3 后梳理区

图 2-2-1　TC11、TC08 梳棉机增加梳理弧长的示意图

3. 特吕茨勒 TC11 型梳棉机还具有其他方面的优势,在同样的空间里,产能可比一般梳棉机增加 40%;在同类梳棉机中梳理弧最长;机器制造的精度及质量较高;落棉量最少。

二、瑞士立达 C60、C70 高产梳棉机

立达 C60、C70 及 MK 等高产梳棉机的工作幅宽已由 1.0 m 增加到 1.5 m,扩大了梳棉机盖板与锡林的积极梳理区,不仅产量大幅度提高 50%,而且产品质量高。锡林直径缩小(由 1 290 mm 缩小到 814 mm),锡林回转速度提高,离心力增加,可进一步清除生条中的杂质。在纺粗支纱时可由生条直接到转杯纺纱机,使织机效率及织物质量提高。

1. 立达 C60 高产梳棉机具有很高的性能,产品质量优异,产量高。梳棉机的工作宽度为 1.5 m,扩大了梳理面积。C60 高性能梳棉机在梳理区具有独特的几何形状,主要部件已作了改进,梳棉机的梳理宽度由 1.0 m 增加到 1.5 m,使产量比普通梳棉机增加 50%。在生条引出部分的圈条器(CBA)连接了无自条匀整的并条机(SB 型)和有自条匀整装置的并条机(RSB 型),直接供转杯纺纱机。此外,C60 高性能梳棉机还把锡林直径减少到 1016 mm,减少了单台机器的占地面积,相应提高了锡林转速达到 700 r/min,提高了分梳及除杂能力。精密的盖板隔距及固定盖板的选用,能很好地排除结杂并开松及提高生条质量。该机单产水平高达到 250 kg/h,可作为专供转杯纺用梳棉机。

2. 立达 C70 高性能梳棉机扩大了积极梳理区,精确控制了梳理隔距。其应用了 32 根活动盖板,积极梳理区的梳理能力比 C60 梳棉机增加 40%,比普通梳棉机增加 60%。立达 C70 高性能梳棉机在同等棉条质量或质量比较好的条件下,比 C60 梳棉机的产量高 40%,这种显著的改进是以自动磨锡林盖板针布,以保证盖板与锡林间梳理区的精密梳理而实现的。锡林针布与盖板针布间隔距最小为 0.1 mm,精密的盖板梳理运动提高了梳理质量,也使盖板的清结系统得到了改善。在原棉进入梳理区之前,后区的喂入部分应用除尘刀位置在线短时间的自动调节,可使喂入棉絮质量提高。盖板速度独立于锡林速度,可对盖板速度进行无级调节,梳棉机各部位的速度都可单独调节,从而优化了对被加工原料的利用率及除杂效率。锡林的在线磨针系统 IGS 是提高与稳定梳理质量的重要保障,不需要停车磨针。C70 高性能梳棉机

对提高纺纱质量及降低能耗起到了重要作用,比 C60 梳棉机降低能耗 15％。

3. C70 高产梳棉机采用模块化设计,可方便地转换梳棉机喂入部分的单刺辊或三刺辊,改变生产环锭纱或转杯纱用生条的生产工艺路线。牵伸系统的模块化设置也方便了牵伸工艺的设定。生产转杯纱用生条时梳棉机的单产水平为 250 kg/台·h 以上,最高达到 280 kg/台·h。C70 高产梳棉机增加了运行的活动盖板、增大了梳理区,使生产效率大幅度提高。与此同时,棉条质量也得到进一步提高。模块化技术的应用使 C70 梳棉机仍可应用单刺辊或三刺辊,即可生产精梳环锭纱用生条,也可换成生产转杯纱用生条的双刺辊或三刺辊。生产精梳环锭纱用生条的梳棉机喂入部分的单刺辊可以是梳针式的,以减小对纤维的损伤。

4. 可在短时间内优化原料落棉量,不用任何工具,通过调节除尘刀与刺辊出入口的隔距来实现。另外,还可对盖板速度及锡林速度进行无级调节,从而可根据原料的质量情况变更梳理工艺。盖板速度及锡林速度是无级、无限制单独调节的,改变盖板及锡林的速比以优化不同原料的加工工艺。

5. 梳棉机生条质量的控制。设立在线磨锡林针布是立达公司的专利技术,以保持梳棉机的针在使用寿命期间的生条质量恒定一致。这种全自动在线磨针系统取消了以往停车磨针维修的时间,不仅稳定了生条质量,而且提高了梳棉机的生产效率。

6. 低能耗。由于 C70 高性能梳棉机的单产水平高,使生产每千克生条的能耗降低。C70 高性能梳棉机的能耗比 C60 梳棉机的能耗降低 15％。在全球能源价格上涨的形势下,降低单纱的电耗是提高企业经济效益的重要因素。

三、英国克罗斯诺 MK7 高产梳棉机

MK7 梳棉机的锡林转速最高可达 900 r/min,一般使用为 800 r/min。离心力加大使梳理纤维的排杂作用加强,离心力越大,对纤维的梳理越透彻,排杂越好。MK7 高产梳棉机进一步扩大了梳理弧,达到 245°,梳理弧的增大,在高产时可加强对纤维的透彻梳理作用。MK7 高产梳棉机优化了梳理面积、梳理速度和离心力的关系,优化后的锡林直经为 1016 mm。MK 系列梳棉机的自动监控水平也很高。

四、意大利马佐里 C701 高产梳棉机

意大利马佐里公司在 2011 年巴塞罗纳 ITMA 上展出了从纺到织的棉纺织设备一条龙。展出的最新 C701 型高产梳棉机的工作幅宽为 1.5 m,单产水平达 250 kg/台·h,也采用小直径高速度的锡林配置,生条质量好。

五、梳棉机刺辊部分除尘刀与角钉之间最佳距离的调节

通过除尘刀设定系统,可优化除尘刀与针布的距离、喂棉罗拉握持点与除尘刀的距离,改善棉网的清洁度,这是 TC5-1 梳棉机的重要特征之一。除尘刀围绕第一预开松罗拉的中心作圆周运动,可在几秒钟内进行无级调节,使除尘点与针布之间的距离在任何位置上保持一致。TC5-1 梳棉机有简便的 EASYFEED 喂入装置及电动自动调节 WEBFEED 喂入装置,可监控喂入原棉。设有 SENSOFEED 及 DIRECFEED 监控器,用于监控棉层厚薄,如发现超限喂入,监控器则立即停止梳棉机,并通过电子反转运动在异物对梳棉机造成损坏前将其去除。SEN-SOFEED 及 DIRECFEED 监控器是 TC51 梳棉机不可缺少的一部分。棉层的喂入罗拉与梳

棉罗拉同步运行,因此不会产生由于错误或不良设置而引起的不当牵伸。DIRECFEED 采用特吕茨勒的双棉箱喂棉原理,棉箱容量大,原棉储量增加 60%-100%;同时,下棉箱的几何形状及棉簇在空气中的流动情况为提高棉条的 CV 值打下了基础。图 2-2-2 和图 2-2-3 为除尘刀与角钉之间最佳距离调节。

图 2-2-2　自动或手动调节除尘刀与
角钉之间的最佳距离

图 2-2-3　除尘刀与角钉之间
最佳距离的调节

WEBFEED 系统可以由一个或三个有序排列的开松刺辊组成,逐步开松给予纤维最大的保护,尽量使纤维少受损伤。与一般传统的单刺辊相比,三刺辊可使棉簇的开松更轻柔,开松程度也更高,确保了棉网输送到锡林的过程中更加均匀、轻薄,从而提高锡林与盖板梳理区的梳理效率及棉条的均匀度。因此对于梳理工序来说,纤维的预开松十分重要,根据不同的产品及原料情况进行精确的调整是十分必要的。在 WEBFEED 系统中可灵活地选用各种不同的元件。

在棉网喂入系统可根据原料情况选用不同的刺辊及包覆的针布。三刺辊的第一刺辊为角钉,主要用于加工高产棉纤维;三刺辊的第一刺辊为金属针布,用于生产棉/化纤混纺纱;单刺辊为角钉,用于生产化纤及长绒棉。图 2-2-4 为柔和开松的工艺关系图,随着梳棉机锡林线速度、针布密度及针布角度的提高,被开松的棉簇尺寸相应变小。

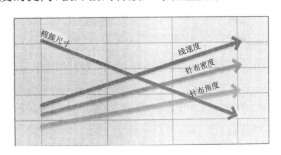

图 2-2-4　柔和开松的工艺(线速度、针布密度及针布角度)对棉簇尺寸的影响

六、高性能梳棉机的在线质量管理系统

新型高性能梳棉机的锡林转速高、生条线密度大、单产水平高。因此要得到高质量的生条供应下道工序(如转杯纺)用,必须对高速梳棉机进行全方位的生产质量管理与监控,在梳棉机上配置在线质量管理系统。

以特吕茨勒 TC11 高性能梳棉机为例,在线质量管理系统的配置:T-CON 优化梳棉机运转性能装置,TC11 全面质量控制系统,TC11 型梳棉机在线棉结检测装置,生条自调匀整系统等。

1. T-CON 装置可优化梳棉机的运转性能,并对梳棉机的高产、优质、安全生产、降耗起保障作用。T-CON 优化系统也可对 TC03、TC07 高产梳棉机的生产参数进行评估。它应用静力学及新材料理论,以高精度的加工手段提高了 TC11 型梳棉机的产能。TC11 梳棉机不仅产品质量高,而且单产水平高,达到 250 kg/台·h,可作为专供转杯纺用梳棉机。

在梳棉机上,各梳理元件间的隔距是梳棉机最重要的参数,因为梳理元件间的隔距对梳棉机的梳理效果及纱线质量的影响最大。通常各梳理元件间的隔距设定是在静态下进行的,并没有考虑到运转时的离心力及因运转而使温度升高等引起的动态变化。

2. T-CON 装置的优化作用可以从根本上实现对梳棉机进行动态的控制。其主要控制作用如下:①自动及时显示与梳棉机梳理质量有关的生产质量信息;②T-CON 碰针监控器可达到最高安全性,保证不碰针;③T-CON 隔距优化设置可实现准确的隔距参数设定,保证了最佳的纺纱质量。

3. 全面质量控制。TC11 型梳棉机对进入棉条筒前的每一米棉条都要经过严格的检测,主要检测棉条的线密度、质量不匀率、棉条条干波谱图及粗节疵点出现的频率等。对棉条完整的质量监控很重要,是提高产品质量的基础。该检测是持续的在线检测,全部检测数据都记录在电脑中,如图 2-2-5 所示。

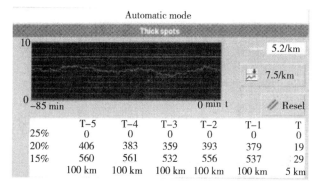

	T-5	T-4	T-3	T-2	T-1	T
25%	0	0	0	0	0	0
20%	406	383	359	393	379	19
15%	560	561	532	556	537	29
	100 km	100 km	100 km	100 km	100 km	5 km

图 2-2-5 全面质量控制粗节检测显示图

4. TC11 型梳棉机沿用的在线棉结检测装置 NEPCONTROL TC-NCT,是特吕茨勒的专用在线棉结监控装置如图 2-2-6 所示,是 TC11 型梳棉机的在线质量检测系统。在生产过程中,每米生条都要经过检测。照相机以每米 20 张的频率对剥棉罗拉下的棉网进行拍照,在此过程中,相机在一个全封闭的轨道上沿梳棉机宽度运动,高性能的计算机直接安装在轨道上,通过特殊的软件评估照片可识别棉结、杂质及籽棉碎片。通过 NEPCONTROL TC-NCT,可以建立整个梳棉机工作宽度内的棉结和杂质的分布图,并在屏幕上自动显示检测结果。精确了解棉结含量的变化并经计算机通知自动磨针及自动调锡林与盖板隔距,发现超限,计算机立即通知停车。因此 TC11 型梳棉机沿用的在线棉结检测装置 NEPCONTROLTC-NCT,是保障 TC11 型梳棉机生条质量的另一重要措施。

5. 生条自调匀整系统。TC11 梳棉机有四个匀整系统,相互配合确保稳定的棉条质量和匀整效果。①可控的梳棉机连续喂棉单元 CONTIFEED;②一体化棉絮喂棉箱的自调匀整系统;③长片段自调匀整系统(开环);④短片段自调匀整系统。如图 2-2-7 所示。

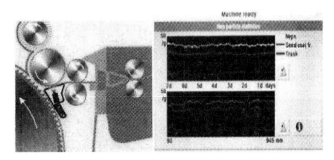

图 2-2-6　棉结检测装置 NEPCONTROL TC-NC

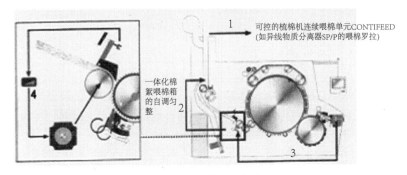

图 2-2-7　梳棉机的自调匀整系统

1—上棉箱自调匀整系统；2—下棉箱自调匀整系统；3—长片段自调匀整；4—短片段自调匀整

6.固定盖板区的配置是提高梳理能力及梳理效果的重要技术。现代高产梳棉机普遍在锡林上部回转盖板前后加装了固定盖板及其配套装置，以加强分梳除杂作用，增加高产梳棉机锡林加速后的梳理度，提高排除籽壳屑、细微尘杂、短绒等功能，比普通梳棉机除结杂效率显著提高，使细纱断头率降低，提高了成纱质量。

随着梳理技术的发展，高产梳棉机的固定盖板根数逐步增加，回转盖板根数继续减少。有人将有 40 根回转工作区盖板（前后无固定板）的普通梳棉机，与后固定盖板 14 根、回转工作区盖板 24 根、前固定盖板 4 根的高产梳棉机进行对比，固定盖板多的高产梳棉机比普通梳棉机的棉结减少 31%，细纱条干 CV 值得到改善。对比试验结果表明：增加固定盖板根数，减少回转工作盖板根数，对于清除结杂、提高生条质量十分有利。据推测，随着高产梳棉机技术的不断发展，可能会出现无回转盖板而全部是固定盖板的新型高产梳棉机。

（1）长片段自调匀整。与应用传感器对梳棉机喇叭口的棉条进行质量检测一样，喂棉罗拉的速度也受到传感器的控制，这样应用一个传感器就能控制梳棉机全部常规生条定量的波普图。

（2）短片段自调匀整。TC11 梳棉机还配置了短片段自调匀整系统，该系统可作用在长度小于 1 m 的棉条上，极大地改善了棉条的均匀度。棉筵厚度被简易喂入装置 EASYFEED 连续检测，梳棉机可根据所测的数据计算出对喂棉罗拉速度的调节量。

（3）双棉箱给棉机的作用不仅能很好地把开清棉生产线与梳棉机连接起来形成清梳联，而且还能通过双棉箱连续均恒的压力控制，使梳棉机获得均匀的棉絮，以生产出更均匀的棉条，为梳棉机的长短片段自调匀整奠定了基础。直接喂棉双棉箱给棉机是梳棉机的一部分，是特吕茨勒双棉箱给棉机的工作原理的体现，下棉箱的几何形状及空气运动为梳棉机生产高质量棉条提供了基础，使生条不匀率 CV 值保持在很好的水平。吸风的排风网安放在梳棉机给棉罗拉前的几厘米处,棉网就此形成。如果生产纯化纤产品,机构基本相同,只是注意了化纤原料通道的防静电处理。立达最新的梳棉机喂入系统是单纤维状喂入。如图 2-2-8 和图 2-2-9 所示。

7. 梳棉机喂入部分 WEBFEED 的改进。新改进的梳棉机喂入部分是一个单刺辊,直径比一般刺辊的直径大 50%,上面配用特殊的角钉并采用新型的表面处理技术,这样可使产能大幅度增加。WEBFEED 的改进使纱线品质大为改善,纱疵平均降低 30%。

8. 精确的盖板隔距检测装置 TC-FCT 是调整整锡林-盖板隔距的重要工具。精确的盖板隔距检测可设定误差大小,使棉条质量更好;可延长针布寿命;可快速设定盖板隔距;检测设定客观、可靠、可再现;检测不受人为因素的影响

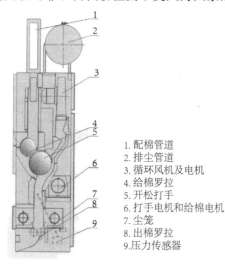

1. 配棉管道
2. 排尘管道
3. 循环风机及电机
4. 给棉罗拉
5. 开松打手
6. 打手电机和给棉电机
7. 尘笼
8. 出棉罗拉
9. 压力传感器

图 2-2-8　直接一体化棉簇双棉箱给棉机

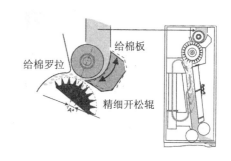

图 2-2-9　立达最新的梳棉机喂入系统感应喂棉装置 SENSOFEED 和棉簇喂棉装置（单纤维状喂入）

七、新型针布

1. 研发新型针布是提高与改善梳棉机梳理性能、提高产品质量的重要方面。格拉夫公司在 2007 年慕尼黑 ITMA 及 2011 年巴塞罗纳 ITMA 上,展出了该公司新研发的梳棉机新型针布,骆驼牌针布推向市场。这种新型针布很像骆驼的驼峰,如图 2-2-11 所示,在盖板式短纤维梳棉机上用作锡林针布,也有用在刺辊上的新型针布。新型针布对减少棉结有很显著的作用。

图 2-2-11　格拉夫公司新研制的骆驼牌针布

2. 骆驼牌锡林针布的驼峰外形设计与一般的金属针布的外形设计不同,在锡林针布表面会形成气流,有明显的积极作用,使纤维能保持在锡林针布表面并阻止纤维滑向针布底部,提高了对纤维的梳理作用及向道夫的转移能力。由于锡林针布特殊的驼峰形齿形,使在锡林表面的纤维很容易从锡林转移到道夫。新型针布可以把不成熟纤维、死纤维及结杂排除,并较少损伤纤维,因此使短绒减少。驼峰针布的外形可以进行在线磨针,这是格拉夫-立达已应用的在线磨针技术在骆驼针布上的应用发展。这种针布梳理时回移的纤维比普通针布少,因此损伤的纤维少,在精梳机上排除的杂疵也相应减少。成品(织物)上的白点减少证明了精梳纱上的棉结减少,也证明了梳棉机采用这种新型针布的极积作用。骆驼型梳棉机锡林金属针布适用于各种梳棉机,是梳棉机新型针布应用的新发展。

3.新型驼峰型梳棉机锡林金属针布的应用,提高了纱线及最终产品的质量。不论是普梳纱还是精梳纱的质量都得到提高。由于新型针布具有特殊的齿形,因此具有许多优点。从附表日常纺纱生产的试验数据中,可看出新型驼峰型梳棉机锡林金属针布的优点主要是减少了棉结。

4.驼峰型针布的齿形还可应用于刺辊上,其优点是可改善刺辊与锡林之间的纤维转移。由于纤维及杂质都保持在刺辊锯齿针布表面,从而可以使刺辊排除杂质的数量增加,这样可使不成熟纤维、死纤维和杂质排除在梳棉机的早期阶段,不进入喂入部分而及早排出。假如这类不成熟、不理想的死纤维不及早排出,会在后工序(针织布或机织布)产生负作用,使织物出现棉结或横档疵点。

八、新型梳棉机的除尘系统

1.高产梳棉机吸尘的风量和风压对生条质量影响很大。生产过程中产生的尘屑、短绒不仅会影响生条质量,而且还会影响生产环境。为此,随着车速的增加、产量的提高,机上负压吸点已发展到包括道夫三角区、刺辊分梳板、锡林前后固定盖板、盖板倒转剥取的盖板花等12个以上,并已普遍实现机台全封闭。机内连续吸风量才能保证每个吸点的负压到位,确保吸风均匀,减少机台之间的差异。当前高产梳棉机都配装单独吸尘风机和滤网,对本机内各吸点实现连续吸,排风经地道排出;循环机外间歇吸,经空中管道排向滤尘系统。间歇吸时间仅为2~3 s,风量3 600 m³/h,静压达到2 000 Pa左右。间歇吸具有风量大、风压高、清除效果好、节能等优点,是国外主要高产梳棉机由程序控制系统控制的新技术。随着梳棉机单产水平、车速的进一步提高,除尘技术尤其应该加强,周围空气清洁度要达到3 mg/m³以下水平,使设备及其周围环境得到净化。

2.新型梳棉机的除尘系统已达到最佳组合,包括几何尺寸、空气流动、对气流的控制组合元素及流体流动摩擦阻力损失等。以TC5-1、TC07、TC08、TC11、C70等高产梳棉机为例,吸尘点显著比普通梳棉机增加,但排出的空气量却减少5%,主要是管道设计减少了连接处的阻力损失。经测试,选择良好的空气压缩机,使压缩空气消耗量减少,从而减少了能耗,形成具有安全保护等一系列的新型排尘系统。

3.特吕茨勒TC5-1、TC11、C70等高产梳棉机上所有负压吸风点的吸风都是连续的,也可采用间接外过虑的间接吸风式。根据气流的优化设计,优化的每个除尘管道的吸风负压仅为740 Pa,耗气量为3 700 m³/h,明显低于其他梳棉机。

九、梳棉机的发展

2007年慕尼黑ITMA及2011年巴塞罗纳ITMA上展出的新型高性能梳棉机,采用了模块化技术,供应转杯纺的梳棉机刺辊一般有两个或三个包有锯条的刺辊,用以开松除杂,梳棉机单产可达250 kg/h,立达公司C70梳棉机单产可达280 kg/h;如果为环锭精梳纱供应生条,单产可在100 kg/h左右,喂入部分是单一的梳针刺毛辊。新型高性能梳棉机梳理弧长增加,有效梳理面积加大,自动控制水平提高是新型梳棉机的共同特点。2011年巴塞罗纳ITMA上展出的新型高性能梳棉机的性能除了产量高以外,更主要的是对产品质量的要求更高。为了适应高速高产量,保障产品质量稳定与提高,新的梳棉机通过增加梳理面积,建立了精细设置与管理高性能梳棉机的工艺及相关问题的体系,如应用T-CON装置对梳棉机进行产量、工艺、速度及生条质量等设置及监控。对锡林与盖板间的隔距自动调整及自动磨针、质量监控等自动控制系统来保证梳棉机的高产能、高质量的运行。此外在应用新型针布及其他新技术上，也是展出的高产梳棉机的重要特征之一，可预见梳棉机还会有更新的发展。

21世纪以来，棉纺织机械向着高速度，高产量，产品高质量，高度自动化，在线检测技术精密化、灵敏化、快速化，信息网络化、模块化等方面发展，并提高了高效除尘系统环保水平，使棉纺纺前生产各工序的技术都达到了高产、优质、低耗的高效率生产水平。根据不同的要求，有针对性地改进了梳棉机工艺路线，一方面提高了梳棉机的梳理能力，另一方面使纺前工艺充分与模块化技术相结合，在21世纪头10多年的时间里，更好地发挥各自的特点，适应不同的车速及品种。此外，高产梳棉机的在线监控技术也得到了快速发展。高产低能耗的高效除尘系统的是新型高产梳棉机的重要进步之一，棉纺纺纱机械和纺纱技术都已取得巨大的进步。

2007年慕尼黑ITMA及2011年巴塞罗纳ITMA上展出的最新梳理设备反映了世界棉纺织技术的最新成就，可供我国棉纺织企业技术改造及新建企业设备选型参考。要把我国从一个纺织大国建设成世界上的纺织强国，就必须迎头赶上世界纺织技术先进水平，一方面用世界上最先进的纺织设备更新和改造我国现有的棉纺织企业，另一方面要改造我国的纺织机械生产企业，使纺织机械生产企业能生产出具有国际先进水平的纺织装备，加快我国走向世界纺织强国的速度。

注：附表2-1、2-2、2-3、2-4为在立达公司生产的开清棉、梳棉、并条、转杯纺及细纱四条自产生产线中编组试验情况。

附表 2-1　纯棉普梳环锭纺　Ne 30/Nm 50

型号	机器台数	每台机器的锭绽数	利用率[%]	输出 tex[Ne][g/m]	并合数	牵伸倍数	捻度 αe	捻度 T/(捻·cm⁻¹)	最大加工速度 r/min[m/min]	计算单位产量[g/h][kg/h]	效率[%]	实际单位产量[g/h][kg/h]	总落棉率[%]	要求的总产量[kg/h]	计算的生产单元[g/h][kg/h]
细纱联	16	30	91.5	30.000					1300	1535.4	87.5	1343.5	1.0	589.4	439.0
纱线1				30.000											
G35	16	1632	100.0	30.000	1	37.5	4.00	21.89	17800	24.4	93.4	22.8	2.2	595.3	26109.0
纱线1															
F16-110	5	160	84.1	0.800	1	7.3	1.28	1.14	1250	1230.0	73.5	904.1	1.0	608.4	673.0
RSB-D 45	3		88.4	0.110	6	6.0			850	273.8	84.6	231.6	0.6	614.5	2.7
SB-D 45	3		87.3	0.110	6	7.3			850	273.8	86.2	236.0	0.6	618.2	2.6
C70	7		93.5	0.060		81.1			169	621.9	95.0	621.9	5.0	621.9	6.5
A21	1		52.2							100.0	95.0	95.0			0.5
异纤检除机	1		78.3							1320.0	95.0	1254.0			0.8
A79	1		52.2							880.0	95.0	836.0			0.5
B72	1		78.3							1320.0	95.0	1254.0			0.8
B12	1		44.8							1540.0	95.0	1463.0			0.4
B26	1		22.1							125.0	95.0	118.8			0.2
A11	1		43.0							1540.0	95.0	1463.0			0.4
开清系统													2.5	654.9	
原料														671.9	

附表 2-2 纯棉精梳紧密纺 Ne 30/Nm 50

型号	机器台数	每台机器的锭数	利用率[%]	输出 tex [Ne][g/m]	并合数	牵伸倍数	捻度 αe T/(捻·cm⁻¹)	最大加工速度 r/min[m/min]	计算单位产量 [g/h][kg/h]	效率[%]	实际单位产量 [g/h][kg/h]	总落棉率[%]	要求的总产量[kg/h]	计算的生产单元
细络联	16	32	88.1	30.000				1300	1535.4	87.5	1343.5	1.0	605.0	451.0
纱线1				30.000				1300					605.0	
K45	16	1632	100.0	30.000	1	42.9	4.00 / 21.89	18400	25.2	92.9	23.4	2.2	611.0	26111.0
纱线1														
F16-110	4	160	87.2	0.700	1	6.4	1.28	1300	1567.4	71.4	1119.1	1.0	624.4	558.0
RSB-D 45	5		83.6	0.110	6	6.0	1.07	550	177.1	85.2	150.9	0.6	630.6	4.2
E80	10	921.3		0.110	8			500	75.2	91.3	68.7	17.0	634.4	9.2
E17	1			0.110		8								
E35	2		76.7	78.000	24	1.5		180	842.4	58.4	492.0	0.5	754.9	1.5
SB-D 45	4		87.2	0.120	5	6.0		850	251.0	86.6	217.4	3.5	758.7	3.5
C70	9		99.2	0.100		126.6		254	90	95.0	85.5	5.0	763.3	8.9
A21	1		64.1						1320.0	95.0	1254.0	0.6	1254.0	0.6
异纤检除机 A79	1		96.2						880.0	95.0	836.0	1.0	836.0	1.0
B72	1		64.1						1320.0	95.0	1254.0	0.6	1254.0	0.6
B12	1		96.2						880.0	95.0	836.0	1.0	836.0	1.0
B26	1		54.9						1540.0	95.0	1463.0	0.5	118.8	0.3
开清系统 A11	1		27.1						1540.0	95.0	1463.0	0.5	1463.0	0.5
			52.7						1540.0	95.0	1463.0	2.5	1463.0	
原料													824.7	803.8

附表 2-3　纯棉普梳转杯纺 Ne 30/Nm 50

型号	机器台数	每台机器的锭数	利用率[%]	输出 tex[Ne][g/m]	并合数	牵伸倍数	捻度 αe	T'(捻·r/min)[m/min][cm⁻¹]	最大加工速度[m/min]	计算单位产量[g/h][kg/h]	效率[%]	实际单位产量[g/h][kg/h]	总落棉率[%]	要求的总产量[kg/h]	计算的生产单元
SL	8	540													
R60	8	540	100.0	30.000	1	250.0	4.63	25，35	130000	153.8	95.7	147.2	0.9	635.9	4320.0
纱线 1															
机械手 p/m	2														
RSB-D 45	3		99.5	0.120	6	6.0			850	251.0	85.6	214.9	0.6	641.6	3.0
SB-D 45	3		99.0	0.120	5	10.0			850	251.0	86.6	217.4	0.6	645.4	3.0
(6.50)	7		92.9	0.060		81.1			850	178	105.0	95.0	5.0	649.3	5.0
A21	1		54.5							1320.0	95.0	1254.0			0.5
异纤检除机	1		81.8							880.0	95.0	836.0			0.8
A79	1		54.5							1320.0	95.0	1254.0			0.5
B72	1		81.8							880.0	95.0	836.0	0.8		0.5
B12	1		46.7							1540.0	95.0	1463.0			0.2
B16	1		23.0							125.0	95.0	118.8			0.5
A11	1		44.9							1540.0	95.0	1463.0			0.4
开清系统														683.7	
原料														701.5	

附表 2-4

100%粘胶普梳喷气纺 Ne 30/Nm 50

机器系统	型号	机器台数	每台机器的锭数	利用率[%]	输出 tex [Ne]	[g/m]	并合数	牵伸倍数	捻度 α_e	T/(捻·cm^{-1})	最大加工速度 r/min[m/min]	计算单位产量 [g/h][kg/h]	效率[%]	实际单位产量 [g/h][kg/h]	总落棉率[%]	要求的总产量[kg/h]	计算的生产单元
纱线 1	SL	12	12	100.0													
	J20	12	120	100.0	30.000												
	机械手 p/m	4			30.000		1	176.5			400	472.4	90.1	425.6	1.2	612.9	1440.0
	RSB-D 45	7		95.6		0.170	6	6.4			500	104.2	89.0	92.7	0.6	620.3	6.7
	SB-D 45	6		94.9		0.160	6	7.4			550	121.8	90.0	109.6	0.6	624.0	5.7
	SB-D 45	4		87.9		0.130	6	6.5			750	204.4	87.4	178.6	0.6	627.7	3.5
	C70	8		97.7		0.120		142.9		288	85.0		95.0	80.8	1.5	631.5	7.8
开清系统	A21	1		52.2								1320.0	93.0	1227.6			0.5
	A79	1		52.2								1320.0	93.0	1227.6			0.5
	B72	1		78.3								880.0	93.0	818.4			0.8
	B26	1		22.0								125.0	93.0	116.3			0.2
	A11	1		60.2								1100.0	93.0	1023.0	0.3	641.0	0.6
原料																642.9	

第三章　精梳、并条及粗纱

第一节　精梳的技术进步

在2011巴塞罗纳ITMA上,展出了瑞士立达公司的E76及E80全自动精梳机,包括E17半自动运输小车、ROBOlap机械手。E76及E80精梳机具有速度高、自动落卷、半自动运卷、自动棉卷导向、自动换卷、自动棉卷接头及自动清洁等功能,生产中间环节基本不需人工参与。这种新型精梳机具有效率高、产量高、质量好、消耗低的特点。同时还展出了特吕次勒公司的TC01精梳机,这是一种全新设计的新型高性能精梳机。这些精梳机代表了当今高科技精梳机的发展水平。

一、瑞士立达公司的 E66/E76 精梳机是目前精梳工程最先进的机械之一

1. 图3-1-1为E66精梳机的外形及传动图,E66精梳机的棉层质量达到80 g/m,实际产能高达72 kg/h,车速高达500钳次/min。采用计算机进行工艺设计,使工艺运转、加压、吸风及能耗等得到优化,并可达到理想的机器运转性能和最高的棉条质量水平。

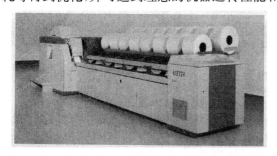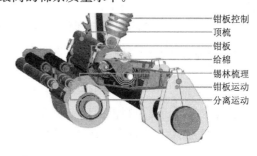

钳板控制
顶梳
钳板
给棉
锡林梳理
钳板运动
分离运动

图 3-1-1　E66 精梳机的外形及传动图

2. E76精梳机具有ROBOlap系列的全自动换卷及接头功能,单产达到74 kg/h,全自动每天可生产1.7 t精梳条。在棉纺厂实际生产中,同等质量条件下E66/E76精梳机的运转速度可达到500钳次/min,产品质量稳定不变。落棉量可减少2%,比其他精梳机系统节约原棉2%。在高钳次(500钳次/min)、重棉网(80 g/m)、减少落棉2%的前提下,精梳条的条干均匀度及其他质量都很好,主要表现在纱疵少、强力和伸长率高以及纱线上的弱环少等。通过优化精梳技术元件及梳理运动,使精梳机对纤维的处理很柔和,这是立达精梳机的重要改进之一。

选择适当的原棉等级及质量可以影响精梳机的产量。采用三上三下罗拉压力棒牵伸机构,并优化牵伸罗拉钳口距离,以很好地控制纤维的运动。

3. E76 精梳机与条卷自动运输小车 E17SERVtrolley 相连形成条卷自动运输系统,同时配有机器人 ROBOlap,使 E76 精梳机达到全自动化,生产效率比半自动精梳机显著提高。

(1)立达公司是唯一制造全自动精梳机的公司。E76 精梳机与 ROBOlap 联合具有自动换卷及很好的接头功能,伺服运卷小车 E17SERVtrolley 与 E76 精梳机联合形成全自动精梳机。该系统做了许多改进,包括高速落卷及棉卷导向机构等,以保证棉卷在 E76 精梳机上的精确位置,并能使 ROBOlap 做到全自动精细地将棉卷接头。

(2)E76 精梳机与 E17SERVtrolley 条卷运输小车联合工作的优点。E76 精梳机经过适当的改进后,与机器人 ROBOlap 联合工作,不仅棉卷接头质量好,而且可将多余的花衣经 ROBOlap 的吸棉管排走,不需要人工管理与操作。立达 E76 全自动精梳机与 E17/E16SERVtrolley 伺服运卷小车的联合形式也可用在其他精梳准备机械上(E32 或 E35)。

(3)立达精梳机棉卷的高效运输。SERVtrolley 条卷运输车是半自动棉卷运输系统,能保证很柔和地把精梳棉卷从精梳准备机上运输到精梳机的 ROBOlap 上,并自动将棉卷卸在精梳机上,只需人工运送 SERVtrolley 及移动吸风管。此外,还有人机工程系统,使 SERVtrolley 棉卷运输简单易行,并具有很高的灵活适应性。安排棉卷运输的精梳准备机械可应用 E16/ E17SERVtrolley 条卷运输车,半自动及全自动精梳机都可以应用这样的装备。

二、E80 型精梳机是立达公司当前最先进的精梳机

1. 由于 E80 精梳机锡林加长了梳理弧长,使精梳机具有许多优越的特性,如质量好、产量高,并且对原棉实现经济适用,做到低级棉纺好纱。锡林梳理弧长的增加,提高了精梳机的梳理能力,使 E80 型精梳机的产质量及对原料的快速适应性得到提高,是当代精梳机的重大改进。此外,在精梳机生产系统中配置全自动机器人,提高了精梳机生产系统的自动化,提高了精梳机的工效,节省了用工。

2. E80 型精梳机的圆周梳理角度由传统的 90°改为 130°,沿梳理圆周(RI-Q-COM)增加了梳理弧长,从而不需要提高顶梳针板的上下跳动次数。与传统的 90°梳理弧长相比,130°圆周梳理角度的梳理面积增加了 45%,使每一周的梳理点比 90°锡林增加 60%。130°锡林梳理弧加工的产品质量比 90°梳理弧好,从而提高了精梳纱的质量。130°梳理弧度的精梳机 E80 不仅产质量高,而且还对原料的使用有很好的适应性。

3. 130°梳理弧长的 E80 精梳机加工的精梳条质量比普通 90°梳理弧长的精梳机明显提高,纱疵减少 20%～30%(见图 3-1-2)。在同样的产量情况下,E80 精梳机生产的纱线质量比 E76 高。

4. 纺纱厂应用高级 E80 精梳机的好处。可以生产出优质高产的精梳产品,或提高较低等级原棉精梳产品的质量,从而提高原棉的使用等级并使最终产品得到改进与提高。一般来说每一个纺纱厂都十分重视增加精梳落棉量、提高产品质量的做法,但过多的落棉并不一定能明显改进精梳条及精梳纱的质量。E80 精梳机加大了分梳锡林的梳理弧长,改进后加工的产品质量比同样的产量条件下其他精梳机(E66/E76)提高了 20%(见图 3-1-2)。

E80 精梳机与 E66/E76 相比,在产量及落棉相同的条件下,E80 精梳机加工纱线的纱疵比 E66/E76 精纱机减少 20%。与市场上的其他高档精梳机相比,纱疵减少 30%,条干最均匀,对原棉品种等级的适应性最好,可加工较低等级的原棉。

5. 在同一时间里喂入棉条质量比市场上的其他高档精梳机增加,可提高产量。提高精梳

机的车速也是提高精梳机生产率的重要因素。E80 精梳机同时考虑了速度与定量这两个因素来确定工艺因素,其棉条质量为 80 g/m,产量 80 kg/h,日产精梳条 2 t。

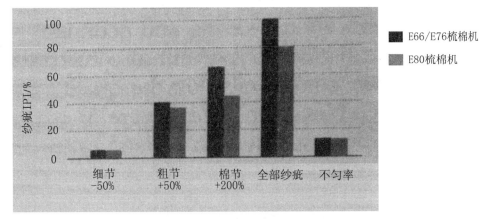

图 3-1-2　同样产量情况下两种精梳机生产的纱线质量

6. 精梳机产品的成本因素主要是用棉量,即精梳落棉是确定生产成本高低的主要因素。由于在同一时期原棉价格的波动较大,因此精梳落棉对精梳条的价格具有很大的影响。新型 E80 精梳机的落棉率进行了合理的配置。

7. E80 精梳机也采用机器人自动接头并采用大条筒,提高了精梳机的效率。条筒直径为 1 000 m,采用大条筒,换筒次数可减少 10%。由于采用了机器人(ROBOLAP)自动接头系统,使梳棉机效率提高了 96%。这些技术措施使 E80 精梳机日产精梳条达到 2 t,同时自动接头的质量比人工接头好,并可节省人工成本 10%。

8. 适当地控制落棉可使精梳条的质量控制在一定的要求范围内,这方面 E80 精梳机具有独一无二的优势。由于该机比其他精梳机扩大了梳理面积,可使用较低等级的原棉生产同样的精梳条,比 E66 精梳机节约用棉 2%,比市场上其他精梳机节约用棉 4%,而且产品质量也较好(图 3-1-3)。

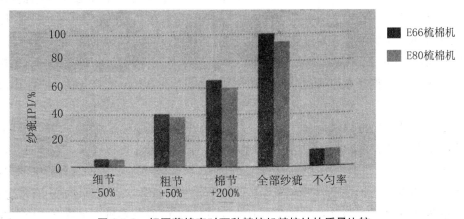

图 3-1-3　相同落棉率时两种精梳机精梳纱的质量比较

在纺制 14.6 tex 纱时,E80、E66 精梳机的落棉率分别为 17% 及 19%,精梳加工的产量分别为 72 kg/h 及 70 kg/h,而成纱质量一样。说明在同样质量和产量时,E80 精梳机的落棉率低。

图 3-1-4 表明,E80 精梳机的落棉率比 E66 精梳机落棉率低 2% 时,在质量不变的条件下,

单产水平可提高 2 kg/h。

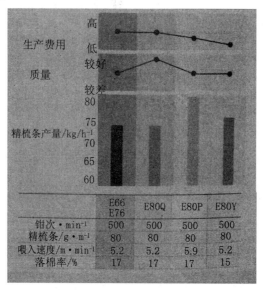

图 3-1-4 E80、E66 精梳机的落棉量、速度、产量及质量对比

9. 如图 3-1-4 所示,E80 精梳机的产量比 E66 精梳机的产量高,而 E80 精梳机的落棉率比 E66 精梳机低。由于 E80 精梳机的梳理质量比 E66 精梳机及其他精梳机有所改进,不仅可节约用棉 2%,还可节约能源 10%,管理费用减少 20%。

10. 立达公司展出的精梳机具有以下几个方面的显著特点:

(1)发展精梳机的全自动化是很好的方向,不仅节省人工,提高效率,更重要的是对提高精梳条质量有积极的作用。精梳机的全自动化带来的效益是可观的。

(2)优化精梳机元件及梳理运动可很好地提高精梳产品质量,使最终线纱条干好、纱疵少、强力高、伸长率高,纱线上的弱环少。

(3)在条件允许的情况下,可适当提高车速,但要有一定的限度,同时要考虑精梳机的投入与产出比。往往为了单纯提高车速而采用高档精梳机部件,使机器造价提高许多,而纤维对精梳机的高速度所产生的惯性并不适应,因此过高的速度对提高产品质量不利。目前 E80 精梳机的梳理弧长由 90° 扩大到 130°,使梳理面积扩大了 45%,E80 精梳机的车速为 500 钳次/min。但产量提高不需要再提高车速,E80 精梳机加工的棉条是为 80 g/m,产量为 80 kg/h,日产精梳条 2 t。

(4)在 2011 巴塞罗纳 ITMA 上展出了瑞士达立公司的新型精梳条卷机 OMEGA E35。立达公司采用的皮带卷绕系统能使棉卷压力均匀地分布在棉卷各处。在棉卷开始卷绕时,压力分布在 180° 的棉卷表面,而在棉卷的尾端,压力分布在 270° 的棉卷表面。满卷时棉卷周围的皮带形成欧米咖形,所以称之为 OMEGA 型精梳条卷机。由于条卷在整个卷绕成形过成中有理想的压力及良好的运转状态,因此卷绕速度能恒定保持在 180 m/min,使条卷机产量提高 40%,达到 500 kg/h(包括落筒、换筒时间)。而立达的 UNILAP 条卷机目前的产量为 300 kg/h。

三、德国特吕茨勒公司全新设计的高性能精梳机

特吕茨勒 TC01 精梳机是全新设计的高性能精梳机,见图 3-1-5。

1.钳板采用铝镁合金,减小了钳板质量,而且是精确磨光的钢质钳口,从而能确保喂入棉卷定量高达 80 g/m 时准确夹持,在 500 钳次/min 时无明显振动,降低了噪声。

图 3-1-5　特吕茨勒 TC01 精梳机

2.为了准确地夹持棉层,分离罗拉设计成鼓形,使罗拉沿轴向中间直径略大,而且是斜纹线凹槽表面,使在工作宽度下更加均匀地夹持棉层,特殊的喂棉罗拉外形保证了连续而稳定的棉网导向,为此喂棉罗拉采用双侧传动。四上四下单独控制的上皮辊牵伸装置各自具有可调节的敏感的气动加压系统,以适应不同的原料,从而保证了棉网的顺利导向及防止叠层。随后,可调气动加压罗拉,将纤细的精梳条输送到高抛光的不锈钢板上。

3. TC01 精梳机的棉卷退绕及喂入区的设计适于重定量喂入,可向前向后喂入,喂入长度可根据原棉纤维的长度很方便地进行调节。

4.半圆梳及顶梳使短纤维分离,其中半圆梳起主要作用,顶梳可分离 3% 的短纤维。TC01 精梳机的半圆梳由四个梳理元件组成,配有不同的针布。半圆梳角覆盖大约 90°,针的密度可从 25 针/cm² 增加到 140 针/cm²。

5.钳板对圆梳运动的均匀一致是生产优质精梳条的关键。TC01 精梳机在 90° 的整个弧面上,钳板与圆梳针布的距离保持一致(见图 3-1-6)。顶梳与分离罗拉的距离应尽可能小,这是精梳过程中特别重要的因素。TC01 精梳机使用的顶梳配有针尖,与分离罗拉的曲面相匹配。一般情况下顶梳针齿密度为 4 针/cm²,但对于粗支纱或特高支纱,针齿密度可为 2.45、5.55 针/cm²。

图 3-1-6　配有四个不同梳理元件的半圆梳机构

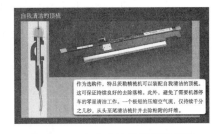

图 3-1-7　有自我清洁的顶梳针板

6. TC01 精梳机还配有自我清洁的顶梳系统(见图 3-1-7),可使梳理质量持续良好,并适当延长挡车工的清洁间隔时间。它是用一个极短的压缩空气流在几微秒钟内对顶梳针从上到下将黏附在顶梳针上的纤维分离出来。

7.分别控制的气动加压的牵伸系统。在 TC01 精梳机的台板上可很轻柔地将 8 根棉条送到位于条筒正上方的牵伸系统的喂入罗拉。牵伸形式为四上四下单独控制的气动加压,可加工重定量大牵伸(8～22 倍)棉层,以齿形带传动。当打开皮辊支撑时,3 个皮辊也被提升,从而简化了操作,而喂入皮辊仍留在棉条上,以防止棉条回缩。棉网气动生头为标准配置。

TC01 精梳机的棉条筒为标准筒(600 mm×1 200 mm)。牵伸系统位置经改进后可使棉条垂直进入圈条盘。备用的空筒从侧面送入,满筒向前运出,换筒十分紧凑,也节省了占地,也可采用地下方式简单地送入空筒。

8.高精度分离罗拉是由共轭凸轮驱动的。差动齿轮下的摆动件使接头时有更长的叠层时间。偏心轮的平衡作用使钳板运动做到更准确、更快速地反转。

9. TC01 精梳机的机架设计应用了特殊的软件,模拟精梳机实际运行过程中的动态负荷。因此每一个机架元件都按其相应的负荷设计的,使机架能满足精梳机高速的要求,在车速为 500 钳次/min,也感觉不到振动。没有冲击负荷,也不会产生不受控的扭力。

10. 精梳机的动力学优化设计减少了加工量,降低了摩擦、振动造成的损耗,大幅度降低了能耗。机械补偿和优化运动学设计降低了钳板运动的作用力。TC01 精梳机利用 3D 软件及模拟计算优化了各个齿轮,使精梳机高速运行时无振动,还可避免摩擦损失,从而在车速增加时,不必增加太多的动能。

11. 衡量一台精梳机的好坏主要是考虑精梳机的产品质量水平,从细绒棉在棉卷、精梳条及精梳落棉中纤维长度的分布中,可看出短纤维的含量及纺纱质量情况。图 3-1-8 为在条卷、精梳条及精梳落棉中的纤维长度分布,纤维含量因不同的落棉量而异。图 3-1-9 为 TC01 精梳机与标准精梳机的纺纱质量对比。

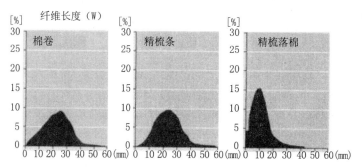

图 3-1-8 精梳机的条卷、精梳条及精梳落棉中的纤维长度分布

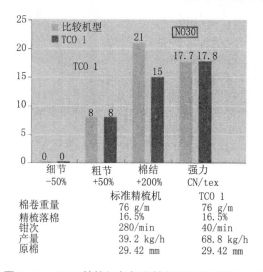

图 3-1-9 TC01 精梳机与标准精梳机纺纱质量的对比

三、精梳条中短纤维含量对纺纱性能的影响

国外高档精梳机特别注重精梳条中短纤维含量对纺纱质量的影响。精梳条中短纤维含量对纺纱质量的影响有以下几点:

1. 短纤维含量对纱线条干不匀率及纱疵的影响分析如下：

(1)精梳条中短纤维含量对纱线的不匀率影响很大，不同的落棉量使精梳条中的短纤维含量不同，造成的牵伸波不一样。由于落棉量增加使精梳条中的短纤维含量减少，可使牵伸波平稳，使细纱条干 CV 值得到改进。从喂入精梳条中的短纤维含量可以看出纺制纱线的不匀率情况。

精梳条及细纱中的细节、粗节和棉结含量，因梳棉及精梳落棉量的加大而减少。落棉量加大，使牵伸波平稳，细节、粗节及棉结减少。

(2)精梳条中的短纤维含量对纱线断裂强力及断裂伸长的影响。纱线中的短纤维含量对单纱强力及伸长率影响显著。当精梳落棉加大时，纱线断裂强度及伸长率相应增加。纱线断裂强度及伸长率的改进主要与精梳落棉、排除短绒量相关，当精梳落棉率排除短绒率高时，精梳条及纱线中的长纤维量相应增加，从而提高纱线断裂强度及伸长率。

现代高速单纱强力试验仪如乌斯特 Tensojet，可细致、大量提供关于单纱断裂强度、伸长率及偏差情况的测试数据。根据 Tensojet 高速强力仪测试的数据，可以预测纱线在机织或针织机上的织造性能、织造效率。精梳机上不同的落棉量表现的单纱强力分布情况不同，落棉量少的精梳条及纱线中的短纤维含量较多，低强力或强力弱环出现的概率高，造成机织或针织机上断头率高；精梳机落棉量高，使精梳条及纱线中的短绒含量少、弱环少、平均强力高、强力不匀率低，伸长率大、伸长不匀率低，使织造效率高。因此，加大落棉量可减少短纤维含量，提高织造效率。

(3)精梳条中短纤维含量对纱线毛羽的影响。纱线毛羽受纱线中短纤维含量的影响，精梳机加大落棉，将精梳条及纱线中的短纤维排除得多，在纺纱过程中纤维受到良好控制，短纤维越少，纱线上的毛羽亦越少。

(4)短纤维含量对纱疵分级的影响。纱疵中有短粗节(S)、长粗节(L)及长细节(T)等疵点，这些疵点对纱线及织物的外观质量影响很大。原棉中的短纤维会影响纺纱质量，产生各种疵点。长粗节及长细节不因落棉量的大小而呈相关变化的趋势，这些疵点主要是由于机器特性、车间清洁工作、回花处理、粗纱、棉条或粗纱头处理等方面造成的。

(5)精梳条卷、精梳条及精梳落棉中的短纤维含量分布合理，是采用特吕茨勒 TC01 精梳机纺好精梳纱的重要因素。可根据要求适当加大精梳落棉量，进一步提高精梳纱的质量。在现代纺纱技术中，一方面加大精梳落棉(落棉率在 21％以上)，提高高档精梳纱质量；另一方面，将精梳落棉混配到转杯纺生产线中，生产高档转杯纱，可用于生产高档 T 恤，这是一个既经济又合理的工艺配置。精梳机纺前准备各工序的配置是能否发挥其优势、生产优质精梳纱的关键。

2. 发达国家及地区已高度重视生产高支精梳环锭纱与生产高档转杯纺配伍的生产线发展，通过加大精梳落棉的方法，提高环锭精梳纱的质量，同时把环锭精梳纱的精梳落棉用于生产高档转杯纱，既充分提高了环锭精梳纱的质量，又充分利用了生产高支精梳纱的长绒棉或细绒棉的落棉，提高了棉纺织企业的经济效益，合理应用了棉花资源。我国在发展高支精梳环锭纱的同时，也应同步配套发展高档转杯纺，以达到综合利用棉花资源、提高经济效益的目的。

3. 根据国外先进精梳机的发展状况，我国发展精梳机的关键在于要把精梳产品质量、生产自动化、节能及提高生产效率作为重点追求目标。速度不能作为衡量精梳机水平的主要指标，因为精梳机速度的进一步提高受到机配件材质的制约。为了满足上下往复跳动 500 次/min

的要求,顶梳板的材质要求轻且具有很好的刚度。同时精梳机的速度也受生产品种及原料的影响,不同的原料及产品采用的精梳机的速度也不一样。因此 500 钳次/min 的速度应该是现代精梳机速度的极限。

4.较先进的精梳机还有不少,如:

(1)丰田-特吕茨勒合作生产的 tco12 型精梳机,可以有效去除短纤、棉结并使棉纤维伸直平行,以满足下工序对精梳条质量的要求。丰田公司采用单电机同步驱动,每组分梳元件可保持一样的张力,消除了全台机器的张力偏差,改进了全机 8 个头的精梳条质量。特吕茨勒的自调匀整系统利用传感器控制了棉条号数。

(2)中国的经纬纺织机械有限公司生产的 JINGWEI1276 型精梳机为高速高效高节能的新型精梳机。车速为 500 钳次/min、理论产量达 73 kg/h。改进了分离罗拉、分梳钳的平衡及传输链等机械得到优化,也减小了由于惯性及加速度引起的机械振动,改进了机械传动箱及支架结构的设计,使机器更加稳定,噪声降低。机器设有网络系统及触摸屏以控制设备的关停运转,使用户具有对机器故障的诊断能力。

(3)山西鸿基科技股份有限公司生产的 SXF1281 新型精梳机,车速达到 500 钳次/min,日产 1.2 t 精梳条。我国生产精梳机的公司还有几家,车速大都达到或接近 500 钳次/min。

(4)浙江锦锋纺织机械公司对我国精梳技术的发展作出了较大的贡献,其主要产品有 JZX 棉精梳机锯齿锡林、JZD 棉精梳机系列整体锡林、棉整体锡林顶梳和棉精梳机系列钳板结合件等,产品还远销国外。

总之,精梳机的技术进步应当进一步朝着提高产品质量、节能、自动化方向发展,而 500 钳次/min 应该作为精梳机速度的上限。

第二节　并条的技术进步

并条是纺织工艺中改善成纱质量、降低条干不匀率、减少纱疵、提高混合均匀度的主要工序。20 世纪 80 年代以来,随着电子计算机技术、传感技术及变频调速技术与纺织机械的结合,使纺织机械走向高科技化,并条机也不例外。经过不断的改进,现代并条机具备了在线并条条干自调匀整、粗节疵点自动监控、全自动牵伸自动调节、牵伸罗拉隔距自动调节系统,形成了计算机自动监控系统。此外,还改进了机器负压净化功能,以及单独传动的自动换筒系统,使并条机功能更加完善。现代化并条机的质量保障体系的技术进步尤为突出。

一、德国特吕茨勒 TD03、TD02 并条机

在 2007 慕尼黑 ITMA 及 2011 巴塞罗纳 ITMA 上,德国特吕茨勒公司展出了新的 TD03-600、TD02 并条机,都是在 TD03 并条机(如图 3-2-1 所示)的基础上改进与发展而成的。

1.特吕茨勒自调匀整并条机有两种型号:一种是用于高产范围的 TC03 并条机,车速最高达到 1 000 m/min,但这种速度只可加工普通原棉、化纤及混纺条;另一种是用于精梳环锭纱的 TD03-600 型并条机,车速最高达 600 m/min。自调匀整系统的应用应根据不同的原料、品种及不同的并条机车速而定,如 TD03-600 并条机的引出线速度为 600 m/min,纺制精梳纱,采用自调匀整系统的效果好。有自调匀整的 TC03 并条机还配有牵伸点的自动优化设置系统 OPTI SET,通过考虑一些综合情况,如机器的设置、原料性质及周围的空调状况而完全自动

确定最佳参数,喂入原棉先经过传感器扫描后再进入主牵伸区接受牵伸匀整作用。主牵伸区距传感器约 1 000 mm,自调匀整作用比传感器扫描时间有一定的滞后,因此主牵伸点的设置应考虑滞后的因素。由于末道并条之后再也没有改进产品质量的工序,因此末道并条应对每一米的棉条进行细致的监控与匀整,使纺出的条子质量能达到标准。这是 TC03 并条机的重要特征之一。此外,主牵伸点的确立还要考虑原料性质、机器设置及周围的空调状况。

图 3-2-1 带自调匀整装置的 TD03 并条机

2. TD03-600 型自调匀整式并条机是专门用于与精梳配套的高档并条机。它就是专门用在精梳生产线上的,机上专门配有自条匀整系统用的伺服电机及细微自调软件,最高的出条速度为 600 m/min。一台并条机大约可节能 3 kW,应用自条匀整系统优化后的速度为 400～550 m/min。

3. 特吕茨勒公司进一步改进了四上三下的压力棒牵伸装置。四上罗拉保证了棉条在牵伸系统的输出侧受到细致的偏转变位,在主牵伸区的压力调节能保证对纤维的良好控制,尤其是对短纤维的控制能得到改善。设计的牵伸系统能简单而快速地对牵伸区的宽度进行调节,并有效地防止棉条重叠现象的形成。此外,该系统还可精确地收集实际运行数据,准确无故障地处理信号,并对匀整信号直接进行转换。

4. 不带自调匀整的 TD02 并条机(如图 3-2-2 所示)主要用于加工普通棉产品,加工纯棉或混纺普梳或精梳环锭纱的头道并条。现代化的清梳联系统加工的生条,通过双棉箱给棉机、梳棉机智能化棉网喂棉系统、长短片段匀整系统的匀整,以及一系列的在线质量控制系统,如自动调锡林盖板隔距、自动磨针等高技术的控制,不匀率大大减小,生条质量已经有了很好的保障。因此在不带自调匀整的 TD02 并条机上可不需再进行匀整,只要并合就能很好地满足下道工序的要求,尤其是生产一般档次的转杯纱,不带自调匀整的 TD02 并条机已完全可以满足要求。

图 3-2-2　不带自调匀整的 TD02 并条机

二、瑞士立达公司的并条机

立达公司展出的新型并条机大多配有在线粗节监控、自动在线牵伸配置、在线自调匀整、在线罗拉隔距调节、高效负压吸尘及短绒净化环境等先进的技术。

1. 新型 RSB-D-22 双眼并条机(如图 3-2-3 所示),每眼各带自调匀整装置,车速为 1 100 m/min,效率比传统的并条机提高 10%～15%,质量与 RSB-D-40 相同,占地面积少、能耗低、投资成本低。

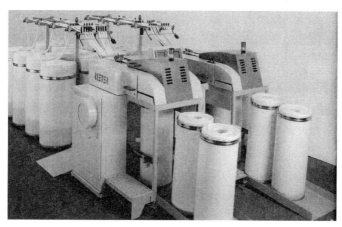

图 3-2-3　RSB-D-22 各带自调匀整装置的双眼并条机

2. 瑞士立达公司的并条机历来以 RSB 系列著称于世,如 RSB35、RSB40 等。在 2007 慕尼黑 ITMA 上,瑞士立达公司展出了其最新的 SB-D11 单眼并条机,最高引出线速度为 1 100 m/min,配有自动换筒装置,条筒直径为 600～1 000 mm,可储存两个条筒,比一般并条机占用较少的面积。在技术及产量上,SB-D11 并条机基本上是安照 RSB40 型并条机设计的,其主要特点有:

(1)SB-D11 型并条机三上三下牵伸系统的牵伸区是倾斜排列的,以使棉条得到柔和地并合。

(2)牵伸区与压辊间的距离短,使纤维受到良好的控制且伸直平行。

(3)由于应用了 CLEANcoil 专利技术,使并条机在高速情况下圈条器很少产生对棉条的拉伸误差。

(4)由于使用了大条筒,因此棉条接头少;条筒直径为 600～1 000 mm。

（5）由于棉条接头很少及供应的棉条紧密，棉条质量好，使下道工序事故少。

（6）由于产量高，使每千克棉条耗电少，同时占地面积少。

（7）由于采用传动带代替了齿轮传动，组装快及开车迅速，使维修费用低；

（8）在立达 SB-D11 并条机上应用了立达线性自动换筒装置，最高车速可达 1 100 m/min；

（9）可储存 1～2 个条筒。由于使用大条筒、事故少及应用气动穿条生头技术，使 SB-D11 并条机的生产效率高，显示出立达的均匀生产观念。可与立达 SPIDER 棉纺厂棉网监控系统联系在一起，单眼并条机的管理控制好；CLEANcoiler 专利 可用于任何长度的圈条。

3. 立达 RSB-D221 双眼并条机可进行两种不同工艺的生产：一个眼可加工普梳棉条；另一个眼可同时加工精梳棉条。并条机的两个眼可采用不同的速度、牵伸倍数及罗拉隔距，可完全独立地进行生产，每个眼的吸风量也可单独设立调整。

三、并条机技术的发展

1. 新型棉条粗节监控器的发展

并条机传统的棉条粗节监控器是凸凹罗拉式的，新型棉条粗节监控器是漏斗式的，图 3-2-4 所示为特吕茨勒并条机的漏斗式传感器的工作原理图。与传统罗拉及沟槽罗拉传感器不同，漏斗式传感器能更精确、快速地测量喂入的棉条，一个漏斗即可包括所有的常规棉条定量。这种传感器无需齿轮传动，比传统传感器的锥轮调速要简单精确得多。这种短片段匀整伺服电机 SERVO DRAF 系统几乎不需维修，故障少，具有更高的匀整能力，可实现最短的匀整长度。特吕茨勒的 SERVO DRAFT 短片段匀整装置是专门为车速 600 m/min 的并条机而优化设计的。为了避免疵条的产生，在并条机的输出部分对棉条进行连续的监控，同时可提供准确的实际运行数据，实际数据与正常数值相比较，一旦出现超限问题机器就自动停下来。

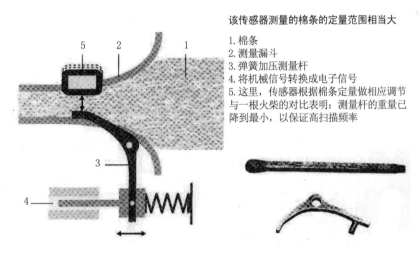

该传感器测量的棉条的定量范围相当大

1. 棉条
2. 测量漏斗
3. 弹簧加压测量杆
4. 将机械信号转换成电子信号
5. 这里，传感器根据棉条定量做相应调节
与一根火柴的对比表明：测量杆的重量已降到最小，以保证高扫描频率

图 3-2-4 特吕茨勒并条机的漏斗式传感器工作原理图

监测器可对如下参数进行监测：

（1）1A％极限（调节极限 Adjustable）。A％极限设定 1 000 m 棉条中 +15％～+25％ 之间，+15％ 以下对成纱质量无显著影响，+25％ 及以上显著影响纱线质量，自动报警停车待处理。图 2-3-4 中 3 为弹簧加压测量杆，本身重量很轻，只有一根火柴棒那样重，以保证高扫描

频率,灵敏度很高。漏斗内的测量片质量比传感罗拉要小得多,因此其扫描频率比罗拉式传感器提高了2.5倍。

(2)条干CV%极限。第一是典型周期性疵点的波谱图极限(这些疵点会造成染疵);第二是棉条监测器提供的生产技术数据的浓缩归纳值。输出棉条的CV%值显示在屏幕上,并可打印简要报告,如:8 h内机器停台次数及停台时间、8 h运行的效率情况、CV%值的变化情况,机器运行起始及未端时间和动力故障等。根据需要还可打印详细的报告,其中包括部分信息,即整个8 h内的现时波谱图及A%曲线。如图3-2-5所示。

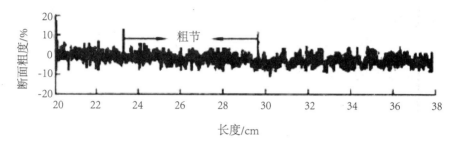

图3-2-5　梳棉机生条的乌斯特条干波普图

经过大量试验得出如下结论:当棉条长度大于20 mm,棉条定量偏差大于15%时,定为熟条棉条粗节疵点,也是熟条粗节疵点在线监控的下限。

2.粗节疵点的在线监控技术

粗节是发生在棉条或纱线上的偶发性疵点,其外观是沿棉条长度方向上横截面粗大的偏差。一般纺纱厂大多利用试验室离线乌斯特条干仪对棉条进行检验,通过检验发现纺纱过程中这种偶发性粗节疵点及产生的原因,但粗节点已流入到纱线阶段,除了切除以外,已无其他方法挽救,以致造成一定程度的质量问题及浪费。

现代化高科技并条机已配置了单独检测与纠正粗节疵点在线自动监控系统,可直接在线检测一定长度内的棉条重量偏差,这种在线监控技术设在并条机的输出部分,可在生产全过程中连续不停地对棉条粗节疵点进行质量监控。

以HSR1000型并条机为例,机上装有高精度的机械弹簧负荷扫描系统,这种监控系统对信号反应很灵敏,在棉条输出速度为1 000 m/min的动态条件下,可将测得的棉条粗节数据(重量偏差)信号应用无接触、无摩擦感应式远距离传感器,可靠地检测全部棉条长度范围内的粗节变化,而且被检测的棉条不因设置粗节监控器而改变前进的导条路线。这种新式检测仪可在线检测棉条号数、号数偏差、短片段棉条不匀率(CV%值),并设有长度方向的重量变化曲线——波谱图,可直接读出周期性棉条重量偏差等。监控操作简单,只要操作机上控制板即可完成监控,并从检测信号中应用特定的计算方法推导出粗节疵点的偏差程度。

3.被检测的熟条疵点与成纱粗点相关程度试验

(1)并条机在线检测的粗节疵点与环锭细纱机、转杯纺纱机纺出的细纱长粗节疵点相比较,根据纱疵分级仪检测结果,可看出熟条粗节与细纱长粗节相关。图2-3-6为熟条粗节与细纱粗节疵点的相关程度。

图3-2-6中的试验条件为:熟条号数58 ktex,环锭细纱29 tex,转杯纱12.4 tex,可试验长度为10万米粗节疵点数,熟条疵点为粗节个数/km。由图3-2-6可看出,环锭纱、转杯纱粗节

疵点的分布基本与熟条疵点的分布状况相类似。并条机棉条粗疵点的检测,可及早发现半制品熟条的重量偏差,并迅速反映出问题所在,以便及时解决。

(2)在线熟条粗节疵点检测系统可直接将条干匀均度、重量偏差、粗节疵点以波谱图的方式报告,并配有报警功能,可及早纠正粗节疵点,以减少下游工序(络纱机电子清纱)的负担。

(3)并条机上的在线监控系统可及早从熟条中发现粗节并予以纠正,从而减少纱疵,是提高纱线质量的超前基础工作。当发现粗节疵点超限时,即自动指令并条机停车。一般超限停车的界限是正常棉条粗节的 3 倍,即正常粗节在＋15％及以下,超限粗节疵点为＋25％及以上,界于正常水平及停车界限之间的粗节偏差程度是正常的,对后工序成纱质量的影响并不显著。为了正确掌握并条粗节疵点的正确分类,将 100 km 棉条分成三级:＋15％、＋20％及＋25％。＋15％的粗节疵点与牵伸本身产生的疵点有关;＋25％的粗节疵点与喂入部分的缺陷有关。与正常棉条相比较,如果这类粗节疵点呈显著比例增加趋势,则可将产生的疵点很快鉴别出来。

4.产生粗节疵点的原因分析

(1)喂入并条机的棉条有缺陷,即半熟条、生条质量有问题,如生条短绒多、头道并条机圈条器传动带有问题、头并圈条质量差,这类原因的发生频率很高。

(2)并条机上有关零部件或机器安装有问题,如零部件不好、匀整系统有问题、加压系统有故障、吸尘系统不畅、负压不足、飞花吸不走、并条机上皮辊磨损或损坏。

(3)原料有问题,如纤维长度有变化。大多数粗节产生于并条机喂入的原料,半熟条或生条有缺陷是产生粗节疵点的根源。其他如未道并条机安装不良或有关零部件有问题产生的粗节疵点以及原料的改变,对产生粗节的影响很小。

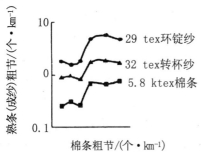

图 3-2-6 棉条粗节与细纱粗节的关系曲线图　图 3-2-7 罗拉钳口隔距、皮辊状况对粗节产生的影响

(4)罗拉钳口隔距、皮辊状况对粗节产生的影响。如图 3-2-7 所示,每次抽查输出的 500 m 棉条,并以不同的钳口隔距进行对比。经过反复试验发现主牵伸区罗拉钳口距离与粗节疵点分布有一定的关系,假如钳口隔距太小,粗节疵点的发生会相应增加。一定长度的纤维都有最佳的罗拉钳口距离,从图 3-2-7 中可看出安全钳口隔距变化约为 2 mm,最佳钳口隔距为43 mm,此数据可作为并条机初始安装的依据。对并条机上棉条粗节疵点,及早发现处理或报警,可以减少对下游工序产品的危害性,并使长片段质量得到保证。现代化高科技并条机上不仅配备了自调匀整系统,还配有对棉条粗节疵点的在线检测系统,可很好地监控棉条的粗节疵点,对提高纺纱质量具有十分重要的作用。

5.在并条机上应用在线粗节监测系统,有助于提高棉条及棉纱的质量,还可以根据统计资料的分析结果进一步优化纺纱工艺及设备状态,使产生粗节疵点的相关因素得到及时纠正。在线粗节监控系统对粗节疵点的反应很及时,并加以区分,凡超过规定极限值时,会自动指令停机,并在屏幕上显示报告,终端显示还可报告出每个条筒中粗节数量及其他质量数据,如喂入棉条不匀率,3 cm、10 cm 和 1 m 的棉条不匀率及重量偏差等,甚至可报告出每个条筒中粗度为+15%的粗节疵点数。在运转管理中,如果粗节疵点增加程度不足以使机器自动停车或报警,挡车工也应对这些疵点作出标记,以便下道工序发现,并根据波谱图快速判断产生粗节疵点的原因。

四、新型并条机的重要技术进步

1. 新研发的并条机导条架是独立传动的,取消了并条机对导条架的机械连接;单独传动的有自调匀整电机的传动负荷,使匀整精度更高;并条机的张力牵伸可设置得十分精确,减少了棉条在导条架部分的意外牵伸,使自调匀整效果更好。这对于加工敏感材料及频繁换批是十分有利的。

2. 特吕茨勒进一步改善了四上三下的压力棒牵伸系统,第 4 个上皮辊保证了棉条在牵伸系统输出端轻柔地导向,同时主牵伸区的可调压力棒使包括短纤维在内的所有纤维的导向都受到控制。在调整牵伸宽度时上皮辊在下拉罗拉的轴承套中调节,这样的调节方式,加上高精度的机械加工水平,保证了上皮辊 100%轴向平行,从而保证优化了棉条的均匀度。

3. 目前先进的并条机的引出线速度已高达 1 000 m/min,立达的新型并条机可开到1 100 m/min,是否还可以再提高速度是业界关心的问题。从生产的品种来看,不论是立达或特吕茨勒所生产的最新并条机的名义速度都定为 1 000 m/min。速度要适应生产特定的品种及原料,不同的品种应用不同的车速。如高速并条机因加工的原料及品种不同,引出速度亦不同。如 1 000 m/min 是高速并条机的最高速度,只可加工普通原棉;加工化纤及混纺条,则引出速度为 650~900 m/min;加工精梳条线速度为 600 m/min,低级棉且废棉多的混合棉条限开速度在 500 m/min 以下;甚至 RSB 系列的并条机,在加工低等级原料的棉条时车速也只能开到 250 m/min。生条及半熟条的短绒率含量会影响匀整的效果。由此可见,原料、产品品种及棉条中含短绒率不同不仅影响并条引出线速度,而且自匀整效果也达不到应有的水平,这是自调匀整系统能否发挥正常作用的关键。特吕茨勒的新型并条机也对不同原料及品种应用不同的车速。并条机上的自调匀整系统适应不了更高的速度,此外棉条引出速度因棉条在圈条器上高速运动会严重影响棉条质量,可以认为圈条器斜管问题制约了并条机引出速度的进一步提高。因此到目前为止并条机的引出速度仍最高限制在 1 100 m,一般在 1 000 m 以下。综上所述,可以认为并条机的车速以 1000 m/min 为极限。

五、国产并条机的发展

1. 经纬纺机公司在 2012 上海 ITMA 上展出了两台并条机,即 JWF302A 及 JWF13/2,都适于加工棉纤维、合成纤维(纤维长度为 22~76 mm)及其混纺制品。JWF302A 是单头并条机并配有乌斯特的 USG 自调匀整装置,以保证棉条的不匀率及质量。JWF13/2 是双眼并条机,三上三下压力棒牵伸配置,双眼自调匀整,牵伸系统有导条罗拉。

2. 天门纺机公司在 2012 上海 ITMA 亚洲展览会上展出了 FA381A 及 TMFD80L 型并条机等。FA381A 并条机是车速为 800 m/min 的单眼带短片段自调匀整高速并条机。机器为模块式结构,结构简单,刚性好,保证了高速下的稳定性;把传动区与牵伸区彻底分开,解决了飞花沾齿形带的问题,也解决了高速下油污条的问题;合理设计了牵伸传动部件的传动支点,提高了传动的可靠性和精度,保证了牵伸质量;优化了牵伸参数,不仅彻底控制了在品质长度内的全部浮游纤维,而且自由区短,增强了对短纤维的控制能力,既兼顾了转杯纺纱的一道并合要求,又提高了纺纱质量和适纺性;滤棉箱远离牵伸区,避免了吸风振动对牵伸区的影响;上下吸风相对独立,调节风量时互不干涉;车面风道直达清洁区,减小了吸风阻力,简单可靠,清洁效率高。

3. 东飞-马佐里纺机有限公司在 2012 上海 ITMA 亚洲展览会上展出的 UNIMAXR 单头自调匀整式并条机是适应高速的并条机,有自动接条装置及远红外线自动停车系统,最高引出速度 1 100 m/min。

4. 宏源纺机有限公司在 2012 上海 ITMA 亚洲展览会上展出的 HY31A 型高速并条机,引出速度为 1 000 m/min,可加工纯棉、化纤及其混纺产品,纤维长度为 20~80 mm,机上应用USG 自调匀整装置,改进了棉条质量,使纤维的伸直度及棉条均匀度得到改进。

5. 我国的新型并条机的技术水平已达到或接近世界先进水平。

第三节 现代粗纱机的技术特征

一、四单元传动是现代新型粗纱机的第一特征

 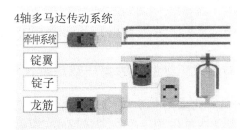

图 3-3-1 四单元传动的粗纱机

由四个变频电机在计算机控制下,分别传动牵伸罗拉、锭子、锭翼及龙筋升降的速度,完成粗纱的牵伸与卷绕成形,取代了锥轮变速及差动装置等机械传动系统,实现了四大运动系统的同步匹配,彻底消除了粗纱机开关车造成的细节并精确完成粗纱的卷绕。

二、粗纱张力传感器的设立是现代粗纱机的第二特征

1. 设置了粗纱张力传感器,监控卷绕线速度与前罗拉引出线速度,使粗纱始终保持一定的张力值,卷绕速度大于引出线速度 1%。不论大纱、中纱、小纱或车间相对湿度的变化,经计算机控制的卷绕张力始终保持恒定及恒定的卷绕密度。新型粗纱机上应用了张力传感器自动控制与调节卷绕张力控制系统(CCD 装置),实质是在线主动控制粗纱大、中、小纱及卷绕高低位置,粗纱张力的自动调整和粗纱张力的动态微调技术,张力调节效果明显。如果在四单元传动技术的基础上同时应用在线张力微调(CCD 技术),粗纱机的张力差异将更加理想。

2. 我国青岛环球纺机厂新近研制开发的一种张力控制系统软件,张力控制采用纺纱系统数学模型程序软件,运用最新控制理论即电机转矩理论,实现了粗纱张力更细小的微调,替代

了 CCD 控制技术,克服了国产 CCD 控制技术不稳定的弊病,使粗纱机能保证恒定张力纺纱,提高了产品质量。

3.国内外新生产的粗纱机都具有四单元传动机卷绕张力控制的技术。

三、四罗拉双短皮圈三区牵伸型式是现代粗纱机的第三特征

如日本丰田 FL16、德国青泽 668 等都应用了四罗拉双短皮圈的 D 型牵伸。如图 3-3-2 所示,四罗拉双皮圈牵伸装置有三个牵伸区,1-2 罗拉之间为整理区,牵伸倍数只有 1.05 倍,主牵伸区在 2-3 罗拉之间。集棉器放置在整理区,主牵伸区不放置集棉器,遵循牵伸不集束、集束不牵伸的原则,以达到提高条干均匀度及减少细纱毛羽的目的。四罗拉牵伸系统的整理区对经主牵伸区牵伸后的纤维起到集束作用,经过集束的须条变窄,在前罗拉钳口引出的粗纱宽度减小,前罗拉钳口到加捻点的纺纱三角区的面积相应减小,结果使纺出粗纱的毛羽比较少。因此四罗拉三区牵伸的作用不仅可使粗纱牵伸倍数增大,可供细纱机纺高支纱,而且还会减少毛羽、提高纺纱质量。

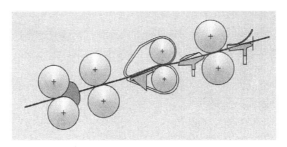

图 3-3-2　四罗拉双短皮圈三区牵伸型式

四、前后排粗纱的导纱角一致是现代粗纱机的第四特征

普通粗纱机前后排粗纱的导纱角不同,使得前后排的捻度及号数都有偏差[图 3-3-3(a)],新型粗纱机提高了后锭翼的高度,使后排导纱角与前排导纱角保持一致[图 3-3-3(b)]。立达 F15/F35 型、青泽 668 型、马佐里 FTN 型及 Lakshmi LFS 型粗纱机都具有这样的结构。

（a）普型粗纱机　　　　　　　　　　（b）新型粗纱机

图 3-3-3　前后排粗纱的导纱角比较

五、自动落纱技术是现代粗纱机的第五特征

1.粗纱机自动落纱技术是提高自动化程度,提高生产率,降低劳动强度,实现传统纺纱连续化及自动生产线的关键技术。

发达国家与不发达国家的用工差距很大,不发达国家(发展中国家)吨纱用工29人,发达国家平均用工为10人,美国为4人,这种差距与纺纱生产自动化程度是分不开的。美国等发达国家对环锭纺纱系统进行了全自动化改造,包括对粗纱全自动落纱、自动运输及粗细联自动化技术的实施。粗纱工程的自动化对于高工资的发达国家尤为重要。我国在纺织"十二五"科技发展规划中提出,实现粗纱机的自动落纱技术及粗细联,是减少用工、提高产品质量的重要举措。

2.粗纱全自动落纱机的技术特点。当粗纱机纺满一定长度的粗纱时会自动停车,下龙筋降到落纱位置,自动落纱及换管后下龙筋复位,粗纱自动搭头,形成新一轮纺纱。落纱时间4~5 min,落下的粗纱集中运到粗纱运输系统待运。如青泽670、680 Rawemat型粗纱机为内置式全自动落纱装置,技术更加先进。我国青岛环球纺机公司从2008年起,每年的上海国际纺织机械展览会上都展出了全自动落纱机,机构简单,落纱时间短,只需2 min,受到业界的特别关注。自动落纱技术为实现粗纱无人操作创造了条件。如图3-3-4粗-细联自动粗纱运输。

图 3-3-4　粗-细联自动粗纱运输

3.半自动落纱。粗纱机的半自动落纱技术比较成熟,尤其是四单元传动的新型粗纱机,其半自动落纱比全自动落纱操作上要简便得多,不需要考虑锥轮皮带的复位等问题。国产新型粗纱机大多是半自动落纱,当粗纱卷绕到一定长度后,计算机指令停车,下龙筋降至落纱位置,人工取纱换上空管,下龙筋再上升到生头位置,搭头重新启动纺纱。

六、完善的清洁系统是现代粗纱机的第六特征

粗纱机自动清洁系统的设立能及时清除罗拉、皮辊、皮圈等处的短绒及杂质,防止纤维缠绕罗拉等部件,保证不出现由于积聚短绒及飞花而造成的纱疵。此外,新型粗纱机具有自身净

化环境的能力,降低了生产区的空气含尘、含飞花量。随着粗纱机车速的不断提高,清洁工作更要加强,以保证产品质量的稳定性,减轻挡车工清洁工作的劳动强度。

1. 德国青泽、瑞士及国产一些新型粗纱机等都配有负压吸尘系统(见图3-3-5),在上下罗拉、皮圈等部位加装吸风口,将这些部位的棉尘、短绒吸走,并在粗纱机机尾处配有过滤网箱,使过滤后的清洁空气循环回送到生产区。由于采用连续负压吸风,使牵伸及卷捻系统的飞花、短绒及棉尘等都及时被吸走,车间生产区含尘量低,保证了牵伸及卷捻系统的清洁,减少了纱疵。

2. 新型粗纱机上还配有断头吸棉及自停装置,在前罗拉下面装有断头吸棉管装置,可解决断头后飘头造成在邻纱产生双纱及其他纱疵。国内外新型粗纱机大多配有这种技术系统。此外,还配有吸棉传感自停系统,一方面将断头吸入管道,另一方面可根据吸棉传感的监控使机器停车待处理。当发生断头时,被吸入机尾干管的短绒、花衣等被传感器检测,当检测量超限时,立即通知机器停车。新型粗纱机的上下清洁装置与断头吸棉装置构成了一个清洁系统,使粗纱质量及生产环境的净化水平得到提高。

3. 粗纱机上还要有一套能够对牵伸区进行连续清洁的联合巡回清洁系统,使粗纱生产达到高度净化。在2011巴塞罗纳ITMA上,瑞士立达公司展出了新开发的一种对牵伸、锭翼部分及地板的联合直接吹吸清洁系统,能稳定、有规律地自动巡回,并对粗纱机进行自动清洁。这种粗纱联合清洁系统(uniclean-F)可对牵伸区的飞花及尘屑等自动连续吸取,并送入固定的汇集箱中。这种系统结构紧凑、精巧,并实现了人机对话控制空气导流装置,可与全自动或半自动落纱机及细-粗联相结合,形成粗纱机生产内部自我清洁体系。

4. 吸尘管道的轨道安装在导条架上或单独从地板上竖立的支架上,收集的垃圾及废料经过圆柱形过滤箱进入飞花接收站,吸尘管道的气流与中央风扇相连。

配有电子式自动控制系统的联合清洁系统,可保证粗纱机发生断头时,吹风装置停止向机台吹风而转向天花板方向,断头飞花由吸风吸入负压管道内。因此,吹吸风联合机构不会损坏或干扰粗纱的正常纺纱。

5. 如果将自动落纱系统或管纱自动运输线与自动吹吸风装置相连接,并设立特殊结点的传感器,当粗纱机满纱准备落纱时,吹吸风装置自动进入停止位置,不会妨碍落纱动作的顺利进行。机上还配有紧急故障转换开关及键盘式按钮开关等。

6. 我国FA400系列、日本FL16型粗纱机除了配备积极回转式清洁绒布外,还配有自动负压吸风系统,及时清洁上下绒板、绒布的棉尘及短绒。

粗纱是纺前准备的最后一道工序,这道工序的好坏直接影响到纺纱质量,而且是无法改变的。因此,在纺织产品质量不断提高的新要求下,粗纱机应用了计算机技术及变频调速技术实现了四单元传动牵伸及卷绕成形的工艺同步,完成了粗纱机取消单电机机械传动的重大改革。这不仅简化了粗纱机的传动,更重要的是提高了粗纱的卷绕质量,消除了由于牵伸卷绕线速度不同步而产生的细节,大大提高了下游工序的生产效率及产品质量。可以说,四单元传动是对进一步提高纺纱产品质量及提高高速运转的下游纺织生产效率的重要贡献。

粗纱机还实现了恒定卷绕张力控制。粗纱机牵伸区采用的四罗拉三区双短皮圈这种新的牵伸形式,是对牵伸不集束、集束不的牵伸理论实践的典型范例,不仅进一步提高了粗纱的纺纱质量,而且为减少细纱毛羽提供了好的粗纱。此外,粗纱机牵伸部位加装的上下吸风机构取代了上下绒板的改进,进一步净化了粗纱机的牵伸区,是提高粗纱洁净度、减少纱疵的一大改进。在纺织厂用工日益紧张的形势下,实行全自动或半自动落纱以及粗细联势在必行。用工水平也是纺织强国的重要标志之一,因此我国的纺织厂要根据实际情况积极实施。

2007 年从慕尼黑 ITMA 及 2011 巴塞罗纳 ITMA 上展出的产品来看,粗纱机已进入高科技时代,为棉纺行业进一步提高纺纱质量和生产效率创造了条件。目前世界上先进的粗纱机锭速一般都在 1 800 r/min,粗纱机的技术进步使整个棉纺厂的纺纱技术达到了新的水平。相信在不久的将来,粗纱机一定会有更大的进步。

第四章　细纱纺纱技术的发展

目前,细纱纺纱技术主要有环锭纺纱、转杯纺纱、喷气纺纱和涡流纺纱四种。环锭纺纱所占的比例最大,转杯纺纱的发展较快,而环锭纺纱新派生的紧密环锭纺纱发展得最快。因此环锭纺纱、环锭紧密纺纱、转杯纺纱、喷气纺纱及涡流纺纱在市场竞争中各显特色、各有发展。由于纺纱技术不一样,所以纺纱品种、纺纱质量及对原料的适应性也不相同,显示出各自的技术特色。

第一节　环锭细纱机的发展方向

在 2011 巴塞罗纳 ITMA 及 2012 上海 CTMTC 上展出的环锭细纱机绝大部分是紧密纺纱机,而且大都是 1 000 锭以上的长车。环锭细纱机的发展方向是:发展紧密纺环锭细纱机、1 000 锭以上长车、细络联和高度自动化的细纱机。

环锭细纱机的自动化已取得很大的技术进步,如全自动落纱、细络联、粗细联、细纱断头自动监测、细纱长车、牵伸系统的自动牵伸倍数调节、人机对话的图形化操作界面、可调式变频负压风机等新技术的应用。模块化技术的应用扩大了细纱机的品种适应性,这是 2011 巴塞罗纳 ITMA 的重要技术进步之一。此外,紧密纺花色纱、紧密赛罗纺、紧密包芯纱等都是环锭紧密纺纱技术的新发展,预计今后紧密纺在普通环锭纺纱技术的基础上会有更大的发展。建议我国在"十二五"及以后相当长时间里不应再增加纺锭数,应集中力量进行环锭纺技术的改造。

一、细纱向紧密纺方向发展

1. 在 2011 巴塞罗纳 ITMA 及 2012 上海 CTMTC 上展出的环锭细纱机绝大部分是紧密纺纱机,表明环锭细纱机的发展方向除了向长车发展外,向紧密纺方向发展是主流。目前的紧密纺环锭细纱机有:立达的 COM4(图 4-1-1)、绪森的 ELITE(图 4-1-2)、青泽的 Zinser360 C3、丰田的 EST 及罗卡斯等。其中立达的 COM4 比较适应加工羊毛等中长纤维,丰田的 EST 是改进的四罗拉式紧密纺装置(见图 4-1-3)。我国目前大多将环锭细纱机上的牵伸装置改装成 EST 四罗拉积极传动的紧密纺装置,而且发展很快,到目前止已改装近 500 万锭。总的看来,紧密纺技术的发展刚刚起步,随着时间的推移,紧密纺不仅会加快发展速度,不断扩大规模,而且紧密纺技术将不断地推陈出新,使紧密纺技术发展得更新、更完善、更科学,在一个较短的时期里将取代普通环锭纺。

2. 绪森 ELITE、丰田 RX240—EST11 紧密纺环锭细纱机,是用紧密纺专件在普通环锭细纱机上改装而成的。德国青泽 Zinser360 C3 紧密纺装置与绪森的不同之处是用带孔的胶圈代替了网格圈,其他结构基本相同,生产的紧密纱品质好,由于模块化技术的应用扩大了品种的适应性。立达 K45 紧密纺纱机是 K44 的发展,可生产各种高品质的纱线,能耗低,维修费用较低。

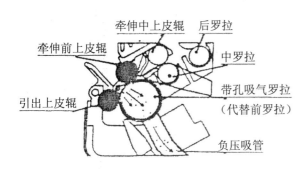

图 4-1-1　立达 COM4 紧密纺装置

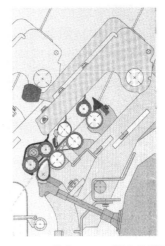

图 4-1-2　绪森 ELITE 紧密纺装置

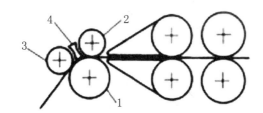

图 4-1-3　罗卡斯磁性紧密纺装置

1—前罗拉；2—牵伸胶辊；3—引纱上罗拉；4—磁性紧密器

3. 绪森 ELITE、丰田 RX240—EST11 及青泽 Zinser360 C^3 紧密纺环锭细纱机适于纺短纤纱，立达 COM4 紧密纺纱机适于纺羊毛等中长纤维纱。紧密纺纱质量好，毛羽少，纱疵少。

4. 在罗卡斯(Rocos)紧密纺系统(图 4-1-3)中没有负压气流、吸气管道以及转笼或网格圈，也不需要任何额外的动力。应用罗卡斯紧密纺纱系统，可将普通环锭细纱机改装成紧密纺纱机。仅用很少时间和费用即可改装好，不需要任何特别的技术与工具，因此这种机械式磁性紧密纺技术具有投资少、易改造、易维护、运行费用低、节能效果好等特点。但是罗卡斯紧密纱仅对提高喷气织机效率有利，而经过印染加工后，许多被缠绕在纱体上的毛羽会显露出来，影响织物风格。

5. 我国的紧密纺技术经过多年的研发，已经发展成中国式的四罗拉紧密纺纱技术。包括进口在内，到目前为止已有棉纺紧密纺生产能力近 500 万锭，其中绝大多数应用的是中国式的四罗拉紧密纺技术。

6. 如果我国的细纱机采用像青泽新型粗纱机那样的四罗拉牵伸机构。如图 3-3-2 所示，应用四罗拉三区牵伸理论把丰田 EST 型四罗拉传动改为积极式细纱机的传动系统(不用目前的小罗拉分节传动方式，而改用通常的长罗拉传动并按常规加压)，前区牵伸为 1.05 倍，放有集合器，快速牵伸区改在二三罗拉间，不放集合器，三四罗拉间为准备区，做到牵伸不集束、集束不牵伸，对纺纱质量很有益，也许会对将普通细纱机改为紧密纺纱机起积极的作用。

二、环锭细纱机向长车发展

现在的环锭细纱机为了实现细络联大多向长车发展,在2011巴塞罗纳ITMA上,展出的环锭细纱机不论是普通环锭纺还是紧密纺大多是1 000锭以上的长车。青泽Zinser360 C³模块化环锭细纱机是世界上最长的细纱机,有1 680锭;立达展出的K45紧密纺环锭细纱机为1 632锭的长车,都具有很高的适应性。它们是从细纱机两头用两个同步电机传动中罗拉的,SynchroDrive作动力源,保证了牵伸系统的最佳同步。SynchroDrive可精确地同步驱动所有锭子,使它们同速运转,以获得一致的捻度。

立达G32环锭细纱机有1 632锭(图4-1-4),可配用自动落纱系统Robodof或无管底卷绕落纱装置Servogrip夹持器,还有自动化运输系统Servotrial、ISM(逐锭监控系统)及Flexl-start电子控制牵伸装置驱动系统。该机纺纱质量好,纺纱灵活性好,可启动1/4、1/2机台,或整台机全部启动;不论粗细号纱都可纺(3.6~48.6 tex);牵伸倍数为12~80倍。机器性价比极佳。

图4-1-4 立达G32环锭细纱机

青泽Zinser360 C³细纱机可适应生产各种纱号的纱,全机的传动技术先进、机器元件制造精度高、自动控制灵敏等使得该机具有高的生产能力及稳定可靠性。1 680锭的长车与普通环锭细纱机相比,同等规模可节省8%的投资、节省占地面积11%。我国经纬、车台-马佐里等纺机厂生产的环锭细纱机在许多方面已达到世界先进水平。

三、细纱机自动化技术的发展

1.青泽Zinser360 C³细纱机上配有粗纱自动喂入机构Optiamove,能使皮辊、皮圈在整个导纱动程宽度内应力均匀一致,减少牵伸元件的磨损,延长使用寿命。通过感应开关可很方便地调节导纱动程。

2. 快速检测及处理断头系统。青泽Zinser360 C³细纱机采用自动化生产监测系统,使生产效率进一步提高,机器损坏率也进一步降低。每个锭位的纱线断头监视器FilaGuard监视钢丝圈的运转情况,可及时发现细纱断头并通过光电信号显示断头锭位,减少了挡车工的巡回工作量,断头也得到及时处理。一但监测到断头,Rovingguard会自动停止粗纱喂入。纱线断头是衡量生产水平的重要指标,DateGuard可搜集各种生产数据并在屏幕上显示,通过Ring Pilot汇总并显示出来。

3. 意大利法尼公司新近研制成功的一种电磁传感器,用以监控棉纺环锭细纱机上的断头及有问题的细纱锭子(不正常锭子),搜集个别有轻微磨损的锭子及每个锭位细纱断头的信号。设计了两个新型粗纱停止喂入机构 BP-07 及 BP-08,专门用于环锭细纱机,并与清洁器装在一起,最后形成一个新的粗纱停止喂入机构。当检测出细纱断头的锭子时,立即通知停止粗纱喂入,减少了原料(粗纱)的浪费。采用该电磁传感器具有以下特点:

(1)减少了原料(粗纱)的浪费。如果没有粗纱停止喂入机构,在细纱断头后粗纱会继续喂入并且被吸入到负压吸棉管中,造成浪费。

(2)由于粗纱停止喂入机构的作用,可防止粗纱对牵伸部件的缠绕,进而使牵伸部件(皮辊、皮圈等)损坏。

(3)可减少或避免产生相邻锭子的纱线断头。

(4)减轻细纱挡车工的接头负担。

(5)纱线断头是衡量生产水平的重要指标,DateGuard 可搜集各种生产数据并在屏幕上通过 Ring Pilot 汇总并显示出来。

(6)还可监控细纱机上生产紧密纺纱时负压吸棉管内的风速,这个系统可检测及传输吸风管内的风量信号。

4. 立达环锭细纱机上配有逐锭监控系统(ISM),见图 4-1-5。实际上这是一种质量监控系统,有三种类型,通过三种光的制导系统可报告断头及异常锭子现象,替代人工查找发现锭子的问题。

A 类　　　　　　　　B 类　　　　　　　　C 类

图 4-1-5　立达环锭细纱机逐锭监控系统(ISM)

A 类为监控全机:是将两个指示灯装在车尾两侧,用以监测细纱机每侧的最低断头数,如超限,指示灯即闪亮;连续的灯光指示断头;闪烁的灯光指示转差的锭子。

B 类为分段监控:每 24 锭为一组,装有高亮度的指示灯 LED(发光二极管),可指示出断头及有问题的锭子。

C 类为对单锭的监控:用于监测超过运转规定要求的锭子,可通过 LED 监测灯识别不正常的锭子并以灯光显示出信号。

5. 青泽 Zinser351 C^3 细纱机单锭吸棉系统能连续供应需要的负压。根据纺纱品种可事先设定负压值并通过负压传感器检测回路的负压大小,由变频电机不断地进行负压调整。当滤尘箱空着时,风扇的转速和负压最低,从而可节约能耗。负压参数的设定是通过 EasySpin 触摸屏完成的,在品种变化时负压不断地调整。整个生产过程的闭环控制使纺纱过程的负压恒定,达到安全又经济的目的。

6. 牵伸系统的负压自动清洁系统是代替人工清洁的一项重要改进,不仅减少了人工清洁的烦琐劳动,更主要的是负压清洁系统大大净化了牵伸系统,减少了纱疵,提高了产品质量。图 4-1-6 为粗细纱牵伸区的负压吸尘清洁系统示意图。

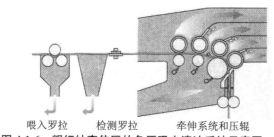

喂入罗拉　　检测罗拉　　牵伸系统和压辊

图 4-1-6　粗细纱牵伸区的负压吸尘清洁系统示意图

7. 机器上配有闭路控制的 SERvoadarft 回路系统,可保证预先设定的精确牵伸值的执行。在控制系统采用牵伸值之前,SERvoadarft 会自动检验其一致性及合理性,以避免断头及错误发生。系统可将相关工艺参数存储和调出。

四、模块化技术在环锭细纱机上的应用

模块化技术在 Zinser351 C^3 等环锭细纱机上的应用扩大了品种的适应能力,如立达紧密纺环锭细纱机经改装后可以生产弹力包芯纱或硬长丝包芯纱;Zinser351 C^3 细纱机既可生产普通环锭纱,经改装后又可生产紧密纺环锭纱。其粗纱架、车尾及吸风箱等都是按照紧密纺设计的,使环锭细纱机向紧密纺方向发展。

1. 青泽 Zinser351 C^3 细纱机利用三罗拉牵伸系统配置的紧密纺装置,该紧密纺装置的引导单元由带孔皮圈、纤维托持元件、前上罗拉、负压组合件等组成,使紧密纺纱质量高且稳定。由于青泽 Zinser351 C^3 细纱机上配有自洁式清洁系统,使紧密纺的纺纱质量完美、可靠而且稳定。由于紧密纺纱具有强力高、毛羽少的特点,在织造准备及机织或针织工序加工时断头少、效率高。

2. 在 2011 巴塞罗纳 ITMA 及 2012 上海亚洲国际纺织机械展览会上展出的紧密纺环锭细纱机,如模块化的青泽 Zinser360、绪森 ELITE、丰田 RX240-EST11 等,都是具有重要技术进步的细纱机。可根据需要应用模块化技术将普通环锭纺纱机快速地改成紧密纺纱机,也可应用模块化技术将紧密纺纱机快速地改成普通环锭纺纱机。应用紧密纺纱机可开发许多新产品,方便地生产各种普梳、人造纤维及其混纺紧密纱、包芯纱及赛罗纺股线等。

3. 模块化技术的应用。立达 COM4 紧密纺纱机经过改动可有多种不同型号的机器,除了 COM4 本机外,还有 COM4Core 包芯纱机,可生产弹力包芯纱、紧密花式纱、竹节纱、变号纱、变捻纱及复合花色纱等;COM4Twin 紧密合股纱可进一步减少毛羽,使强力提高 3%～6% 等;COM4Light 经济紧密纱的毛羽与强度值介于传统纱和 COM4 纱之间,主要应用于起绒针织布,但其毛羽稍长且更均匀,可达到针织布对起绒的要求。

五、全自动落纱机

青泽 Zinser351 细纱机上装有全自动落纱系统 CoweMat,其主要特点如下:

1. 机器两边的落纱臂由中央变频控制系统同步驱动,使细纱机安全、高效。自动落纱系统 CoweMat 通过光栅监测整个落纱过程,当出现故障时,机器会自动停车。

2. 应用较大半径的气动外抓手,通过三卡点安全准确地抓取管纱顶部,避免了对管纱的损伤。结合青泽的纱尾切断技术,自动落纱系统 CoweMat 的气动外抓手也适于大张力的纱线。

3. 青泽 CoweMat395F 使传统纺纱机的落纱工作量大为降低,它可自动整理空管并通过纱管喂入储管箱把自动排列好的纱管喂入机器。纱管喂入更适于 1 680 锭的超长细纱机,当两次落纱时间很短时,落纱、喂入空管等迅速且容易得多。

六、细络联

1. 青泽 CoweMat395V 是为细络联而设计的,适用于细络联的全自动落纱输送系统。青泽纱管托盘(BobbinTray)输送系统在输送过程中管纱与空管不会接触,保证了纱线质量不受损伤。每个独立锭位的纱管托盘和输送带一起形成环形输送体系,确保了落纱的精确定位及快速安全的纱管运输。

2. 将环锭细纱机与 Autoconner 自动络筒机相联接形成自动生产线(图 4-1-7),在自动生产线上装置了在线质量监控体系,可对在机的全部环锭管纱逐个进行在线质量监控。监测仪上贮存了细络联生产线中环锭细纱机的锭数及其编码,被自动络筒机上的电子清纱器测得的细纱质量数据能准确反馈出相应锭子上的纺纱质量问题。由于细络联自动生产线上具有自动检查疵点产生的功能,因此对提高细纱机运转效率、降低细纱断头、提高细纱质量、减少疵点具有十分显著的作用。此外,细络联自动生产线还节省了人工,提高了生产效率。

图 4-1-7　环锭细纱机与 Autoconner 自动络筒机相连形成细络联

3. 细络联的经济节约效果。如果将 1 008 锭细纱机与 1 440 锭细纱机长车相比较,14 台 1 440 锭长车合计为 20 160 锭,可取代 20 台 1 008 锭的细纱机。14 台 1 440 锭细纱机可配 14 台自动络筒机(34 头/台),相当于 20 台 1 008 锭细纱机(20 160 锭)配 20 台自动络筒机(24 头/台)。两种配置形式占地面积分别为 2 990 m^2 及 3 415 m^2,两者相比较,1 440 锭细纱机比 1008 锭细纱机可节省投资费用 10%,节约生产成本 5%,减少占地面积 14%。如果 20 台 1 008 锭长车 20 160 锭规模的纺纱厂,共需 20 台细络联式细纱机,与每台 420 锭的普通环锭细纱机同等规模相比较,可节约投资 20%。

4. COM4 的每个锭子上配有检测系统 COM4light、逐锭监控系统 ISM 及粗纱运输系统 SERVOtrail,可自动将不同的原纱分别运输到另一台或同样的多机台上,为发展细络联创造了条件。

5. 今后环锭细纱机和自动络筒机将联成一体,作为一个单元机台销售和使用,不再有单一的环锭细纱机或有很少的单一自动络筒机出现。环锭纱将以筒子纱为其成品考核,不再有细纱管纱作为细纱机的成品出现。

6. 细络联必须与细纱自动落纱系统相连接才能形成,因此细络联包括环锭细纱机、自动落纱机构、自动运纱机构、自动络筒机及细络联的纱疵跟踪检验质量监控系统,才能组成完整的细络联系统,即5种机器合为一体总称细络联。

七、人机对话与三级数字网络管理

人机对话的图形化操作界面 Easyspin 可提供排除故障的功能,使机器能迅速排除故障并继续生产;触摸屏可使操作者准确地按照图形及号码设定工艺参数,通过人机对话图形化操作界面 Easyspin,可很容易地调节纺纱工艺参数;利用图形化操作界面 Easyspin 可储存和得到所纺品种的数据,每台机器可储存多达10个品种的工艺数据,减少了工艺设定的时间,保证了产品质量统一稳定。青泽存储卡 ZenserMenmeryKE 可存储许多产品的工艺数据,并可复制另一台的工艺。工厂或生产车间设立信息中心,实现了二级网络信息的双向管理,达到产质量、生产计划、生产品种安排的统计信息管理,并可逐步实现三级联网,实现物资、机配件、原料供应等的网络化管理,提高了数据传递速度及供需信息网络化管理的水平。

八、细纱机牵伸技术的发展

为了增加细纱机牵伸系统的前区摩擦力界,控制纤维在快速区的运动,绪森公司对环锭细纱机三罗拉双皮圈牵伸系统进行了改进。

传统环锭细纱机的三罗拉双皮圈牵伸系统分为后牵伸区及主牵伸区,后区牵伸是为主牵伸做准备的。粗纱中的纤维束在后牵伸区被伸长到一定程度,使其离开后牵伸区钳口线进入主牵伸区时立即被进一步拉细。后牵伸区的设置与纤维长度相关,后牵伸区要尽可能设置较小的隔距。此外,整个系统的隔距不会因粗纱中纤维长度的变化而变动。

在主牵伸区,由于在一对罗拉上加压使主牵伸区产生了摩擦力界,纤维在摩擦力界的作用下被压缩,不仅有垂直的受力,而且从两侧使纤维受到分散摩擦力,两个方向的力使纤维受到引导并被牵伸拉细。两方面力的大小要适当,否则会对纤维的牵伸产生不利的影响。

传统的三罗拉双皮圈牵伸系统存在的问题是主牵伸区无控制的浮游区较大。在纤维快速运动的前罗拉附近无控制的浮游区会影响纤维束的运动,因此要将无控制的浮游区尽量设计得小。假如能使中罗拉与双皮圈的一对牵伸钳口的摩擦力界尽量靠近前罗拉钳口的摩擦力界,控制与引导长纤维在牵伸区的运动将得到改善,从而有效地控制与拉细纤维束,完成主牵伸区的牵伸任务。但事实上是不可能的。在浮游区,纤维开始快速运动时静摩擦转变为动摩擦,这个过程发生在主牵伸区的前罗拉钳口线与两个皮圈最前端的握持线之间。纤维在到达双皮圈前端及前罗拉钳口线时,由于存在无控制的浮游区,纤维内部的摩擦力很小,这时的牵伸力相应减小。在纤维流动的牵伸系统中,双皮圈最前端的握持线与前罗拉钳口线之间的距离由于几何尺寸的限制,最少为15~20 mm,见图4-1-9。表明在这个浮游区中不能很好地控制短纤维的运动。这个缺点不可能通过减小皮圈架(上销)与前罗拉钳口线的距离或采用软皮辊的方法来弥补。

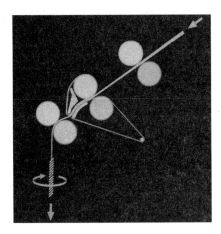

图 4-1-8 为环锭细纱机的纺纱示意图

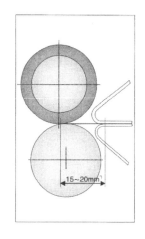

图 4-1-9 双皮圈最前端的握持线与
前罗拉钳口线之间的距离

前区增加摩擦力界、减小浮游区的方法有三个实例。

（1）方法一

德国绪森公司研发了控制前罗拉钳口摩擦力界的 ACP（Active Cradle Pin）纺纱质量控制组合件，即弹性上销加摩擦力控制棒。ACP 的应用如下：

①ACP 纺纱质量控制组合件见图 4-1-10，为前冲的弹性上皮圈架（上销）的组合。绪森公司为环锭细纱机牵伸系统提供了最新的 ACP 质量控制组合件，包括摩擦力控制棒（P）及新型皮圈架两部分。摩擦力控制棒的位置距皮圈架（上销）前端 2～3 mm（距离可调，每档为 0.25 mm）。改进了皮圈架前端边缘的位置，优化了摩擦力控制棒的位置。

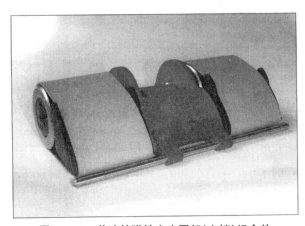

图 4-1-10 前冲的弹性上皮圈架（上销）组合件

②增加的摩擦力控制棒使摩擦力界向皮圈架前端开口处移动，为了考虑皮圈钳口与摩擦点之间的相互影响，绪森公司改进了皮圈架的设计。通过多次的试验证实，现在提供的前冲弹性上皮圈架的前端与下皮圈鼻部的共同作用，具有更好的优点。这种皮圈架可以补偿皮圈长度的误差，并允许皮圈钳口尽量靠近前罗拉钳口，减小浮游区且不会产生皮圈打滑现象。

③绪森公司提供的 ACP 质量控制组合件包括经改进的双皮圈架及增加的一根摩擦力控制棒，还包括新型皮圈架与摩擦力控制棒之间的相互位置关系。目前该产品已有供应。

④绪森公司提供的 ACP 质量控制组合件,使主牵伸区的牵伸过程及重要的纺纱性得到改进。由于在主牵伸区的快速、灵敏的浮游区增加了一根摩擦力控制棒,扩大了摩擦力界(见图 4-1-11),克服了传统牵伸的缺点,增加的摩擦力控制棒使纤维的定向及伸长得到改善,此时纤维依然是相互平行而又抱合的。在这里,纤维在摩擦力界的控制下可以作相对运动,因此很少有牵伸疵点,而且还改进了整个牵伸过程中的不匀率。与此同时,纤维束的分散也得到控制,纤维间的接触得到改善,从而使纤维得到充分利用,提高了成纱强力。经过大量的试验取得了摩擦力控制棒相对于皮圈架前端边缘位置的数据,并以此作为技术设计的依据(摩擦力控制棒的直径、位置及表面摩擦系数),可确保任何号数的纱线在不直接接触

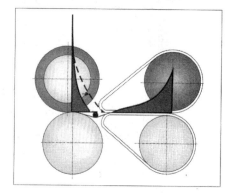

图 4-1-11　摩擦棒对摩擦力界分布的影响

皮圈架前端边缘、摩擦力控制棒的情况下,使纤维尽可能相互紧靠在一起,有效地被牵伸到所要求的细度。

⑤应用 ACP 组合件时可配用的加压摇架有 HP-A310/320、HP-GX3010、PK 和 P3.1 四种类型。

⑥应用 ACP 质量组合件的纺纱结果表明,该组合件明显地改进了牵伸效果,在前罗拉钳口线与皮圈架开口处设置的摩擦力界控制点,影响主牵伸区的牵伸过程,改进了纱线的质量水平。到目前为止,还没有发现应用 ACP 质量控制组合件的细纱机纺纱质量上的缺点,很重要的一点是要正确改进皮圈架及其设置。ACP 质量控制组合件明显减少了常发性纱疵(IPI)及非常发性疵点(CLASSIMAT),这种改进减少了各种纱疵。因此在自动络筒机上,电子清纱器的切断次数也相应减少,提高了自动络筒机的效率。优化的牵伸工艺进一步改进了不匀率(乌斯特 CV 值),提高了纱线强力。每一项试验都以原料、纤维长度、粗纱捻度及总牵伸倍数等为依据。经改进后,对普通环锭细纱机及 ELITE 紧密纺环锭细纱机纺纱质量的提高都产生了显著的影响。ACD 质量控制组合件主要适应 19.4 tex 以下纯棉精梳纱的加工。

⑦在产业化生产中,粗号纱的加工尚未应用 ACP。但 ACP 对纱线的不匀率有明显的改进效果。在传统的三罗拉双皮圈牵伸系统的环锭细纱机上的主牵伸,由于受到牵伸区几何尺寸的制约,在双皮圈钳口与前罗拉钳口线之间的无控制浮游区较长,因此在没有使用 ACP 之前,纺纱不可能达到很好的水平。绪森公司的 ACP 质量控制组合件的应用,扩大了摩擦力界,使这个敏感区增加了纤维间的摩擦抱合力,从而改进了纱线的质量。因此,可认为绪森公司的 ACP 质量组合件是现代环锭纺纱系统中主牵伸区不可缺少的重要元件。

(2)方法二

瑞士立达公司对环锭细纱机做了许多重大改进,从而进一步提高了产品产量、质量,扩大了纺纱号数范围,增加了品种适应性。

P3-1 气动加压臂及皮圈架是一项新技术,可对各加压点实施精确的压力分布,并保证加压的稳定性。P3-1 加压装置还缩短了浮游区,减小了主牵伸区无控制的距离,这是进一步改进纺纱质量,改善纱线条干的关键。

如图 4-1-12 所示,瑞士立达公司的 Hi-per-spin 环锭细纱机,牵伸区的上下皮圈是不对称

配置的,加强了对纤维的控制,从而减小了无控制区浮游纤维的比例,使浮游纤维减到最小值。加压臂及皮圈架的改进,一方面提高了纺纱质量,另一方面扩大了牵伸倍数范围。以纯棉精梳纱为例,细纱机牵伸倍数可达 60 倍以上,纺纱质量也达到最佳。说明在工艺设计时有充分选择牵伸倍数的余地,可进行精确的优选,从而使牵伸倍数达到最佳值。

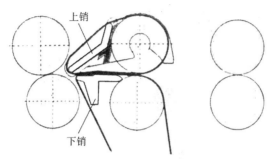

上销

下销

图 4-1-12　瑞士立达公司 Hi-per-spin 环锭细纱机的牵伸形式示意图

(3)方法三

目前世界上传统纺环锭细纱机的牵伸形式归纳起来有两类:一类是三罗拉双区直线牵伸,另一类是三罗拉双区曲线牵伸。国产 FA 系列(FA502~FA507)大多是 SKF 即国产 YJ2-142 圈簧摇架,国外长短皮圈式牵伸装置除 SKF 外,还有 R2P、INA-V 等,后来国内又在学习国外细纱机牵伸加压装置的基础上,开发了 QVX 及 R2V 等型式的气动加压、双区直线及曲线牵伸,此外还有 HP 板簧加压的双短皮圈形式的牵伸装置。不论何种牵伸形式都要遵循大牵伸、重加压、强控制的原则,前区工艺要贯彻"三小"工艺要求,即小浮游区、小皮圈钳口距离及小罗拉中心距。

国外曾对环锭细纱机前区"三小"问题做了对比,即对 SKF、R2P、INA-V 及 HP 几种牵伸形式进行对比,发现 HP 的中心距离最小,为 14.4 mm。

①前区"三小"工艺是牵伸工艺配置的重要要求,它要求能有效地控制主牵伸区快速纤维的移动,改善条干,减少纱疵,提高纺纱质量。后区要为主牵伸区提供优良而均匀的须条结构,为主牵伸区提供良好的牵伸须条。

影响前区"三小"工艺的主要矛盾之一是下销的形状及几何尺寸。普通下销的几何尺寸制约了浮游区距离的缩小,使浮游区纤维失控情况得不到改善,是影响纺纱质量的重要因素。此外,老式的下销与下皮圈接触面积大,使皮圈运转不灵活。

②一般的下销为 T 型曲面阶梯型,在 SKF(国内为 YJ2-142)牵伸系统中,与其他牵伸元件,如弹性上销、上下皮圈形成中前罗拉对快速牵伸纤维的控制,产生一定的摩擦力界。但普通下销的平面直线部分长度较长,对皮圈的弹性支撑作用不好,也不能理想地控制纤维。

③经过长期的实践摸索,将下销有关尺寸作了许多改进,如:改变下销有效控制点的位置,缩短下销前端直线部分的尺寸,缩小前罗拉钳口与皮圈钳口的距离,降低下销前部直线与后部直线的高度差,减小下销前半部直线长度,从而使上下皮圈对纤维的控制力得到加强,牵伸区的摩擦力界分布更加合理,减小了浮游区的距离,使下皮圈运动更加稳定,也使快速纤维运动更接近前罗拉钳口。

④下销经过改进后,由于缩小了浮游区,改善了下皮圈运动的稳定性,因此与上弹性销一起在快速牵伸区形成了很好的摩擦力界,使纺纱质量得到显著改善。试验结果见表 4-1-1、表 4-1-2、表 4-1-3、表 4-1-4(表中 C 为棉,T 为涤纶,S 为氨纶,J 为精梳纱)。

表 4-1-1　品种 C J14.5 tex 质量试验结果

指标	条干 CV 值/%	细节(-50%)/ (个·km⁻¹)	粗节(+50%)/ (个·km⁻¹)	棉结(+200%)/ (个·km⁻¹)
原下销	12.99	4.00	17.00	34.00
新型下销	12.49	1.70	11.90	27.80
改善率/%	3.85	57.50	35.29	18.24

表 4-1-2　品种 C/T(55/45)J13 tex 质量试验结果

指标	条干 CV 值/%	细节(-50%)/ (个·km⁻¹)	粗节(+50%)/ (个·km⁻¹)	棉结(+200%)/ (个·km⁻¹)
原下销	13.29	5.00	31.10	41.30
新型下销	12.90	1.70	26.50	41.20
改善率/%	2.94	66.00	14.79	0.24

表 4-1-3　品种 C/T(60/40)J13 tex 质量试验结果

指标	条干 CV 值/%	细节(-50%)/ (个·km⁻¹)	粗节(+50%)/ (个·km⁻¹)	棉结(+200%)/ (个·km⁻¹)
原下销	13.41	5.80	37.80	49.8
新型下销	12.93	3.80	28.80	44.4
改善率/%	2.83	34.48	25.92	10.84

表 4-1-4　品种 C/T(60/40)J18.3 tex 试验结果

指标	条干 CV 值/%	细节(-50%)/ (个·km⁻¹)	粗节(+50%)/ (个·km⁻¹)	棉结(+200%)/ (个·km⁻¹)
原下销	12.15	0.60	14.90	30.40
新型下销	11.92	0.00	9.20	25.40
改善率/%	1.89	100.00	38.26	16.45

表 4-1-5　品种 C14.5tex 试验结果

指标	条干 CV 值/%	细节(-50%)/ (个·km⁻¹)	粗节(+50%)/ (个·km⁻¹)	棉结(+200%)/ (个·km⁻¹)
原下销	15.11	17.75	165.50	218.75
新型下销	14.67	12.5	131.50	197.25
改善率/%	2.91	30.00	20.54	9.83

表 4-1-6　品种 C/SJ14.6 tex(40D)氨纶包芯纱试验结果

指标	条干 CV 值/%	细节(-50%)/ (个·km⁻¹)	粗节(+50%)/ (个·km⁻¹)	棉结(+200%)/ (个·km⁻¹)
原下销	13.12	2.00	31.00	30.00
新型下销	12.70	1.30	24.00	28.00
改善率/%	3.05	35.00	22.58	6.67

从表中可看出：

(a)几种品种的粗节、细节改善率都十分显著。

(b)纯棉纺纱由于纤维整齐度差,浮游区减小后,其质量改善率比涤棉混纺纱中涤纶比例大的纱线改善率显著提高。

(c)T/C(60/40)精梳纱 J18.3 tex 的细节改善率为 100%,粗节改善率为 38.26%。

(d)纯棉普梳纱的细节改善率为 30%,粗节改善率为 20.54%。

(e)精梳棉氨纶包芯纱的细节改善率为 35%,粗节改善率为 22.58%。

(f)纱线的棉结也有所改善,但改善率不如粗细节的改善率大。

在三罗拉双区牵伸机构中,不论是双区直线牵伸还是双区曲线牵伸机构,前主牵伸区一定要尽可能达到"三小"工艺要求,尤其要减小浮游区的几何尺寸,尽可能控制快速进入前罗拉钳口的纤维运动。新型下销在几何尺寸上作了许多改进,因此缩短了浮游区的长度,并使下皮圈在下销托持下运动平稳准确,从而改善了纺纱质量。尤其对减少粗细节作用十分明显,对减少棉结、改善条干也有一定的积极作用。

4.后区改为 V 型牵伸将改善喂入须条的结构质量

图 4-1-13 为 V 形牵伸,它是在普通三罗拉双皮圈牵伸机构的基础上改进的,将后罗拉抬高约半个罗拉直径并适当前移,以缩短与中罗拉的隔距;同时胶辊沿其下罗拉后摆 65°,使须条在后罗拉上形成较大的包围弧。这种曲线牵伸装置改善了后区牵伸的摩擦力界对纤维的控制,也改善了后区牵伸及总牵伸,可用于加工特细的棉纱、化纤纱,最适合用于总牵伸大的场合。

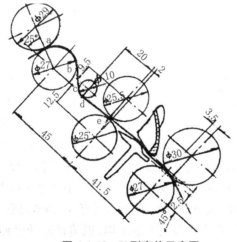

图 4-1-13　V 型牵伸示意图

其他还有双皮圈后区牵伸装置,对提高细纱品质也有一定的积极作用。

5.新的设想

日本 FL16、青泽 668 等新型粗纱机应用的都是四罗拉双短皮圈牵伸装置,也称 D 型牵伸。

如果把这种四罗拉双短皮圈三区牵伸型式的牵伸理念引用到细纱机上,即将细纱机的由三罗拉双区牵伸改为四罗拉三区牵伸,后区 3-4 罗拉间应用 V 形牵伸,中区 2-3 罗拉间为主牵伸,前区 1-2 罗拉间为整理牵伸,牵伸倍数为 1.05 倍左右。在前区由于牵伸倍数很小,纤维间的相对运动很小,因此可加装集合器,使纤维集束而不影响成纱条干,同时减少毛羽,满足牵伸不集束、集束不牵伸的要求。这样的改进很可能纺出比普通环锭纱好或接近紧密纱的优质纱来,可作为普通环锭纱与紧密纱的过渡纺纱形式,或许能接近紧密纱的条干、纱疵及毛羽水平。

九、细纱机牵伸加压技术的发展

目前国内外细纱机的加压机构有三种,即圈簧式弹簧摇臂加压、板簧式弹簧摇臂加压及气动式摇臂加压。我国使用的牵伸加压机构有 SKF、R2P、HP 及 INA-V 等,在学习国外技术的基础上,自行设计或制造的牵伸加压机构有 YJ2-142、QVX、H2P 及 R2V 型等,这些牵伸加压机构各有特色及优点。

1. 牵伸形式

环锭细纱机的牵伸形式有两类:一类是三罗拉双区直线牵伸,另一类是三罗拉双区曲线牵伸。为了更好地控制纤维运动,在三罗拉双区牵伸中配有双皮圈结构,如 SKF、R2P、INA-V 及 YJ2、QVX、R2V 等都在前区配以上短下长的双皮圈;而 QVX 及 R2V 的前区牵伸又作了许多改进,使前中罗拉中心距及浮游区相应减小;德国 HP 牵伸系统的前区为双短皮圈式,配置新型金属下销,其浮游区长度最小。

(1)前区牵伸配置要达到"三小",即前中罗拉中心距小、浮游区小及皮圈钳口隔距小。不论是双短皮圈还是长短皮圈及上、下销皮圈架的设计都力图达到"三小"要求。对 SKF、R2P、INA-V 及 HP 四种牵伸形式进行对比,以 HP 的中心钳口距最小,为 14.4 mm。表 4-1-7 为几种牵伸形式的与中心钳口距最近测量距离。

表 4-1-7　几种牵伸形式的与中心钳口距最近测量距离

牵伸形式	SKF	R2P	IVA-V	HP
最近测量距离/mm	14.62	13.60	14.20	12.60
中心钳口距/mm	16.41	15.50	15.80	14.40

(2)后区牵伸形式有两种,SKF、R_2P 及 YJ_2 系列属于三罗拉双区直线牵伸,所不同的是有的牵伸罗拉中心距较长,像 R_2P 牵伸区中后罗拉中心距较长。而 INA-V、QVX 及 R_2V 属于三罗拉双区曲线牵伸,上后罗拉抬高 25～28°,使后罗拉握持点前移,缩短中后罗拉中心距,从而形成较好的摩擦力界。曲线牵伸是改善后区牵伸对纤维控制的技术措施。

(3)牵伸过程中工艺配置的目的是通过前区满足"三小"(小钳口中心距、小浮游区、小皮圈钳口)要求来有效控制主牵伸区快速纤维的移动,改善条干,减少纱疵、粗细节、棉结,提高纺纱质量。后区要为前区的主牵伸提供优良的须条结构,创造良好的牵伸条件。三罗拉双皮圈双区曲线牵伸的后区摩擦力界比直线式好,使须条受到良好控制,适纺低号纱线。

(4)我国的细纱机用 SKF 或 YJ_2-142、R_2P 弹簧摇架加压,为直线双区双皮圈牵伸机构,后区实行"二大二小"针织纱工艺原则(即后中心钳口距大、粗纱捻系数大,后区牵伸小及粗纱小牵伸),以对前区主牵伸提供优质须条。随着市场对机织物外观要求的日益提高,"二大二小"工艺不再是针织纱的专门工艺,已普通用于生产各类针织、机织纱。

(5)为了加强对主牵伸区快速纤维的控制,在中前罗拉之间配备良好的皮圈控制系统。目前应用的有双短皮圈及长短皮圈式,SKF、R_2P、INA-V 型都是长短皮圈式,HP 是双短皮圈式。上下皮圈中,下皮圈内层要具有良好的摩擦系数,以便中罗拉能很好地传动皮圈,做到线速度准确。下皮圈与前下销之间要求灵活滑动,为此下销上涂有四氟乙烯涂层,改进了与下皮圈之间的滑动。在长短皮圈系统中,下皮圈配有张力装置,因此下长皮圈运动比较准确。在双短皮圈中,对下短皮圈的制造及下销等尺寸精度要求较高,皮圈厚度要均匀,并具备适当的硬度及弹性。目前国内外制造的皮圈内层加工有花纹,既能保证与中罗拉传动准确,摩擦系数高,又可做到与前下销配合精确、滑动好。

(6)立达公司生产的 P3-1 气动加压装置是三罗拉双区长短皮圈形式,上下皮圈配置为非对称式,进一步缩小了浮游区距离,加强了对纤维的控制。

(7)目前国内外制造的细纱机在牵伸系统中都采用软弹不处理皮辊,我国规定皮辊硬度邵氏 65 度以下为软弹皮辊。前皮辊要求较高,要耐磨、弹性好,并具有静电消除功能。软弹皮辊的应用使加压后皮辊与罗拉表面形成面接触,使握持钳口位移,缩小了浮游区距离,改善了纺纱质量。瑞士 MA66T 及美国 ME666、MB670 等皮辊性能好,纺纱适应性强,抗静电性能好,尤其耐磨。我国国内生产的皮辊许多性能也基本达到国际先进水平,但耐磨性较差,使用寿命短,与国外相比尚有一定的差距。国外好的皮辊使用寿命比国内长 2~3 年,3 年回磨 1 次,而国内至少 1 年回磨 1 次。

2.加压机构

国内外短纤维环锭细纱机的加压机构有弹簧摇架加压和气动摇架加压两大类,弹簧摇架加压又分为圈簧加压(如 SKF)及板簧加压(如 HP)两种。对各种摇架加压,总的要求是通过加压技术的实施,实现对纤维运动的重加压强控制。加压装置使各罗拉钳口的纤维有足够稳定的握持及牵伸能力,形成合理的摩擦力界,保持压力稳定,增加对纤维运动的控制。

(1)SKF 型圈簧式摇架加压是德国 SKF 纺机公司于 20 世纪 50 年代推出的加压形式,经过半个多世纪的不断改进,加压机构不断完善,是目前世界上应用面最广、应用时间最长的加压系统。圈簧加压元件(PK220 系列),上销为 OH 式,已由铁板改为工程塑料动片式上销;下销为 T 型阶梯销,上下销之间形成摆动钳口,总牵伸 20~60 倍。

我国 FA 系列细纱机上用的 YJ2-142 系列摇架基本上与 SKF 摇架相同,加压重而稳,总牵伸也达到 20~60 倍;前罗拉加压值为 98、137、176 N/双锭,可调节,中罗拉 98 或 137 N/双锭,后罗拉为 137、176 N/双锭固定式。

金属材料受力后会变形,有弹性变形、缓弹性变形及永久性变形(塑性变形)三类。圈簧式加压装置弹性变形的持久性有多长,而不会产生塑性变形或缓弹性变形,是 SKF 加压摇架性能的关键。据国外资料报导,圈簧式摇架连续使用 4 年后,细纱条干 CV%值上升 1%,粗细节和纱疵增加 20%。说明圈簧摇架加压力的持久稳定性还存在一定问题,圈簧的弹性变形随时间的增加而产生衰退,形成缓弹性变形或永久性变形。近年来由于圈簧材料及热加工的改进,圈簧式摇架加压的弹性变形持久性已有改进,因此这种加压装在国内外市场仍有应用。

国内用户反映较为普遍的 SKF 圈簧摇架加压机构存在的另一个问题,主要是三个罗拉加压钳口的平行度不能得到很好保证。由于采用了自调平行的原理,前后皮辊及上皮圈不稳定,以摇架支撑点发生前后摆动,使一组摇架上相邻两个加压在前中后三个钳口线不能始终保持平行。因此造成三个罗拉的钳口隔距大小发生变化,使牵伸工艺不能真正到位,纺纱质量达不到应有的水平。这种现象不仅在细纱机,而且在粗纱机、并条机的加压摇架上也存在,SKF 摇架的自调平行作用在实践中并不理想,而且还带来了一些负作用,这是它的重要缺陷。

(2)HP 板簧摇架加压

HP 板簧加压摇架是德国绪森公司于 20 世纪 80 年代推出的新型加压摇架(见图 8-3-2)。在三罗拉双短皮圈双区牵伸中,双短皮圈可使钳口充分前移,缩短了浮游区距离,是所有牵伸加压系统中浮游区距离最小的一种。绪森 HP-A-320 型板簧摇架加压机构的制造精度比 SKF 摇架有了较大改进,加压元件为坚实的板簧,板簧的横截面大,坚固耐用(见图 8-3-3)。据测试,在达到同样压力条件下,板簧的弹性变形仅是圈簧弹性变形的 8.7% 左右。

HP-A-320 板簧摇架分别对前、中、后罗拉施以三个板簧加压,用明螺栓固定在摇架槽内,可在加压状态下调整上罗拉中心距,简便准确。板簧与皮辊握持爪匣的顶面固定联接在定位匣上,装有皮辊定位弹簧,三者联为一体,握持爪中心线与上罗拉中心线相吻合平行。皮辊在握持爪定位后再进行研磨加工,精度高,保证在加压状态下稳定可靠。皮辊芯子与摇架握持爪匣的宽度比 SKF 摇架大 3 mm,皮辊与下罗拉的平行度以加工精度来保证,因此 HP 摇架三个钳口的握持平行度是几种摇架中最好的。

国内一些棉纺企业应用 HP 摇架后的体会是:HP 摇架机构简便,易于管理维护,加压精确,纺纱质量最好。目前国内一些新型粗纱机上也开始使用 HP 摇架。HP 摇架的前、中、后罗拉加压为 16/12 daN/双锭(两档选用),后区为 14 daN/双锭。综上所述,HP 板簧加压摇架具有很好的发展潜力。

我国江苏同和纺机公司最早推出了国产的板簧加压摇架。由于其加工精度高,选用的材质好,性价比优于德国 HP 加压摇架。因此一出厂就深受广大用户的欢迎,呈现出供不应求的销售局面,发展势头很好。

3. 气动加压

国内外在 20 世纪 80 年代后期已在短纤维环锭纺纱机上推广应用气动加压摇架。气动加压摇架的性能优于弹簧摇架,主要表现在:压力稳定,基本上无锭差;压力不因时间的延长而发生波动和衰退;具有重加压强控制的优点,压力大小可在机器运转过程中整机无级调节,操作简便;细纱机停车时可做到半释压或全释压,半释压状态下不影响纤维须条的分布状态,因此开车时不会产生细节及断头;有的气动加压系统还配有欠压和过压自动控制系统;气动加压摇架能较好地保证皮辊与罗拉之间及三个握持线的平行;易于清洁及维护,适应机器高速运行。

(1)INA-V 型牵伸加压机构由德国制造,属三罗拉长短皮圈双区牵伸,后区为曲线牵伸,气动加压的压力可微调。后罗拉加压为 18 daN,基本上与前罗拉相同,用重加压达到稳定的钳口,以加强对纤维的控制,防止纱条在后钳口滑移而导致成纱不匀。因其曲线包围弧产生的附加摩擦力界对后区纤维的积极控制,可提高细纱牵伸倍数 30%-50%,并且产品质量好。

(2)R_2P 摇架前、中、后罗拉的压值分别为 18、14、18 daN/双锭,无级调压,压力大而稳定,无压力衰退,锭差小。设有单独气源控制箱,并与电源开关相联;集体加压、卸压,操作方便,有过压、欠压保护停车;可栓释压或半释,压使须条无滑移,开车断头少,也不会产生纱疵。

R_2P 牵伸工艺采用了针织用纱的“二大二小”工艺,是基于重加压强控制条件下进行的。目前针织用纱工艺已在机织用纱上应用,R_2P 摇架已不限于针织用纱的纺纱机。

(3)瑞士新型高速细纱机上采用 P3-1 气动加压臂及新型皮圈架都是最新技术,可使各加压点保持精确的压力分布,加压稳定,保证罗拉更好地控制纤维。P3-1 加压装置还缩短了浮游区,减小了主牵伸区无控制区的距离。P3-1 加压臂及皮圈架的改进,即使将纺纱牵伸倍数提高到 60 倍以上,仍能保持最佳的纺纱质量。

(4)R_2V 牵伸加压机构是我国研制开发的中国式三罗拉双区曲线牵伸气动加压装置。它将前中罗拉中心距由 43 mm 改为 41.5 mm,后区采用 V 型曲线牵伸。R_2V 牵伸加压机构的主要特点是前区前、中罗拉之间的浮游区缩小到 12.6 mm,比 R_2P 还小 2.5 mm。采用后区曲线牵伸,对喂入纱条控制好;气动加压压力稳定,锭差小,压力无衰退。适纺中、细号纱,牵伸效果好,纺纱质量好。

(5)气动加压是一种比较理想的加压方式,其最大特点是压力持久不变,不会衰退。目前国内外都有应用,尤其是瑞士产各类环锭细纱机大都应用气动加压,如瑞士新生产的 K44 型紧密纺环锭细纱机都采用气动加压方式。

(6)气动加压方式唯一不足是要在环锭细纱机上增加许多气动加压附属机构,如气源、贮气配气箱、气路等。另外,一台细纱机总气量及气压的设计是恒定的,不因个别锭子停纺而改变气量及气压,因此,如果发生一对摇架或多对摇架停纺,就会引起气压气量的重新分配,这或多或少会引起每对摇架的气量及压力波动。

综上所述,环锭细纱机的牵伸形式及加压方式有多种类型,也各有特点。三罗拉双区牵伸中,双短皮圈及长短皮圈形式各有特点,关键是如何通过牵伸部件的组合达到前区的“三小”工艺要求,即小浮游区、小罗拉钳口中心距及小皮圈钳口隔距,使牵伸部分的摩擦力界能更好地控制纤维的运动。前、中罗拉之间的中心距已达到 41.5 mm,应用软弹皮辊后钳口线前移,使中心距进一步缩小。目前 HP 牵伸装置的浮游区距离最小,我国研制的 R2V 牵伸装置的浮游区中心距也达到 12.6 mm,基本上与 HP 相同。后区工艺采用 V 型曲线牵伸会形成较好的摩擦力界,为前区主牵伸准备好的须条。另外,充分利用粗纱捻系数、粗纱牵伸、细纱后区牵伸及后区隔距等相关工艺,也是纺好纱的工艺研究方向。“二大二小”后区工艺不仅适于针织用纱的纺制,也适于当今对织物质量要求高的机织用纱的纺制。

对于牵伸部件的相关器材元件,尤其应当重视发展与改进,努力提高皮辊、皮圈、上下销、皮圈架等元件的产品质量,是纺好纱的关键。

第二节　转杯纺纱技术

近 40 年来转杯纺纱技术发展很快。由于计算机、变频调速、传感器及光电等高科技与转杯纺纱技术相结合,特别是从 20 世纪末以来,转杯纺纱机约有 250 万头已发展成为自动化水平高、车速高、产品质量好、产品适用范围广的新型纺纱机,还形成了以转杯纺纱机为主的短流程纺纱体系。目前全世界拥有 1 000 多万头高档转杯纺纱机,纺纱号数已由高号转杯纱发展到中、低号纱,欧洲大多生产 14.6～19.4 tex,美国则生产 19.4～29.2 tex 纯棉或混纺纱。转杯纱除了供给织造牛仔布外,还供给大圆针织机生产针织布,也供应织机生产机织布。从发展来看,机织布用转杯纱将日益增加,转杯纱的喷气织机效率也很高。近期机织用转杯纱会在用纱量上上升到 50% 以上,在市场上与环锭纱平分天下。

发展到中号及低号的转杯纱(最高可纺 9.7 tex),最终产品已形成针织、机织系列的高档产品,从各种牛仔布到 T 恤、男女休闲服、毛圈织物用品及灯芯绒织物等。

我国在“十二五”期间努力发展高档转杯纺是形势的需要,是把我国建设成为世界纺织强国的重要举措。我们应该不失时机地加快研制高档转杯纺(包括全自动机和半自动转杯纺纱机),建立起我国的转杯纺纱工业体系,赶超世界先进水平,让我国的转杯纱及其纺织产品在国际市场中具有更大的竞争力。

一、国外转杯纺纱机的发展概况

1.德国赐来福、瑞士立达及意大利萨维奥等公司在 2011 巴塞罗纳 ITMA 上推出了最新转杯纺纱机。瑞士立达公司的 R60 转杯纺纱机的转速已达 16 万 r/min；意大利萨维奥公司的新型 Flexible Rotors3000 双面转杯纺纱机的速度也高达 15 万 r/min；德国赐来福公司的 AU-TOCRO 8 转杯纺纱机的速度高达 20 万 r/min。此外，它们都实现了每台转杯纺纱机上配有计算机操纵的单头传动及机械手，完成自动换筒、自动清洁及无接头痕的自动接头任务，使全机实现了全自动化。全机传动改龙带传动为单头单电机传动形式，既减少了能耗，又使每个转杯的工艺质量受计算机监控，提高了转杯纺对产品的适应性，做到一机同时生产多品种，产品质量高，能耗低。

2.赐来福公司在 2011 巴塞罗那 ITMA 上展出的 AUTOCRO 8 转杯纺纱机是转杯纺纱技术的重大进步。它采用新型纺纱器，车速高达 20 万 r/min，是转杯纺纱机近 30 年的突破性进步。AUTOCRO 8 转杯纺纱机具有如下特点：

（1）AUTOCRO 8 转杯纺纱机的最高生产转杯速度可达到 20 万 r/min，其产量比原有转杯纺纱机提高了 25％，纱线质量及卷绕质量也比以往的转杯纺纱机有所提高。这种新型转杯纺纱机每个纺纱头是单电机传动的，每个纺纱头都分别由计算机自动控制，故生产能力大幅提高。

（2）AUTOCRO 8 转杯纺纱机的自动接头频率高。具有数字化纱线接头技术 DIGIPiecing 的转杯纺纱机，即使原棉质量较低也能生产出高质量的纱。与新的多功能纱线质量传感器 Corolab XF 相连形成 DIGIPiecing，接头时不需要外部纤维，应用最新的数字式空捻接头技术使纱线接头无痕迹，自动接头频率高，可适应低级棉纺好纱，接头处强力与原纱平均强力一致。这在空捻接头技术上是一重大的技术进步。

（3）AUTOCRO 8 转杯纺纱机比以往的转杯纺纱机对产品生产具有更高的灵活适应性。

（4）纺纱成本相应减少，使纺纱厂更具市场竞争力。

（5）该机还可生产特殊用途的转杯纱。

（6）由于采用了单电机传动每个纺纱头，取消了龙带传动，因此节能节工显著。同时维修时间比采用龙带传动的转杯纺纱机减少 80％。

（7）AUTOCRO 8 转杯纺纱机的纺杯速度提高而断头率下降，能耗也降低。对于长车也能保持良好的效果。该机比一般转杯纺纱机的车速增加 10％，产量最少可增加 5％，一般不会全机停产，而且在不停产的情况下可改变许多运转因素（如品种、工艺等），在改变工艺时纺纱头并不会减少产量，相比之下人力及物流费用也有所降低。由于纺纱质量好，下游工序如整经及织造的断头可减少 50％。是现代最先进的转杯纺纱机之一。

（8）AUTOCRO 8 转杯纺纱机应作为我国"十二五"的攻关目标。转杯纺纱是新型纺纱技术中发展最快、最成熟的技术，不仅纺纱质量好，车速高，而且对原料及产品的适应性好。像 AUTOCRO 8 转杯纺纱机那样采用了单电机传动单一纺纱头，在节能方面效果很显著；尤其是应用了数控自动接头技术，增强了纺纱适应性，提高了纺纱质量 AUTOCRO 8 转杯纺纱机的问世使转杯纺技术有了很大的进步，我国在实现"十二五"纺织科技发展规划时应特别重视高档转杯纺技术的发展，实现与精梳环锭纱的发展相配套，做到高棉高用、节约原棉的要求，这对综合利用日益紧张的原棉具有长远的战略意义。

（9）转杯纺纱机的好坏主要取决于纺纱器的选配，好的纺纱器使转杯纺纱机不仅纺纱质量高，而切产量也高。AUTOCRO 8 转杯纺纱机能达到 20 万 r/min 的高速及纺制高质量纱线，就是选用了高档纺纱器。

3.半自动转杯纺纱机。在 2011 巴塞罗纳 ITMA 上，奥立廉·赐来福公司还展出了新型的半自动转杯纺纱机。机上装有全自动接头装置，机器启动快，只需一般半自动转杯纺纱机启动时间的 10%。此外，还具有能耗低的优点，能耗比普通 BD 系列转杯纺纱机低 10%。

转杯纺纱机从 20 世纪 80 年代以来发展速度很快，具有自动化水平高、产品质量好以及产品适应性广的特点，形成了计算机、传感器与转杯纺纱技术相结合的全自动、半自动新型纺纱机械。全自动转杯纺纱机有瑞士立达公司的 R40、德国赐来福公司的 Auto312 和 Auto360 以及意大利 FL3000 型等，配有自动接头及自动落纱装置。也有许多半自动转杯纺纱机进入市场，如捷克公司生产的 BD、BT 系列半自动转杯纺纱，特别是该公司近期研制成功的 BT923、924（R923、R924）半自动转杯纺纱机，应用新的纺纱器，使转杯纺纱机除了接头、落纱等仍为人工操作外，其余均为自动操作。这类半自动转杯纺纱机生产的纱线质量高、产品适应性广，应用了 C-12 纺纱器后纺纱质量有了更进一步提高，性价比高，受到市场的欢迎。

立达公司生产的 BT 系列转杯纺纱机属经济型，既经济适用又质量可靠。以往生产的半自动转杯纺纱机有 BT903、BT905 等，在此基础上又研制成功 BT923 型半自动转杯纺纱机，该机具有高质量，而且性价比高。BT923 在半自动转杯纺纱系统里居领先地位，主要表现在三个方面：生产效率高、人机工程及采用 C-120 纺纱箱。此外，接头系统、电子清纱器及纺纱适应性也很好。

（1）生产效率高。产量比普通转杯纺纱机高，生产同类型的纱比其他半自动转杯纺纱机生产效率高，产量增加 10%～15%；具有人机对话及操作方便的特点；具有在线纺纱质量监控纺纱号数为 14.5tex（40 英支）以下，转杯速度达 11 万 r/min 以上，输出线速度为 200 m/min 以上。每台 360 个转杯纺纱头，新设计的纺纱箱之间的距离为 230 mm。

（2）人机工程。BT923 半自动转机纺纱机比全自动转杯纺纱机（有机器人的 R40 或 Auto360）的用工多，因此半自动转机纺纱机的设计要尽量考虑人工操作的方便性，以减少操作者的负担，使整个生产过程简便易操作。见图 4-2-1。

在人工操作问题上，一台 BT923 半自动转杯纺纱机要占用一个操作工，因此对转杯纺纱机每个纺纱头的纺纱路线设计十分重要。新设计的半自动转杯纺纱机与过去的半自动转杯纺纱相比，劳动负担低、生产效率高，条筒高度加高到 1 066.8 mm，头距为 230 mm，使 457.2 mm 的条筒可以方便地排放及调换；同时，操作工还可直接处理机器上的问题而不需要另外的工具，大条筒可以减少换筒次数，减轻操作人员的负担，减少纱线接头次数，从而提高纱线质量。

BT923 转杯纺纱机上装有两组运输带，用于运送纱管及筒子纱，减少了操作工的负担。两组传动带还可用于筒子纱的暂时贮存，使操作者能灵活地工作。

（3）C-120 纺纱箱

C-120 纺纱箱是转杯纺纱机的关键专件，C-120 纺纱箱体现出该公司的先进技术及机器制造的水平高。

①新的纺纱箱采用中央集中吸气系统，使转杯不要开孔，中央吸气系统保证了转杯的最佳纺纱条件。

②陶瓷转杯轴承具有耐磨、运转稳定的特点，减少了纺纱断头，而且在高速回转条件下，在一定的棉条供应前提下获得最佳的收益。

图 4-2-1　BT923 转杯纺纱机

③ C-120 纺纱箱可最大限度地清除垃圾颗粒,从而使转杯纱得到净化,而且收集的废料中有效纤维很少。BT923 转杯纱条干十分均匀,疵点极少。

图 4-2-2　C-120 纺纱箱

④C-120 纺纱箱是最新设计的最佳纤维传输通道及元件(见图 4-2-2),提高了纱线质量。纺纱箱的安装及拆除都很方便,仅需用很少的工具,操作简单。

(4)自动控制系统保证了稳定的真空条件,系统可按操作者的设定值自动调节压力水平。应用杂自控系统可防止真空压力偏差,减少真空度的损失,并自动加以补偿。因此,真空压力值可设置得比较低,从而节约了能源。真空度的调节与控制是由 Autovac 系统自动控制的

(5)接头系统的特点如下:

①BT923 转杯纺纱机应用的 Amispin 接头器是受控的电子接头装置,与 QTOP 相结合,可形成均匀一致的稳定的接头动作,使机器快速再启动。与 BT903 转杯纺纱机的接头相比具有显著的进步,也比其他半自动转杯纺纱机的接头质量优异得多,而且接头操作简便。

②应用 Amispin 装置于输入罗拉,可精确控制棉条喂入及转杯纱输出时间,很好地完成纱线接头操作,这种精确的接头系统的设计可保证接头质量。

③ BT923 转杯纺纱机在最大输出速度 200 m/min 的条件下,也可生产出优质转杯纱,并保证优良的接头质量。

④BT923 转杯纺纱机还装有环形压力补偿器,当机器启动后卷绕进入加速状态,预定的纱线从转杯中牵出环形补偿器,利用吸引力捕捉从转杯引出的纱,使纱线不受损伤,也不会形成气圈。

⑤BT923 转杯纺纱机上的 Qtop 系统保证了接头的高质量,即使生产很细的纱,接头质量也得到保障。Qtop 应用气压力量,可从棉条中去除受损伤的纤维。

⑥在开松过程中短纤维从开松部分被引导出,在精确的时间内接着喂入新的棉条进行开松,使理想长度的纤维进行接头。其他半自动接头器速度太慢,阻止了受损伤的短纤维快速排除,同时不能保证纤维流连续不断地通过接头系统。

⑦接头质量很好。基本做到无接头痕,接头处强力与转杯纱的平均强力相近。

(6)电子清纱器的特点如下:

①BT923 转杯纺纱机还可安装立达公司的一种新型光电式电子清纱系统 IQPLUS,它比以往的清纱器更适应高速度及提供高鉴别能力。

②电子清纱系统 IQPLUS 安装在机器的控制板上,它的传感器、清纱隔距可自动按照纱线号数设定,经过传感器直接对纱线进行评估,包括清纱系统的处理功能。

(7)纺纱适应性好体现在以下方面:

①BT923 转杯纺纱机为单独传动系统,因此纺纱十分灵活,可同时在一台转杯纺纱机上加工两种不同的纱。转杯纺纱机的两侧是独立传动的,两侧都应用输送带传送满纱。

②新型 BT923 转杯纺纱机还具有多种用途,如配有竹节纱生产装置,使该机具有生产竹节纱的功能。竹节纱系统的设置由可编程序计算机控制系统进行,并在控制板面上显示。

③单独的简单功能可应用 SLublink 从 PC 计算机到转杯纺纱机直接编制程序并记忆在卡。

(8)竹节纱的生产特点如下:

①立达转杯纺纱机的竹节纱生产装置可安装在 BT 系列转杯纺纱机上,生产比较经济的竹节纱产品,这种竹节纱主要用于织制牛仔布及其他面料。

②竹节纱装置的工作原理是由变速电机传动将棉条喂入到转杯纺纱机构中,而转杯纱的输出速度是恒定的,直至转杯纱的纱管卷绕成筒子。

③竹节纱装置的电路与转杯纺纱机完全连接在一起,不需要单独的电路装置,机器的参数经数据记忆卡把有关数据从计算机传到包括转杯纺纱机等统一的设备里。程序具有很多功能,包括竹节长度及间距的精确设定、数据的储存、分析及计算等,用于机器的再设定。

④竹节纱上的竹节长度及间距设定可以是有规律的或无规律的,程序可使竹节具有 100% 可重复性。在可编程序的软件中有 8 种不同的竹节,用户还可根据需要在软件中新设立单独的竹节程序,新设立单独的竹节程序可很容易地通过 SLublink 记忆卡传输到机器上。

⑤竹节纱的生产一般在 280 头转杯纺纱机上进行。通过机器的控制面板可在生产过程中很方便地转换竹节纱与正常纱的生产。生产的竹节纱为 98～20 tex(6～30 英支),棉条喂入速度为 7.5 m/min,最大输出速度为 180 m/min,因竹节纱而增加的质量每 10 cm 竹节可达 320%。

(9)美国及西欧等发达国家及地区为了进一步提高精梳纱的质量,加大了精梳落棉量,精梳落棉率的多少直接与精梳条及成纱质量相关,因此寻求合理、经济的精梳落棉是精梳工程的重要环节,应作为精梳机优化工艺的重要内容来考虑。精梳的落棉量可达到 21% 及以上,用这些落棉在转杯纺纱机上生产中号转杯纱是很有经济效益的,容量也要相应增加,尤其生产高档转杯纱的装备。

(10)瑞士立达公司生产的 BT923、BT924 半自动落纱机具有车速高,纺纱质量好、产品品种适应性强等优点,其自动化水平也是半自动转杯纺纱机系统中比较高的,很适于我国及第三世界,纺纱号数在 30 tex(20 tex)以下,59 tex(10 英支)以下的纱占 50% 多。国际上像 R40 转杯纺纱机的纺纱号数已达 9.85 tex(60 英支),一般转杯纺纱机大多纺 48 tex(40 英支)左右。国外有 80%～90% 的转杯纺纱机生产 8.9～60.0 tex(10～30 英支)的纱线,其中有 50% 的纱线为 20.0～28.9 tex(21～30 英支)。

(11)其他技术进步有:

①卷装形式:4.5 kg/只,卷绕直径 320 mm 平行筒子。

②纱线断头后卷绕臂自动抬起。

③应用立达 IQPLUS 清纱器可对纱线实现在线监控。

④对棉条喂入、输出速度、卷绕速度、中心真空度、转杯及开松罗拉传动等可实现在线快速变更,并可根据需要选择开松罗拉。

(12)立达公司生产的全自动及半自动转杯纺纱机都是当代高科技的新型纺纱设备,在国外市场的销售情况很好,尤其是美国的许多企业都购置了 R40 及 R20 高档转杯纺纱机,生产中号纱用于加工针织 T 恤及一些喷气织机织制各种厚度的牛仔布和其他高档服装面料。由于全自动及半自动转杯纺纱机生产的纱质量高,纱线条干 CV% 值好于环锭纱,纱疵及毛羽也比环锭纱少,因此转杯纱在喷气织机上的织造效率比环锭纱高,产品质量好。德国及意大利的公司不仅生产高档的全自动转杯纺纱机,而且也都有半自动转杯纺纱机的供应市场,性能也很好。如德国欧立康-赐来福的 BD416 半自动机转杯纺纱机有很好的性价比,在市场上也很受欢迎。在激烈的市场竞争中,转杯纺纱机的性价比是取胜的关键。正如一位美国纺织专家所讲的那样:高档转杯纱加上喷气织机的织造技术所生产的产品已达到尽善尽美的水平,高档转杯纱技术的发展空间是很大的!

4.转杯纺纱机纺纱器的发展

(1)纺纱器是转杯纺纱机的心脏,因此要特别重视纺纱器的研发。德国绪森公司是生产纺纱器的专业厂,所设计生产的纺纱器有 SE7、SE8、SE9、SE10、SE11 及 SE12,供给赐来福生产的转杯纺纱机。赐来福转杯纺纱机的转杯速度是世界上第一个达到 15 万 r/min,意大利的 FLEX3000 转杯纺纱机也是由于采用了新型纺纱器,其转杯速度提高到了 15 万 r/min。

(2)德国欧立廉-赐来福公司在 2011 巴塞罗纳 ITMA 上展出了最新型的转杯纺纱机 AUTOCRO 8(图 4-2-3),是在原有转杯纺纱机的基础上进行了许多技术改进而成的。尤其是应用了高性能的纺纱器(图 4-2-4),使转杯速度高达 20 万 r/min,转杯纺纱机的产量比原转杯纺纱机提高了 25%,纺纱质量及卷绕质量也比以往的转杯纺纱机有所提高,使纺纱厂的效费比大为提高,使这种转杯纺纱机在市场竞争中取得了成功!

图 4-2-3　德国锡莱福公司的 AUTCOR 8

图 4-2-4　SC 1-M 纺纱器

(3)高性能转杯纺纱机发展的关键是转杯纺纱机制造商选用了高性能的纺纱器。转杯纺的发展除了提高机器的精度、优选材质及用好计算机等高新技术外,重点是如何对纺纱器的研制开发与选用。纺纱器是转杯纺纱机的心脏,为了提高转杯纺纱机的产能,AUTCOR 360 转杯纺纱机的转杯速度已高达 15 万 r/min,纺纱质量也很好,但他们并不满足,又选用了高性能的 SC 1-M 纺纱器(见图 4-2-4),推出了 AUTOCRO 8 转杯纺纱机,纺纱质量比以往更好,纺纱效率也更高,转杯速度达到 20 万 r/min,是转杯纺的历史性突破!

优秀的纺纱器并不多,因此我国要想加快发展国产高档转杯纺纱机供应国内外市场,必须在开发生产高档转杯纺纱器上下大功夫,加强开发与研究,尽早生产出国产的高档转杯纺纱器,为发展国产高档转杯纺纱机做出贡献。

(4)瑞士立达公司的转杯纺纱机选用了 SC-R 纺纱器(见图 4-2-5)后,转杯速度由 12 万 r/min 提高到 16 万 r/min。由此可见,纺纱器是提高转杯纺纱机纺纱速度性能的关键。

图 4-2-5　SC-R 纺纱器

瑞士立达公司生产的转杯纺纱机近年来有了新的发展,尤其是在应用了绪森公司的 SC-R 纺纱器后,转杯纺纱速度由 13 万 r/min 转提高到 15 万 r/min,最高可达 16 万 r/min,纺纱性能也大为改进,纺纱质量得到提高。R40 型转杯纺纱机与德国赐来福公司的 AUTO CO-RO360 型及意大利公司 FL3000 型转杯纺纱机相比较,有许多独特的优点。瑞士立达公司还生产了半自动转杯纺纱机,以适应市场的需求。

二、我国转杯纺纱机的发展

我国在发展高性能的转杯纺纱机时,要把研制开发高性能的纺纱器放在首位,要尽早推出国产的高性能纺纱器。我国在发展转杯纺纱机时应重点增加生产中、高号高档针织、机织面料用纱为主的高档转杯纺纱机,这都与采用高性能的纺纱器有关。要使我国转杯纺纱的发展步入一个新的阶段,必须首先研制开发出高性能的纺纱器。

1.我国最早的转杯纺纱机大多是从捷克及苏联购置的排气式转杯纺纱机,技术落后,自动化程度低,速度低(3～5 万 r/min),纺纱号数高(48.60～97.2 tex),纱线质量差。一般作为加工高号纱或废纺用,这算是我国的第一代转杯纺纱机。

2.现在我国已有一些纺机厂在吸收国外先进技术经验的基础上研制开发了国产的转杯纺纱机,基本上摆脱了老式转杯纺纱机的模式。目前国产转杯纺机的转杯速度为 7～9 万 r/min,最高可达 12 万 r/min,纱线质量一般。用这种半自动转杯纱机能生产 19.4 tex 以下转杯纱,比原来有了较大的提高。

我国除了经纬纺机外,还有浙江的泰坦纺机、日发纺机,四川川江纺机公司,山西沪晋纺机、晋中纺机以及上海多家公司等在研制开发新型的转杯纺纱机,并在赶超国外转杯纺纱机的水平上做出了努力,但转杯速度最高只能开到 12 万 r/min。机上已配有电子清纱与上蜡等,属半自动型转杯纺纱机。这应该是我国的第二代转杯纺纱机。

3.多年来我国也从国外引进了一些半自动及全自动转杯纺纱机,经过使用一方面提高了对引进转杯纺纱机的认识,积累了管理经验;另一方面也是一个消化吸收的过程,为研发我国的转杯纺纱机作了理论及技术准备。

4.我国纺织工业"十二五"科技发展规划中明确提出,要在5～10年内把我国从世界纺织大国发展成世界纺织强国。主要体现在纺织生产的短流程、高速度、高产量、高质量,以及高度自动化、连续化、模块化、生产管理高科技化、用工少、减排降耗等方面。发展高档转杯纺就是要遵循以上目标和原则,一方面可应用高档转杯纺机加工低级棉生产优质纱;另一方面可与精梳环锭纱配套,用长绒棉的精梳落棉生产优质转杯棉纱,实现综合利用原棉的目的。因此要重点发展高档全自动及半自动转杯纺纱机,这算是我国的第三代转杯纺纱机。其目标是转杯速度达到15万 r/min,能生产优质转杯纱。

(1)首先要确定我国新一代转杯纺纱机的发展模式,其中德国赐来福 AUTICORO 360 及瑞士立达 R60 系列的优势较大,要组织专家调研、论证与讨论,以确定我国高档转杯纺纱机的选型;也可博采众长、吸收优点、克服不足、扬长避短,研发生产出具有中国特色的国产高档杯纺纱机。

(2)重点要抓好纺纱器(箱)的开发研制,组织力量进行纺纱器的选型与攻关。最好能由纺机企业组织力量与有关大专院校及科研单位合作,尽快研制出高端纺纱器。

(3)国外高档半自动转杯纺纱机,如瑞士立达 BT 系列属经济型,BT923 型半自动转杯纺纱机具有车速高、纺纱质量好、产品品种适应性强等优点,车速为 11 万 r/min,有很好的性价比;德国欧立康-赐来福的 BD416 型半自动机转杯纺纱机也有很好的性价比,很适于我国及第三世界应用。我国应当在发展全自动转杯纺纱机的同时,重视高档半自动转杯纺纱机的发展。

三、对发展高档转杯纺纱机的思考

1.发展高档转杯纺纱机要与发展精梳环锭纺配套同步。建立短流程转杯纺生产线是纺纱厂减少用工、降耗减排的好途径。但目前我国有一些大型纺纱厂(20万环锭及以上)全部生产精梳纱,厂里却没有一台转杯纺纱机,而纺低号精梳纱的长绒棉的精梳落棉却全部卖出或降值使用。长绒棉是珍贵的原棉,这样做是对珍贵原棉的浪费。发达国家为了进一步提高精梳纱的质量,提升精梳纱的价值并节约长绒棉,特意加大了精梳落棉量,有时达到21%及以上。用这些落棉在转杯纺纱机上生产一定号数的转杯纱是很有经济效益的,也是节约用棉的极好方法。在这一点上说明我国的转杯纺发展潜力很大,也是迫在眉睫的大事。

2.一些转杯纺纱机配有生产竹节纱的装置,如在 BT 系列半自动转杯纺纱机上可生产比较经济的竹节纱产品,这种竹节纱主要用于织制牛仔布及其他面料。发展转杯纺可增加我国的纺纱品种,因此在发展高档转杯纺纱机时还要特别注意高档半自动转杯纺纱机的发展。

3.高档转杯纺纱机的纺纱号数已由高号发展到中号及低号(最低可纺 9.7 tex),最终产品已形成针织、机织系列的高档产品,产品从各种牛仔布到 T 恤、男女休闲服面料以及毛圈织物和灯芯绒织物等。转杯纺纱机的发展已形成自动化水平高、车速高、产品质量好及产品适用范围广的高科技纺纱机体系。从发展来看,机织布用转杯纱将日益增加,在不远的将来机织用转杯纱将达到50%以上,在市场上与环锭纱平分天下。

4.发展高档转杯纺纱机体现了纺织生产的短流程、高速度、高产量、高质量,以及高度自动化、连续化、用工少、减排降耗等方面。我们应当加快高档转杯纺纱机的发展,争取在"十二五"期间提高转杯纱机产品的档次、质量及容量,扩大高级转杯纱在我国纺纱中的比例,除了可应用低级棉生产优质纱外,还可与精梳环锭纱生产配套,这是综合利用长绒棉的绝好工艺配套路线。

第三节　瑞士立达 J20 喷气纺纱机的发展

一、瑞士立达 J20 喷气纺纱机综述

瑞士立达公司在 2011 巴塞罗纳 ITMA 上展出了 J20 喷气纺纱机。立达 J20 喷气纺纱机是一种新型的包缠纺纱机,通过由压缩空气控制牵伸后的纤维条形成喷气纱。喷气纱具有比普通环锭纱条干好、毛羽少、纱疵少及保证最终产品好的优点。成纱只有较短的毛羽及小的毛圈,从而使成品具有抗洗涤及抗起球的特点,使织物因包缠纱具有柔软性及蓬松性。同时 J20 喷气纺纱机还应用无接头痕的接头技术,提高了织物的价值。J20 喷气纺纱机在牵伸系统及自动化技术方面比以往做了许多改进,机器是双面独立的,配用双面纺纱器,可同时生产两种不同质量要求的品种,适应于最终产品的要求,从而使 J20 喷气纺纱机具有很好的产品适应灵活性。该纺纱机的最大特点是车速高、产量高、设备占地面积少,纺纱生产及质量稳定,生产灵活性高,不仅可在同一台机器上同时纺制两种不同技术要求的纱,而且生产工序简单,取消了粗纱及络筒工序,生产的纱线可直接用于机织或织前准备。每台机器有 4 个机械手,每侧 2 个,在机器的左右侧车尾设立过滤箱,以过滤并收集纺纱器排出的废花及其他杂质。

J20 喷气纺纱机是在 J10 喷气纺纱机的基础上进一步研制开发的新型纺纱机。J10 喷气纺纱机于 2003 年开发,为第一代喷气纺纱机,J20 喷气纺纱机为第二代喷气纺纱机。在 2011 年巴塞罗纳 ITMA 后,J20 喷气纺纱机即进入市场销售。该机具有许多优点:产量高,符合市场发展对纱线质量的要求;灵活机动且简单的机器设置,易于操作,维修及更换品种简单,停车时间短;可在线调节纺纱性能,自动化水平高;纺纱成本低,机器占地面积少,相比较投资少。速度高,引出速度一般可高达 450 m/min。而环锭纺的引出速度仅为 15～27 m/min,转杯纺的引出速度为 130～250 m/min。J20 喷气纺纱机全机有 120 个纺纱头,是全世界最长的喷气纺纱机。

J20 喷气纺纱机每侧各有 2 个机械手,机器两面单独单锭传动与 R60 转杯纺纱机一样,4 个机械手分别在机器两侧服务,对每侧进行无接头痕接头、更换满管及空管并做好清洁工作。可采用大型条筒,高为 1 070 或 1 200 mm,直径为 500 mm。条子由机器下方喂入,喂入路线短,可消除或避免意外牵伸。

纺纱器是 J20 喷气纺纱机的核心。纺纱器是单头传动的,不需过桥齿轮及传动轴等。在断头或质量剪切后,纺纱器停止运转,同时也停止耗用压缩空气,在员工进入维修时,该纺纱器立即断电。J20 喷气纺纱机为双面机,两侧装有纺纱器,应用双面纺纱器还可通过更换工艺部件,在两侧同时加工不同的纤维原料、纱号及品种,如可加工黏纤、莫代尔、竹纤维及与棉纤维的混纺纱,扩大了品种的生产范围。纺纱工艺设置(包括牵伸、筒速、卷绕张力、卷绕角、喷嘴纺纱压力、清纱器、上蜡装置、卷绕装置等)都可在操作面板上直接完成,使机器可快速更换品种,提高了纺纱生产的灵活性。

J20 喷气纺纱机每头设有两个反向旋转翼,可精确地引导纱线,完全消除了带状卷绕,真正做到卷绕防叠,旋转翼的应用也为进步提高机器的产量提供了基础。该系统的卷绕交叉角设定为 15°～46°,可根据需要自由选择调整。该机使用的反向旋转翼是筒子卷绕防叠新技术,

比槽筒沟槽导纱技术先进得多。

J20 喷气纺纱机的产量比 J10 喷气纺纱机提高 5%。应用双面纺纱器还可优化吸风机的风压,避免飞花、灰尘和杂物的沉积,飞花等由机械手自动清除。

二、J20 喷气纺纱机的重要特征

1. J20 喷气纺纱机的纺纱器

从图 4-3-1 中可看出,纺纱器的纺纱过程是由下向上进行的,条筒中的条子通过两个集束器,确保无捻条子直接喂入牵伸系统。这种条子直接进入牵伸系统的短路径设计消除了产生意外牵伸的可能。

纺纱器是 J20 喷气纺纱机的核心,它由以下部分组成:(1)双列轴承牵伸系统;(2)成纱喷嘴;(3)自动接头装置;(4)清纱器(纱线质量监控器);(5)交叉卷绕装置;(6)筒子纱。(见图 4-3-2)。

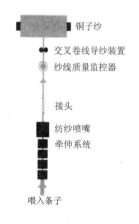

图 4-3-1　J20 喷气纺纱机的纺纱器工艺组成示意图

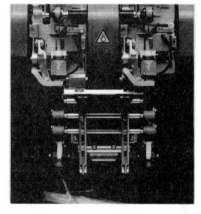

图 4-3-2　采用高精度双列轴承的牵伸系统

2. 高精度双列轴承牵伸系统

在喷气纺中通过喂入预备牵伸、主牵伸和整理牵伸三个阶段,对喂入的条子进行柔和的牵伸。为了满足喷气纺较高的工艺要求并适应高倍牵伸,J20 喷气纺纱机采用了立达公司首创的牵伸系统,这种牵伸系统是四上四下的牵伸系统(见图 4-3-2),技术很成熟。在双列轴承牵伸系统中,下罗拉是单根传动的,皮辊依次由下罗拉单独驱动。卷绕系统也是单独传动的。如果发生断头或质量剪切,发生断头的纺纱器会完全自动停止运转,等机械手完成接头后,该纺纱器自动开始运转生产。不需打开双列轴承牵伸系统,可快速地喂入条子恢复生产。

图 4-3-2 为 J20 喷气纺纱机采用的最先进的牵伸装置,由原来的三上三下改为四上四下,实现四罗拉三区牵伸(即预备牵伸、主牵伸和整理牵伸或预备牵伸、中牵伸、主牵伸),牵伸倍数大,可实现大牵伸。牵伸系统的皮辊使用双列轴承,故称为双列轴承牵伸系统,这确保了高倍牵伸的绝对精确和可重复性。精确的纱线引导使纺纱质量很高而且稳定,从而确保纱线质量稳定、均匀一致,质量剪切少,断头也达到最少。J20 喷气纺纱机采用双列轴承皮辊的牵伸系统可实现与高产优质纱线产质量的完美结合。

3. 受到牵伸后的条子离开牵伸系统后即进入纺纱喷嘴,条子中 2/3 的纤维形成平行的纱芯,其余的纤维,前面部分捻合进纱芯,后面部分则缠绕在平行的纱芯周围,通过气流的作用形

成纱线,从而生产出具有特殊结构的纱线。(见图4-3-3)

4.20喷气纺纱机的接头技术。J20喷气纺纱机的无接头痕接头技术是由计算机控制的,在电子清纱器的配合下完成其与传统接头方法不同的接头。该接头技术将所有的纤维均被包缠到纱体中,使接头处获得与原纱直径及外观一样的纱线(图4-3-4),在织物上看不出接头的痕迹,为进一步提高织物外观质量创造了条件,从而使织物更美观,提高了织物的价值。机械手将有疵点的纱线吸离筒子并剪除疵点后又被纺纱喷嘴吸进机械手,机械手把纱尾以预定方式分离,然后沿着纺纱方向,以渐进的喂入方式接近生产速度再次将其输入。

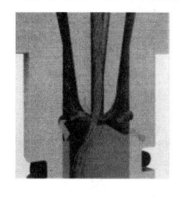

图4-3-3 纤维在涡流的作用下形成纱线

图4-3-4 J20接头器接头质量与普通接头器质量比较

5.精确的卷绕机。纱线卷绕系统中,由两个反向回转盘组成的导纱系统取代了槽筒式导纱[图4-3-5(b)],可有规律地引导纱线在筒子上进行交叉卷绕,精确地控制这两个盘的速度消除了叠状卷绕、蛛网纱,纱线以恒定的张力卷绕成圆柱形筒子。卷绕交叉角可以在15°～45°之间无级调节,可以生产后工序加工需要的标准筒子纱或松式染色筒子纱。由于采用两个反向回转盘组成的导纱系统取代了槽筒导纱,减少了纱与槽筒之间的摩檫,使毛羽减少。

6.电子清纱。J20喷气纺纱机配用USTER QUANTUM3电子清纱器,该清纱器的所有清纱功能都在J20喷气纺纱机的触摸屏上设定。USTER QUANTUM3是乌斯特技术公司新开发的全新的数字式光电清纱器(见图4-3-6),可应于J20喷气纺纱机上,同时清除纱疵、棉结、粗细节及异纤等。该清纱器的使用提高了筒纱及织物外观质量。可在络纱2 min内提出最佳清纱曲线,确定清纱效率;也可根据需要考虑配或不配异纤检除装置。

(a)卷绕装置(盖子关闭)　　　　(b)卷绕装置(盖子打开)

图4-3-5 带有两个反向旋转盘的卷绕装置

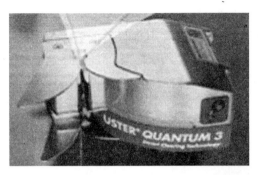

图 4-3-6　USTER QUANTUM3 电子清纱器

清纱器安放在纺纱喷嘴后监测纱线质量,因此清纱后卷绕的纱线质量会受到 100% 的控制,对纱线接头的监控作用也是 100% 的。在卷绕前清纱器检查每个接头的质量,如接头长度、直径等,对质量不合格的纱切断去除并重新接头,因此受检后筒子中的纱线质量是 100% 合格的,没有疵点。经过 J20 喷气纺电子清器清纱的喷气纱在针织或机织过程中不停车或很少停车,织造效率很高。

7. 机械手。J20 喷气纺纱机配用 4 个机械手(见图 4-3-7),每侧 2 个,沿纺纱机巡回,完成自动接头、更换筒管及清洁纺纱区等任务。机械手的操作都是由计算机控制的,操作很稳定可靠。如发生问题,机械手的显示屏上显示出排除故障的程序,并可直接快速地解决问题。

图 4-3-7　J 20 喷气纺纱机配用 4 个机械手(每侧 2 个)

8. 由于应用了专利横动装置,使 J20 喷气纺纱机的皮辊、皮圈的使用寿命比一般纺纱机延长 3 倍。

9. J20 喷气纺纱机优化设置了中央通风机,全部电路、电子部件及排杂吸风管道等都集中在传动机架内。机器两侧都设有独力的过滤器及集棉箱,用于对来自纺纱锭位和机械手的废棉单独过滤。因此废棉也可做到单一不混,保证了下一步加工生产原棉的纯度。

10. 机器左右两侧设有空管运输链,能区分不同颜色的空管,不会混色,并能自动喂入空管。

J20 喷气纺纱机的基本工艺参数见表 5-3-1。

表 5-3-1 J20 喷气纺纱机的基本工艺参数

纺纱速度 /m·min⁻¹	高达 450 m/min,不受纤维种类、纺纱号数和最终产品用途限制,所纺号数为 11.7～19.4 tex
纺纱器	全机有 120 个独立的纺纱器,每侧 60 个,锭距为 260 mm
机械手数量	共有 4 个机械手,应用无接头痕技术,更换筒管及清洁纺纱器
驱动系统	每个纺纱器和筒子采用独立驱动,机器两侧可同时生产两种不同的纱线
牵伸装置	四上四下三区牵伸装置,配有专利横动装置
清纱器	Uster quantum clearer3 电子清纱器,光电式或电容式,可配或不配异纤检除装置
卷绕系统	采用独立驱动的一对反向回转盘导纱的卷绕系统,圆柱形筒子最大直径可达 300 mm

三、J20 喷气纺纱机的优点

1. 在喷气纺纱技术中,从引出罗拉钳口引出的条子在纺纱喷嘴处受到高速回转涡流的作用,形成了一种新型的与其他纱线结构不同的纱线——包缠纱。在喷气纱的形成过程中,被牵伸拉细的纤维进入纺纱喷嘴,前面一部分纤维形成纱芯,后面一部分纤维通过纺纱喷嘴处的纤维自由端在喷嘴气流的作用下,被缠绕到平行的纱芯上而形成包缠纱,也称作喷气纱。因此喷气纱的表面很光滑,纱线表面的毛羽非常短而少或者形成了小毛圈;不仅毛羽短小,而且手感柔软,纱体蓬松。这是喷气纱的外观特征。由此可认为,在包缠纱的形成过程中,高速回转的气流起着至关重要的作用。因此喷气纺纱技术生产的纱具有独特的性能,外观不同于环锭纱和转杯纱,对下游生产及最终产品都有很大的影响。

2. 毛羽少的喷气纱中纤维抱合力大,可减少下游工序中的尘杂及飞花,从而提高机织或针织的生产效率,适于机织或针织机的高速度运行。

3. 由于喷气纱具有独特的结构性能,使其具有更高的吸湿性,可在浆纱时降低浆料的浓度,在染色时可以较少染料而得到相同的色度。由于纱线的毛羽少,可以使织物在印染后获得清晰的图案轮廓。

4. J20 喷气纺纱机可同时生产两个品种。在 2011 巴塞罗纳 ITMA 上展出的 J20 喷气纺纱机上一侧生产 19.4 tex 100%黏胶纱,实际生产速度高达 400 m/min;另一侧加工以 11.7 tex 100%纯棉长绒棉纱,实际生产速度为 380 m/min,两侧的平均效率为 98%。在针织大圆机上采用由立达 J20 喷气纺纱机生产的纱线织造,速度可开到 45 r/min。但 J20 喷气纺纱机在纺纱时用的条子质量要求很高,空气条件要求也很高,只有在这样的条件下才能纺出高质量的喷气纱,也才能保证下游在织机高速运转时实现高效率。

5. 对于同样的产量而言,J20 喷气纺纱机由于产量高,同样产量的 J20 喷气纺纱机的占地面积比环锭纺减少 25%,从而相应减少了空调负荷,节约了能源,减少了生产成本。

6. 喷气纱的手感非常柔软,亲肤性好,纱体蓬松的特性使最终织物的不透明度更好,使织物外观很均匀。洗涤后抗起球性也很好,织物耐用性好,尺寸稳定性也很好。从图 4-3-8 中可明显看出 J20 喷气纺纱机生产的喷气纱的外观比立达其他纺纱系统的纱线外观好,与紧密纺纱相近。

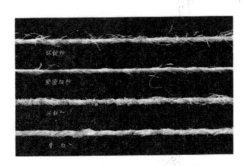

图 4-3-8　立达公司设备生产的环锭纱、紧密纱、转杯纱及喷气纱的外观比较

7.J20 喷气纺纱机的生产成本比其他纺纱系统的生产成本低。由于单锭传动,引出速度最高,使加工每千克纱的能耗比其他纺纱系统少。J20 喷气纺纱机的纺纱器可以进行单锭停运关闭,这也有助于降低能耗。

第四节　MVS 涡流纺纱技术的发展

日本村田公司在 1995 年法国国际纺织机械展览会上展出了 MVS851 涡流纺纱机,可以生产纯棉纱。最近又在 MVS851 基础上开发了 MVS861 涡流纺纱机,纺纱速度从 400 m/min提高到 450 m/min,性能上也有了许多改进。MVS870 涡流纺纱机是在 2011 巴塞罗纳 ITMA上展出的第三代涡流纺纱机,车速为在 459～500 m/min,接头技术有了改进。涡流纺纱机可与 PC21 自动络筒机相联接,形成自动生产线。如上章所述,MJS 喷气纺纱技术对纤维长度的适应性比环锭纺及转杯纺差,只能加工纯涤纶等等长度化纤纱或涤棉等混纺纱,不能够生产纯棉纱。因此,喷气纺纱系统存在一定的不足。为此,村田公司在 1995 年巴黎国际纺织机械展览会上展出了 MVS851 涡流纺纱机,该机可以生产 13～32.4 tex 纯棉纱,纱线结构与环锭纱相接近,属于真捻纱。纺纱速度高,加工纯棉纱时引出速度可达 400 m/min,比环锭纺高 20倍,比转杯纺高 3 倍。涡流纺纱可以做到无结头,毛羽飞花少,单纱强力高,基本上与同号环锭纱接近,比同号转杯纱的强力高。

MVS861 涡流纺纱机是在 MVS851 的基础上经过多次改进及创新而研制的新机型,具有许多重要的技术特征及纺纱优点。而 MVS870 涡流纺纱机又有了更新的发展。

MVS 涡流纺纱机是在喷气纺的基础上发展起来的。MVS 与 MJS 的区别在于 MVS 采用单一喷嘴技术,两种系统生产的纱线结构完全不同,MVS 纱属于真捻结构,MJS 纱属于包缠纺纱结构。因此,MVS 纺纱技术是一个新的突破。目前涡流纺纱机主要在美国应用,一般生产针织、机织纱。

一、MVS 纺纱结构及特征

1. 如图 4-4-1 所示,MVS 涡流纺纱机是由棉条喂入并经过四罗拉(或者五罗拉)牵伸机构牵伸后达到需要的纱线号数的须条,从前罗拉引出的纤维被吸入到喷嘴并集聚在一个钉状突出物上,钉状突出物伸入到空心锭子的上口。在集聚时,纤维被针状物牵引进入空心锭子中,在集聚点纤维尾部沿喷嘴内侧在高速回转涡流的作用下升起,使纤维分离并沿着锭子旋转,当纤维被牵引到空心锭子内腔时,纤维随着锭子的回转而获得一定捻度,从而实现了高速纺纱并获得真捻。纤维束沿着锭子包缠的角度及回转角度都是可以控制的。

2.整个纺纱过程受到电子清纱系统的监控,当发现纱疵时即被自动去除,并立即应用自动接头装置将纱线接头,这种装置叫做"自动接头器"。因此,整个纺纱过程是全自动连续式的。此外,从每个锭子纺出来的纱也受到自动接头器的监控,使纺纱质量受到逐锭监控,发现有问题的锭子可以单锭自动停止纺纱。

3.由于涡流纺纱速度高,旋转的涡流对纱的加捻要比机械式加捻效率高得多。高速回转的涡流只作用在纤维上,与前罗拉引出纤维的功能一起形成对纤维的加捻作用。因此,高速回转涡流主要是完成加捻任务,并不影响纱线号数的高低。由于 MVS 纺纱系统的基础是气流对纤维的加工,纤维受到具有声速那样高的喷气涡流及卷取罗拉的作用而形成真捻。这种特殊的加捻作用是其他纺纱机所没有的,高回转速度下的成纱结构比环锭纱的结构紧密,因而结构稳定,使印染加工后的最终纺织品具有许多优点。

(1)涡流纺纱技术的纺纱适应性强,可以加工不同纤维长度的短纤混纺纱,生产的纱质量比较高。

(2)纱线的接头方法。如图 4-4-2 所示,在纺纱过程中纤维从牵伸装置进入喷嘴内部,接头动作即自动完成,这种方法与筒子纱接头一样也叫空气捻接接头法。

棉条

涡流纺纱器

电子清纱器

铜子纱

图 4-4-1　MVS 涡流纺纱工艺简图

注:纺纱号数:19 tex,纺纱原料:0.1 tex、38 mm 纯涤纶。

前罗拉

D

螺旋喷管

空心锭子

D-根据短纤维含量而定

图 4-4-2　涡流纺纱的机构简图

3.从 MVS851 到 MVS861,再到 MVS870,涡流纺纱技术有了许多改进。

(1)MVS861 涡流纺纱机生产的短纤纱筒子的卷绕角度为 5°57',往复导纱动程为 127 及 146 mm,筒子纱卷绕角度可根据需要进行调节。不论筒子纱卷绕角度如何改变,其卷绕速度不降低。而转杯纺的卷绕角度为 4°2',其卷绕速度已达到极限。

(2)MVS861 涡流纺纱机的卷绕线速度为 450 m/min,因此可与村田公司生产的 Pc21 自动络筒机相联接,从而进一步提高了纺纱能力。村田公司经过多年的研究,对纺纱机构作了许多改进,涡流纺纱机的速度可能还会进一步提高。

(3)MVS861 涡流纺纱机在降低能耗方面也有改进,每台 80 锭的涡流纺纱机总容量为 25.5 kW,折合每锭能耗为 0.319 kW。与 MVS851 机型相比,可节能 25%,压缩空气消耗用量为 58 L(每分钟、每个喷嘴),空气压力为 0.5 MPa,压缩空气消耗量比原来节约 27%。

(4)新装备的 VOS 可视化智能主控电脑系统,具有对纺纱工艺参数、纺纱质量管理、生产管理及机器维护保养管理的功能,可使机器操作方便,提高纺纱质量及对运转特性的控制。这样可保证纱疵少,如很小的细节也可在生产过程中被连续检测出,对每个锭子的纺纱疵点进行控制及统计记录,不会遗漏。

(5)应用 VOS 系统对疵点检测及统计功能操作简便,且提高了纺纱机的产量。高效生产的优点不仅对纺纱机本身,而且对下游工序的生产效率也有显著的改进。例如在高速织机及针织机上,纱线退绕速度以及下游工序纺织品加工及服装制作等工序,可减少毛羽及飞花的形成。

4. MVS 涡流纺纱技术的优点概括起来有以下几个方面:

(1)纱线毛羽非常少,比环锭细纱及紧密环锭纱的毛羽减少 12%～15%。

(2)具有非常好的抗起球性能。

(3)具有很好的吸湿及快速去湿性能。

(4)可提高下游工序如织造的产量,纺纱速度比普通环锭纺增加 14 倍。但纱线强力比环锭纱低,织物手感粗硬。而 MVS 纱的手感比 MTS 喷气纱的手感要柔软一些。

(5)村田公司生产 MVS861 涡流纺纱机的引出速度可达 450 m/min,比环锭纱生产量指数高 1.5 倍。

(6)假如优化织物设计,充分发挥 MVS 纱的优点,可使织物在纱线低强力及低伸长率的条件下充分改善织物的手感、扩大织物终端应用范围。

5. MVS 涡流纺纱机对纤维长度的适应性及纺纱支数范围。由于涡流纺技术本身的特性,对于纤维种类及纤维长度都有一定的要求,国外生产涡流纱企业报道的资料表明,生产涡流纱要用长绒棉,而且纺纱技术适于 13～32.4 tex。MVS861 涡流纺纱机的纺纱号数及适纺纤维长度比 MVS851 有了一定的改进。

(1)生产纯棉纱时,32 mm 长的棉纤维最高可以纺 13 tex;38 mm 长的棉纤维最底可纺到 9.7 tex 以上。

(2)生产涤棉混纺纱时,涤纶长度 32 mm,线密度 1.2 dtex,棉纤维长度 25.4 mm,可纺 14.6 tex 以上;生产涤棉混纺纱时,涤纶纤维长度 38 mm,线密度 1 dtex,棉纤维长度为 30.4 mm,可纺 11.7 tex 以上。

(3)生产纯涤纶、黏胶或 Lyocell 时可纺至 9.7 tex 以上。

据国外报道,在实际生产中生产 13～32.4 tex 纱时,应用细绒棉生产比较稳定。质量较好。

(4)产品质量:在涡流纺纱的质量特性中,除了纱线强力及伸长率比环锭纱低以外,其他如毛羽、起球率等质量指标均比环锭纱好,甚至有些指标比紧密纺纱还好,但生产的纯棉纱质量远不如化纤纱。见表 4-4-1。从表中可以看出,MVS 涡流纱毛羽很少,但强力比环锭纱低。由于涡流纱毛羽少、纱疵少,在喷气织机上用涡流纱织布的停台率比环锭纱织布的停台率低。美国许多纺织企业已广泛应用涡流纱做经纬纱在喷气织机上织布。但如果生产纯棉涡流纱时,由于棉纤维的整齐度差,使涡流纱的强力因纺纱速度的提高而显著降低,条干变差,毛羽增加,从而增加了织机的停台率。这是涡流纺生产纯棉纱今后要进一步研究解决的问题。

6. 废纤率:涡流纺纱存在的另一个问题是纺纱时废纤率高。据国外报道,一般生产纯棉纱时废纤率为 5%～8%。如图 4-4-2 所示,图中 D 距离设置恰当时废纤率较低,日本村田公司建议 D 距离要小于纤维的平均长度,可减小废纤率。总之,涡流纺纱技术废纤率较高,制成率较低,也是今后要继续研究的问题。

表 4-4-1 涡流纱与普通环锭纱性能比较

纱线性能	涡流纱	普通环锭纱	紧密环锭纱
3 mm 以上毛羽	6	100	52
5 mm 以上毛羽	14	100	43
最高强力/N	80	100	104
最低强力/N	76	100	—
伸长率/%	82	100	104
起球率/%		1～2	2～3
生产率指数	1430	100	104

　　涡流纺纱技术(MVS851)从 1995 年问世以来,经过不断的改进已发展到 MVS861 型,纺纱速度由 400 m/min 提高到 450 m/min,纺纱适应性也有了改进,不仅可以和 MVS 一样生产纤维整齐度差的纯棉纱,而且纺纱质量也有了显著提高。目前 MVS 涡流纺纱机已销售了 500 多台,遍及 15 个国家,包括美国、澳大利亚、土耳其、中国、巴西、意大利和印度尼西亚等。据澳大利亚一纺织企业报道,该公司应用涡流纺纱机生产的纯棉纱纺纱范围在 13～32.4 tex,而且要应用长绒棉(长度为 35～38 mm 及以上的纤维)生产才能稳定,此外废纤率也比较高。因此尽管涡流纺纱具有速度高、质量好、工艺流程短等优点,仍然需要不断地研究与改进存在的问题。涡流纺纱技术将在不断的改进中得到发展。

　　如上所述 0MVS851 和 MVS861 涡流纺纱机具有许多优点,产品质量高,纺纱速度也很高。但 MVS 涡流纺纱机对棉纤维长度的适应性比环锭纺及转杯纺差,由于它是包缠纺系列,因此要求棉纤维长(长绒棉)。MVS 系列涡流纺纱机适纺号数为 14.6～32.4 tex,纺纱号数的适应性还应该加以改进。此外,MVS 系列涡流纺纱机的废纤率比较高。所有这些都是涡流纺纱技术需要继续努力改进的方面。

第五节 日本村田公司生产的喷气纺纱机

一、MJS 系列喷气纺纱机的发展过程

　　美国杜邦公司于 1936 年研制出喷嘴包缠纺纱机,由于某些原因,未能进行工业化生产。40 年后,日本村田公司在杜邦公司单喷嘴包缠纺技术的基础上研制喷气纺纱,于 1980 年试制成功,1981 年首先在美国西点公司批量生产了 40 台,经过近 10 年的发展和不断改进,形成了 MJS 系列的双喷嘴喷气纺纱机 MJS801,MJS802 及 MJS802H,MJS802H 的纺纱速度高达 300 m/min,MJS802 的纺纱速度为 200 m/min,纱线条干水平明显优于环锭纺纱,可与转杯纺纱相媲美。目前全世界已有 3 000 台喷气纺纱机在运行,美国约占 70%,其他分布在东南亚、拉丁美洲及西欧诸国。我国 20 世纪 80 年代初也有少量引进,大都是 MJS801 型。21 世纪初,我国引进了较多 MJS802 喷气纺纱机。到目前为止,只有 MJS802 系列的双喷嘴喷气纺纱机形成商品化。目前世界上运行的喷气纺纱机大多是双喷嘴 MJS802 系列的。

二、MJS802 喷气纺纱机的特点

MJS802 喷气纺纱机最适于加工等长度的化学纤维,最低纺纱号数可达 7.3 tex,最高纺纱号数为 58.3 tex 左右。

由于喷气纱是包缠纱,因此具有独特的性能,如伸长小、缩率低、膨松性好、条干均匀、纱疵少,单纱强力比环锭纱低 15%～20%,股线要低 10%～15%;3 mm 以上毛羽很少,纱线表面光滑,单纱耐磨性差等。表 4-5-1 和表 4-5-2 为美国一仿织厂生产 16 tex、22 tex 喷气纱与同号数环锭纱所作的比较,并且喷气纺纱质量大为改进,回丝从 2%减少到 0.2%。

表 4-5-1 环锭纺、喷气纺成纱质量对比

	环锭纺	喷气纺	比差
生条重量不匀	2.3	15	优
品质指标	2815	2425	-16%
条干 CV%	18.6	16.3	优
细节	9	9	优
粗节	80	16	优
棉结	50	18	优
单纱强力/N	12	9.9	-21%

表 4-5-2 环锭纺、喷气纺成纱质量对比

	22 tex	16 tex
条干 CV%（降低）	20.5	28.2
细节	77.1	86.3
粗节	76.1	80.0
棉结	6.8	52.4
布机断头（减少）	7	16.7

对于单纱强力问题,国外进行了反复研究,并在无梭织机上进行了对比试验。认为尽管喷气纱单纱强力比环锭纱低 20%左右,但在织造中由于喷气纱的条干均匀度好、纱疵少、毛羽少,因此在织造时的断头率却比环锭纱低。所以美国目前大约有 90%的喷气纱用于喷气织机作经纱或纬纱。

日本村田公司最初生产的 MJS801 喷气纺纱机,其适纺原料范围小,多为涤棉混纺纱,对棉纤维适应性差;MJS802 及 MJS802H 喷气纺纱机增加了棉型喷嘴,试图专门用于加工纯棉纱,扩大对整齐度差的棉纤维纯纺纱的适应性,使纺纱强力有较明显的提高,但实际上很少应用。因此用这种喷气纺纱机生产纯棉纱还存在较多困难,从而限制了喷气纱的应用范围。

三、喷气纺技术在加工细旦纤维纱方面的应用

国外在应用喷气纺纱技术加工细旦纤维纱方面开创了新的途径,发现喷气纺加工的细旦纤维纱及其织物手感有明显的改进。此外,国外许多厂家还在纺织纤维中添加柔软剂,以减少纤维间的摩擦,改善成品的手感。对于手感问题,美国相关纺织企业与日本村田公司对喷气纺纱技术进行了大量研究,认为细旦纤维与织物手感柔软及纺纱产质量高有关。纤维越细,手感越柔软;纤维越细,纺纱速度可开高;用喷气纺生产细旦纤维纱时,纤维越细,强力不匀率越低,条干越好,强力增加;喷气纺纱的纤维越细,纱线的毛羽、强力及均匀度等重要指标越好,织物起球现象也少。

总之,用喷气纺纱机生产细旦涤纶的涤棉混纺纱有如下优点:纺纱速度可提高 10%～20%;提高了成纱强力;改进了纱线的均匀度;织物手感柔软,起球少。

四、喷气纱的特殊用途

1.与环锭纺不同,喷气纺纱具有双重结构,它由纱芯及包缠纤维组成。包缠纱的结构使喷气纱具有独特的性质,从而使织布技术获得新的发展潜力。例如,这种包缠技术可用来产生一种沿纱的长度方向表面收缩的效果,这种纱织入布中,会产生出一种优美的绉纹效应,而不需使纱线具有高度的捻缩。这种表面收缩的效果是由纱线中很小一部分的高收缩纤维所造成的,这种收缩变化对纱的结构及性能影响不大,而包缠作用使得一些平行的纤维束缠结在一起。高收缩的现象及其包缠作用,使织成的布面呈现绉纹效应。

2.喷气纱在无梭机织领域占有独特的地位,当喷气织机使用喷气纱作经纱时,具有明显的优势。喷气纱的毛羽和纱疵比环锭纱少得多,因此开口时纱线很少相互纠缠在一起。实践证明,当应用喷气纱作经纱时,经纱张力可减小 10%,且织造时断头减少,使织机的效率显著提高。

3.喷气纱可用来织造穿着舒适的轻薄隔热织物。传统的阻燃、防热织物要经过化学处理,其织物质量要增加 15%～20%。而应用喷气纱,可采用具有抗高温性能的纤维作为芯纱,外面包缠低阻温性能的纤维,如棉、羊毛、腈纶/高强腈纶及混合纤维,芯纱的纤维仅占全部纤维的 20%～25%。用这种喷气纱织造的织物可以阻燃,遇火时外层包缠的纤维熔化或燃烧,而纱芯部分却基本保留完整状态。外层燃烧后形成的网络将炭化部分夹持住,这些网络可以封闭氧气及其他气体的进入,从面起到防火阻燃作用。

4.将用精细陶瓷粉末处理后的涤纶短纤维作为包缠纤维,包缠在棉纤维或其他普通化纤纱芯上,所形成的包芯纱具有对紫外线的屏蔽作用。用这种纱织成的织物或制作成服装不仅可抗紫外线辐射,而且由于精细陶瓷粉末发射出一种远红外线,对人体具有保健作用。

5.经历了几十年的研发,日本村田公司在 MJS 喷气纺纱机上解决了许多问题,因此 MJS802 喷气纺纱技术是该公司研发 MVS 涡流纺纱机的重要理论基础。

五、日本 MVS 系列涡流纺纱机代替 MJS 系列喷气纺纱机

MVS 系列涡流纺纱机及 J20 喷气纺纱机都能纺纯棉纱,纺纱技术也比 MJS 系列喷气纺纱机大有进步。

第五章　纺织质量控制与管理

第一节　现代棉纺织生产原棉及
在制品的离线质量监控

纺前准备工程的离线检测技术,主要是利用各种高科技仪器对原棉以及开、清、梳及精梳等工序的半制品质量进行检测,通过检测发现问题并提供有关数据,通过分析数据解决问题,达到把好纺前准备原棉、半制品质量关,提高棉纱质量的目的。现代纺织设备,具有速度高、产量高、自动化水平高、自动监控水平高及产品质量高的特点,因此现代棉纺织工程质量管理要具备在线及离线的检测仪器,快速、及时、准确地对从原料进厂开始的逐道工序、逐个品种的原料、半制品及终端产品进行各项质量指标的检测和监控能力,发现问题及时反馈、及时解决,使问题解决与纠正在初始阶段,以减少不必要的损失及避免产生质量波动,实现对纺织生产过程的质量检测与管理的高科技化。

离线检测的仪器很多,如乌斯特公司生产的 USTER HVI 100 测试仪、USTER AFIS 棉纤维性能检验仪、USTER TENSOJET 纱线高速强力仪、USTER TESTER 5-S400 或 USTER TESTER 5-S800 乌斯特条干仪等都得到了广泛应用,其中 USTER TESTER 5-S400 及 USTER TESTER 5-S800 是乌斯特公司精确测试与描绘有关纱线均匀度和常发性疵点的新型仪器。USTER TESTER 5-S800 的试验速度达到 800 m/min ,应用光电式传感器,可测试纱线的号数变异、细节、粗节、棉结及异纤;S400 与传感器 USTER OH 结合可提供可重现和可比照的毛羽测试;S400 与 USTER OI 传感器结合可用于测试条干均匀度,同时检测纱线中的杂质与灰尘颗粒;USTER TESTER 5 与 USTER 检测花式纱功能的仪器相结合可检测与分析竹节纱。

概括而言,纺纱部分要监测及控制的质量问题有棉结、毛羽、不成熟纤维、异纤、单纱强力、不匀率及纱疵等。

一、USTER HVI 1000 和 USTER AFIS 检测仪

USTER HVI 1000 测试仪和 USTER AFIS 棉纤维性能及纺前半制品检测仪,用于原棉性能及半制品质量的测试。这两种测试仪都应用了模块化技术,同一台仪器采用不同的传感器可测得不同的信息。

1. USTER HVI 1000 测试仪 HVI(High Volume Instruments)开始于美国农业部分对棉花纤维特性的检测,主要用于纤维性能的分析与定级。近年来这项技术得到迅速发展,在棉花生产、贸易以及纺织领域得到广泛应用。它可对棉纤维的成熟度、细度、含糖率、棉结、杂质、单纤维强力、色泽、含杂、分等分级等项目进行快速大容量的检测,并提供准确的检测数据。目前

USTER HVI 1000 检测仪已有 1 100 多台,遍布全球 60 多个国家和地区。1998 年国际纺织生产联合会举办的棉花检验技术第十次会议正式向业界推荐使用 HVI 检测仪。USTER HVI1000 测试仪还可用于棉纺厂定等定级及混棉排队等原棉管理,对棉纤维成熟度的检测结果用成熟度指数来表示。对原棉品质的监测是搞好纺纱生产、提高纱线质量的第一个重要的离线监测关口,因此 USTER HVI1000 试验仪在原棉管理中具有很重要的作用。首先可把初加工的原棉进行质量检验及分等分级并输入到计算机内,作为向纺纱厂或其他用户供应原棉的质量及价格依据。

2. USTER AFIS 棉纤维性能及纺前半制品检测。经过 USTER HVI1000 及 USTER AFIS 棉纤维性能检测仪测试后得到的结论表明:由于原棉及轧花初加工的一些工艺因素,使皮棉经过轧花厂加工后产生了一定数量的棉结;开清棉是增加棉结的主要工序,梳棉及精梳是减少棉结的重要工序;此外,原棉生长受原棉品种、温度、土壤、雨水及光照等条件的影响,棉纤维的成熟度与线密度均有差异,会影响初加工及开清棉、梳棉等工序棉结含量的分布(见图 5-1-1)。因此,要利用 USTER HVI1000 及 USTER AFIS 棉纤维性能检测仪对纺纱厂使用的原棉进行混棉排队,以保证按品种合理用棉,使生产达到长期的稳定。

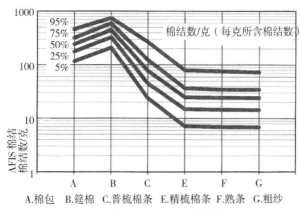

图 5-1-1　纺前准备各工序的棉结分布情况

二、USTER AFIS 棉纤维性能检验仪在棉纺厂纺前准备中的应用

USTER AFIS 棉纤维性能检验仪多用于棉纺生产的原棉及半制品质量检测与生产质量管理。从全自动抓包机起逐工序应用 USTER AFIS 棉纤维性能检验仪进行生产质量管理。

1. 参与混棉排队。USTER AFIS 棉纤维性能检验仪与 USTER HVI1000 测试仪一起,编制混棉排队用棉质量计划,可较长时期稳定用棉质量水平,保障产品质量的稳定。

2. 应用 USTER AFIS 棉纤维性能检验仪,可在抓包机排包后进行逐包检验以测得包与包之间棉结个数的差异,发现超标的棉包可及时剔出不用,以保证在抓包机上棉包的棉结含量基本一致。见表 5-1-1。

表 5-1-1　进厂棉包的棉结含量

编号	1	2	3	4	5	6	7	8	9	10	11	12
棉结含量/粒·g	230	210	360	210	220	190	390	210	220	190	220	210

表 5-1-1 中第 3 及第 7 号棉包的棉结含量特别高,则剔除不用,使原棉棉结含量稳定在

210粒/g的水平,保证了纺纱质量。纺纱生产也可根据逐包检验结果优化清梳棉工艺,一方面采取相应的减少棉结的工艺措施,以及正确的混棉方法,使进入车间的原棉质量在生产中得到稳定;另一方面对于棉结含量高的棉包则剔除不用,以保持棉包中棉结含量的稳定。

3. 2007年乌斯特公报对纺前各工序的棉结分布如图5-1-1所示。在开清棉中强调精细抓取,柔和打击,渐增开松的原则。从表5-1-2中可看出,握持打击对棉结的增加多,自由打击对棉结增加少;握持打击、精细开棉的棉结增长20%,自由打击的棉结增长仅为10%。开清棉工艺流程越长,棉絮受打击次数越多,棉结增加率越高。因此开清棉设备的好坏及配置合理与否是增加棉结多少的关键。

4. 通过对棉包的逐包检验及对开清棉各工序半制品棉结的检测,可提供改进开清棉工艺的依据。2007年慕尼黑ITMA及2011年巴塞罗纳ITMA上展出的超短流程开清棉工艺机组就是在1999年的工艺基础上改进而来的。

表5-1-2 短流程开清棉工序中各单机对棉结增加的影响(1999年的工艺)

开清棉工序	原棉	抓棉机	轴流开棉	多仓混棉	精细开棉	清梳联喂棉机
棉结数/粒 g^{-1}	221	241	271	333	418	441
单机增长率/%		9.95	11.52	22.88	21.52	5.50

5. 根据试验条件及结果,可按棉包成分安排混棉并进行逐包检验。

三、对生产过程中的棉结进行质量监控

应用USTER AFIS棉纤维性能检测仪,可以根据纤维长度、棉结、杂质含量等纤维参数的变异对整个生产过程进行控制。通过监测这些参数,可以对不同生产设备的除杂和牵伸进行正确的设置,同时了解每一生产过程的除杂效率及零部件磨损情况。

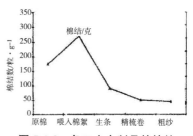

图5-1-2 各工序在制品的棉结
含量测试结果分布图

四、检测与控制精梳落棉量

1. 检测与控制精梳落棉量是提高精梳条及精梳纱质量的重要途径。精梳机的落棉对于从条卷中排除短纤维、棉结、带籽屑棉结、不成熟纤维,提高精梳条中好纤维所占的比例,减少精梳条及纱线中的短纤维、棉结等有着重要的作用。不同的精梳机落棉率,会使精梳条及纱线中短纤维、棉结含量不同,好纤维的比例亦不相同,对成纱质量有显著影响。短纤维的含量会影响纱线的性能,如单纱强力、强力不匀率、断裂伸长、伸长不匀率及强力弱环等物理指标。纱线毛羽与精梳落棉率也有很大关系,精梳机落棉率加大,棉结含量相应减少。实践中根据产品质量要求、生条的棉结含量情况以及精梳制成率对工厂经济效益的影响,确定最佳落棉量与棉结含量的比值。如果能与转杯纺相结合,则加大精梳机落棉率,一方面可进一步减少精梳条及精梳纱的棉结和短绒,提高精梳纱的品质,另一方面把精梳机落棉用于转杯纺生产转杯纱,在经济上是合算的。国外一些棉纺织企业为了使精梳条更加洁净,进一步降低精梳条中的结杂含量,提高精梳条的质量,加大了精梳落棉量,使其达到18%～20%甚至更大。同时将落棉应用在转杯纺中纺制相应号数的转杯纱,既提高了精梳纱的产品质量,又使精梳落棉得到充分利用,使产品质量与经济效益达到了一定的平衡。

2.影响精梳质量的因素很多,如精梳机上针的状态,锡林及顶梳针板的梳针状态等,都会影响落棉和精梳条的棉结含量。

对原棉的开松、除杂、净化棉网及半制品与减少棉结及短绒是一对相互依存而又矛盾的关系。在开清棉、梳棉及精梳工序中应用 USTER AFIS 棉纤维性能检测仪对设备的各个环节进行研究,在 USTER AFIS 棉纤维性能检测仪测试结果的指导下,通过模块化技术的应用,优化工艺及改进设备编组,以柔和的加工技术在对原棉尽量开松除杂的同时,最大限度地减少棉结及短绒的产生。

3.立达公司的新型 E80 精梳机的锡林梳理弧长由 90°加长到 130°,使梳理面积增加了45% 产质量都有所提高,这比提高顶梳针板的上下跳动钳次来提高精梳机的产量要有效而现实得多。现在看来,加长 E80 精梳机的锡林梳理弧长以提高精梳条的产质量的做法是一项重大改革,是今后进一步提高精梳机产质量的好方向。

五、对原棉成熟度的逐包检验

1、在测试成熟度 MR 时可应用测试成熟度的传感器,测得的成熟度指标是成熟度比率,转换很方便。棉纤维成熟度对棉纱质量的影响很大。不成熟纤维含量越多纱线的棉结越多,从而使纱线和织物的外观粗糙而不均匀,成纱强力也因为不成熟纤维的增多及短绒的增加而降低,使得织造效率降低。此外,还由于不成熟纤维分布不均匀,会造成织物的染色横档疵点,影响成品织物的外观。因此,棉纤维的成熟度应作为纺纱混配棉的重要控制指标。必须应用先进的检测仪器进行逐包检验,并控制与掌握不成熟纤维的含量及分布,以稳定与提高产品质量。

成熟度好的纤维在纺纱加工中具有较高的强力及弹性,不成熟的纤维强力弱,在轧花及纺纱过程中容易断裂,从而使平均长度减小,增加短纤维含量。不成熟纤维的刚性亦差,在加工过程中容易造成棉结,使纱线及织物外观粗糙而不均匀,在纺纱过程中断头率高。此外,不成熟纤维还会产生废纤,成纱强力低,纱疵增多。

2.对不成熟纤维含量的检控。不成熟纤维的含量多,使织造效率低并影响最终织物的外观及质量。不成熟纤维对后工序化学加工也有影响,如丝光、印染、树脂整理等。成熟的棉纤维丝光的效果均匀,在染色时棉结对染料的亲合力相对较低,使染后织物外观出现白点。由于不成熟纤维的分布不均匀,也会使织物产生染色横档疵点。不成熟纤维的定型性差,染料吸收能力较大,染后洗涤时染料对纺织品的外观质量十分重要,织物中存在的各种外观疵点会直接影响纺织品的竞争力。实践表明,有 70%影响织物染色效果的原因是原棉本身造成的,其中织物染色后出现的横档疵点更为突出。对此国内外专家进行了许多研究,并取得了极大进展,不成熟纤维染色后会形成织物条影轻重的变化及横档疵点。为了控制织物条影轻重的变化及横档疵点,在逐包检验中要达到如下要求:

①批与批棉包间不成熟纤维含量差别最大不超过 0.5%。

②每批内棉包的包与包之间 IFC 偏差系数差异最大不超过 2%。

在上述控制范围,由于不成熟纤维所造成的横档疵点可基本消除,纺纱生产也基本稳定。

我国长岭产的 FM10 棉纤维成熟度测试仪,是一种快速测试棉纤维成熟度的仪器,可测试棉纤维的成熟度、马克隆值及细度等指标,但还不能直接测出不成熟纤维所占的百分比。

第二节　毛羽的检测与管理

纱线的毛羽对纺织产品质量、织造效率及生产环境都有明显的副作用。纺织过程中细纱及络筒是产生毛羽的重要工序,其中细纱的纺纱三角区、钢领钢丝圈卷捻组件及络筒张力等对毛羽的产生有十分显著的影响。在减少纱线毛羽时,要努力降低纱线毛羽值及其分布,使其控制在 2007 乌斯特公报的 25% 水平内。纱线的毛羽分布不均匀以及在织造中毛羽形成新的棉结等都会影响染色布的外观质量,有的会形成横档疵点。在纺纱过程中环锭细纱机的锭子与锭子以及络筒机的筒子与筒子之间,纱线的毛羽分布的有差异。由于伸出纱体外的毛羽比纱体内的纤维更容易染色,从而造成坯布染色后的色差,形成横档疵点。喷气织机生产高密织物时,毛羽使相邻经纱相互缠连造成开口不清,经纱上 3 mm 以上的毛羽还会导致引纬失败。

关于纱线毛羽的特性及其对喷气织机效率和织物外观的影响,国内外早已进行了许多研究,对毛羽数量的测定也相应地研制出各种仪器,乌斯特 2007 年公报是应用乌斯特-3 型、4 型条干仪增加毛羽测试模块来测试毛羽的 H 值。

1. 德国蔡尔伟格(Wzweigle)G565 型、G566 型毛羽测试仪是测定纱线毛羽长度及分布状况的最新仪器。有人对棉、黏胶短纤的普梳及精梳纱进行了测试,认为细纱毛羽长度的分布呈指数规律,棉纱约有 75% 的毛羽及毛圈长度小于 1 mm,而仅有 1% 的毛羽长度超过 3 mm。3 mm 长及以上的毛羽为有害毛羽,会显著影响喷气织机的效率。

2. 瑞士 USTER 3-4-5 型及最新的 USTER OH 传感器与 USTER TESTER 5-S400 或 USTER TESTER 5-S800 型条干仪相结合可测试纱线毛羽。另外还有英国锡莱研究所研制的毛羽测试仪等。

3. 我国长岭纺织电子仪器厂生产的 YG172A 型及 BT-2 型在线毛羽测试仪。YG172A 型 YG171B 型毛羽仪是在 YG171A 型基础上进步发展起来的第三代毛羽测试仪。YG172A 型仪器与日本 DT201 及锡莱毛羽仪等原理基本相似,而 YG171B 型则与 G565 相似,是目前国内最为理想的毛羽测试仪。可连续测试 1～50 次,任意选定;毛羽长度一次同时测定 1、2、3、4、5、7、10、12 mm,另外有数据自动显示及打印记录仪;可报告平均值、不匀率 CV% 值及毛羽直方图等。别特 YG172A 型毛羽测试仪可对纱线中毛羽的长短、数量及分布进行自动测试和统计分析,适于对短纤纱及上浆后的经纱毛羽的测试。它是利用光电转换原理,把毛羽遮光引起的光的变化转变为电信号,经放大整形处理而形成毛羽计数脉冲,经计算机转换后显示。YG172A 型毛羽测试仪能反映出毛羽的分布状态,适合于高速喷气织机的要求,对喷气织机提高织造效率有作用。

4. 纱线毛羽及其分布的检测。应用德国 Wzweigle565 型及 Wzweigle566 型毛羽检测仪对各种类型纱线的毛羽进行大量测试,发现有 75% 以上的毛羽长度小于 1 mm,而有害的 3 mm 以上毛羽仅占 1%。

乌斯特公报对纱线毛羽的参考值早在 1989 年统计资料中作出明确规定,2007 年公报中也规定了参考内容及相关曲线,有毛羽值 H、毛羽标准差 3H、变异系数等指标。毛羽值 H 是指在纱线 1 cm 测量范围内伸出纱体外的纤维长度,以毫米计算的累计长度,即每厘米长的纱上的毛羽长度×毛羽根数。毛羽值 H 与纱线号数、捻度相关,纱线越细其横截面中纤维根数越少,伸出纱外的毛羽数亦少;纱线捻度越大,毛羽捻入纱体内的机会越多,毛羽亦少。

根据毛羽分布状况及实际生产质量的要求,确定 3 mm 的毛羽长度为临界长度或称有害长度,并把临界长度 3 mm 及以上的毛羽分布情况作为考核纱线毛羽的重要依据。

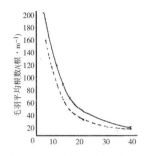

对毛羽状况进行测定分析,得出纱线毛羽的累计分布符合负指数函数规律,X 为毛羽的设定长度;$N(x) = Ae^{-BX}$,如图 5-2-1。

式中:$N(x)$ 为等于和大于 x 长度的毛羽根数;A、B 为常数,反映纱线毛羽特性,作为评价毛羽的指数。

图 5-2-1　纱线毛羽的累计分布图

实践证明:单色染色织物相邻两个用纬纱的筒子纱毛羽值 H 相差 1 及 1 以上时,织物染色后会出现色差横档,虽然在原色布上这种毛羽分布的差别不明显,但染色后会有明显差别。

毛羽的标准差 3H 是考核毛羽分布的第二指标,是描述纱线卷装内部毛羽变异的数值,相对于筒子卷装纱而言,相邻两个筒子的纬纱间毛羽的差别也会影响织物的外观。

毛羽的变异系数 CVH 描写整体毛羽分布的情况,是考核批量生产的纱线毛羽分布的均匀情况。在生产实践中要特别注意毛羽 H 值及标准差 3H 的考核,努力消除锭子之间、筒子之间毛羽 H 值的差别,缩小毛羽分布的离散程度,改善整体毛羽分布的均匀度。

纯涤纶短纤维纯纺或混纺纱,由于毛羽的存在会引起织物起球,影响织物外观,所以希望 H 值要更小。

5. 对纱线毛羽的自动在线监测。现代化新型细纱机或转杯纺纱上配有在线监测器,以热、声或张力传感器来发现运转异常的锭子或卷绕头的异常问题,有的甚至配有智能型的微电子技术,跟踪分析异常问题发生的原因,并在屏幕上显示报告,使每个锭子或卷绕头的质量完全处于受控状态,以达到减小毛羽 H 值,控制锭与锭、台与台之间的差异。在普通环锭细纱机或络筒机上要人工反复地检查每个纺锭的气圈状况等,进行质量守关,再结合毛羽检测仪的检测结果,发现不正常因素及时进行处理。毛羽分布不匀会引起织物染色不匀,产生染疵,3 mm 以上长度的毛羽会影响喷气织机的开口清晰度,引起经纬间停台,影响织机效率。毛羽在纺纱过程中会部分脱落,从而引起飞花增多、污染环境、产生疵点等问题,国内外对减少毛羽问题进行了大量的研究并取得了许多显著成果。细纱及络筒是引发毛羽增加的主要工序,不正确的纺纱会使毛羽增加 1.5～2.5 倍,络筒工序由于络纱速度高、张力大、摩擦力大,使纱线经过络纱后毛羽增加 3～4 倍。细纱机上纺纱三角区及钢领、钢丝圈卷捻部分是造成毛羽增加的主要因素,紧密纺环锭纺纱技术的出现,消除了纺纱三角区,使环锭纺纱线的毛羽 H 值大大减小,纱线表面光洁如丝,质量大幅提高。钢领、钢丝圈的配合问题也取得很大进步,尤其是钢领、钢丝圈使用寿命的提高,使纺纱张力趋于稳定,毛羽 H 值也比较稳定。

第三节　纱线的断裂强力特性检测

一、单纱强力指标的重要性

随着无梭织机速度的不断提高,织机对原纱质量的要求也越来越高,特别是喷气织机,引纬率已达 3 000 m/min,织机转速达到 800~1 000 r/min,有的高达 1 800 r/min 以上。这种高速织机由于速度快、开口小、经纬纱张力大、纬纱的喷射张力大,因此对原纱质量提出了更高的要求。日本编织协会织布技术委员会认为,对原纱质量的要求首先是原纱的抗拉强度,其他质量指标如接头、毛羽、不匀、结杂等均次之。瑞士苏尔寿-鲁蒂公司认为,40 支精梳纱的断裂强度应大于 18 cN/tex,断裂强度不匀率应小于 10%,断裂伸长率应大于 5%。喷气织机用纱的断裂强度指标要求达到 2007 乌斯特公报的 5% 以内。但国内外许多织造厂家及有关织造技术的研究单位认为,要保证织机高效运行,单独考核平均强力及单强不匀率两项指标是很不够的,应当认真考核关于原纱抗拉强力指标的最低强力(强力弱环)。许多国外纺织品贸易商在中国购买原纱时特别指出要考核原纱最低强力的指标。事实上,即使单纱强力值及强力离散程度都很理想,也会由于最低强力的存在而造成原纱断裂,从而影响织机效率。对于原纱强力弱环问题早已引起国内外纺织生产及研究单位的高度重视。

二、大容量原纱抗拉强力试验的作用

1. 为了真实反映原纱强力弱环的数量,瑞士乌斯特公司开发研制成功高速单纱强力机 USTER TENSOJET,这种高容量单纱强力试验仪最大试验速度为 400 m/min,一小时可进行 30 000 次单纱强力试验,比目前普通试验仪的试验速度快速 238 倍。国外早已把 USTER TENSOJET 高速强力作仪为考核原纱质量、把好原纱质量关口、提高织机效率的重要手段。

2. USTER TENSOJET-4 高速单纱强力仪是把好原纱关的重要仪器,该仪器具有以下作用:

(1)测试速度高:USTER TENSOJET-4 每小时可测 3 万次试样,最大检测速度为 400 m/min。在 USTER TENSOJET-4 高速强力机试验过程中,由于是大容量的快速试验,可发现一些偶发性的强力及伸率弱环,这是用抽样试验及数理统计的方法得不到的资料,但这些偶发性的强力及伸率弱环却是后道工序提高生产效率的重要问题。

(2) USTER TENSOJET-4 高速强力机还可在试验中模拟喷气织机引纬时的喷射张力,当最大喷射张力与纬纱强力弱环相遇时必然会产生断头。现代纺织厂的生产速度成几倍的增加,这就意味着经纬纱上的负荷峰值增加,也成为引起纱线断头、降低生产效率的主要因素。应用 USTER TENSOJET-4 高速强力机模拟喷气织机引纬时喷射张力的作用,可迅速准确地发现为数不多的强力及伸率弱环。

(3)根据产生断头的情况可对生产过程中强力弱环产生的原因进行分析并加以改进,大约有 57%-61% 的强力弱环是由纱线的细节(细于正常原纱的 40%)造成的(见表 5-3-1),产生断头的细节种类有短细节、长细节及粗节细节的接合处三种。其他还有短粗节、植物性纤维、飞花、异纤、弱捻及夹有结杂和大颗粒灰尘的纱等,可根据纱线强力弱环产生的原因来改进。

表 5-3-1　原纱细节与断裂点之间相关程度试验

试样	小于平均原纱直径 40%的细节数	断裂点与细节吻合数	断裂点与细节不吻合数	合计	断裂点及细节吻合数占断裂数的百分比/%
1	50	18	10	28	64.29
2	42	14	6	20	70.00
3	21	8	4	12	66.67
4	29	12	11	23	52.17
5	39	15	9	24	62.50
6	38	15	5	20	75.00
7	30	12	9	21	57.14
8	37	15	12	27	55.56
9	27	10	10	20	50.00
合计	313	114	76	195	61.03

　　表 5-3-1 表明,有 61.03% 的断裂点发生在细节处。但有些细节并不发生断裂,说明断裂点不一定都发生在细节处,即断裂点与细节并不完全吻合,约有 39% 的断裂点发生在弱捻、粗节、结头等处。而转杯纺纱有 57% 的断裂点发生在细节处。

　　(4)可根据高速强力机的测试结果来评估喷气织机的生产效率或安排生产品种。

　　(5)图 5-3-1 为 USTER TENSOJET-4 单纱强力机对某批纱线进行 96 000 次强力测试的结果,可看出 USTER TENSOJET-4 单纱强力仪对单纱进行近 10 万次断裂强力试验后断裂点的分布。只有在大容量的测试中才能形成图 5-3-1 的图形,也只有形成图 5-3-1 的图形才能看出原纱断裂强力的分布情况,并从图中看出偶发性强力及低伸长率的存在,从而评估出喷气织机用这批纱的织机效率。

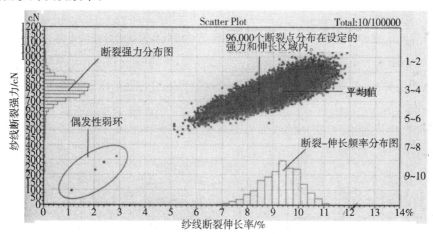

图 5-3-1　USTER TENSOJET-4 单纱强力仪测得的断裂点分布

　　(6)利用 USTER TENSOJET-4 单纱强力仪对原纱强力的测试图还可以正确选购原纱。例如有四个不同产地的原纱作经纱,可进行一些测试比较。如图 5-3-2 所示四个不同产地的原纱作经纱用,经过 USTER TENSOJET-4 高速强力仪检测,可直接从试验报告中看出四批经纱在喷气织机上的 10 万纬断头停台数。强力值离临界区远的②、③、④三地原纱的纬向停台数分别为 2.2、1.1 及 3.0 次,而离临界区近的原纱①的强力弱环较多,纬向停台达到 12.5 次,因此产地①的纱是不能够供应喷气织机使用的,而尤以产地③的纱为最好。

3. USTER TENSOJET-4 高速强力仪对原纱的检测是织造用纱准备工作的重要内容之一。

(1)在织造用纱的准备工作中,织前准备包括原纱测试及整浆穿等工序。织造用纱的准备工作之一是必须准确了解纱的性能,包括纱线的平均强力、强力不匀率、断裂伸长、断裂伸长率、最低强力(强力弱环)、毛羽、纱疵等,其中纱线的强力性能及毛羽状况对于喷气织机来说尤为重要。

(2)如前所述,以往对纱线强力的测试由于一般检测仪器速度低、容量小,所测得的强力指标代表性不全,还要靠数理统计的方法进行统计计算,因此得到的结果很不准确,不能描绘出被测纱线强力的真实面貌,无法用检测及计算的结果正确地指导生产,更谈不上作为改进与提高生产技术的依据。

(3) USTER TENSOJET-4 测试仪问世以来,为全面掌握与了解原纱的强力性能创造了条件,使原纱强力的测试步入到一个新阶段,也使进一步提高喷气织机效率有了保障。原纱通过大容量的试验可准确地报告出引起织机断头的强力弱环个数并模拟喷气织机的 10 万纬断头根数,从而评估出织机的效率。

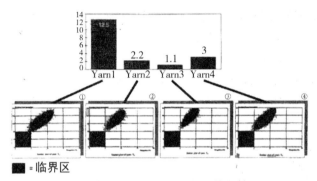

不同产地的经纱10万米经向停台情况

图 5-3-2　四个不同产地的原纱 10 万纬纱线断裂强力分布的比较

(4)要正确使用 USTER TENSOJET-4 高速强力仪,反映纱线强力分布的真实面貌,推动纺织生产水平的提高,并帮助选购及应用原纱。USTER TENSOJET-4 强力仪对每批原纱的测试要有一定次数。

从图 5-3-3 中可看出,A 产地的纱强力弱环比 B 产地多,因此,应采用 B 产地的纱供应喷气织机,以减少织机纬向断头,提高织机效率。

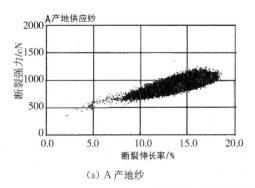

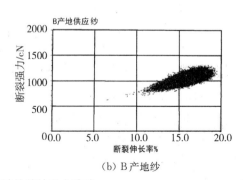

(a) A 产地纱　　　　　　　　　　　(b) B 产地纱

图 5-3-3　两个产地的棉纱的单纱强力试验

为了发挥 USTER TENSOJET-4 测试仪的作用,把好原纱强力关,应当对每批原纱进行大容量的强力测试。如图 5-3-3 所示,在 USTER TENSOJET-4 单纱强力仪上对单纱进行近 10 万次断裂强力试验(每个筒子纱测试 1 万次,共测 10 个筒子纱),才能在分布图中展示出原纱断裂点的分布状况,从而找出引起织机断头停台的强力弱环,推算出织机 10 万纬断头的水平。这也是 USTER TENSOJET-4 单纱强力仪的独特优势,是其他低速强力仪所办不到的。

从表 5-3-4 中可看出,USTER TENSOJET 高速强力仪比普通强力仪 Din53834 的检测速度高 238 倍,即使 USTER TENSOJET-4 高速强力仪的检测速度为 5 m/min,也比普通强力仪 Din53834 增加 42 倍。

表 5-3-4 USTER TENSOJET-4 高速单纱强力仪与其他强力仪的对比

仪器	每小时测试强力次数	最大检测速度/$(m \cdot min^{-1})$
TENSOJET-4	30 000	400
Tensorapo₃	720	5
Tensorapio	360	5
Din53834	126	0.25(普通式)

我国长岭纺织机子仪器厂产的 YG062G、YG063G 型全自动单纱强力仪的测试速度较低,不能像 USTER TENSOJET-4 高速强力仪那样对原纱进行大容量的快速测试,但在纺织厂内可以通过对原纱强力的抽试了解原纱的强力情况。

第四节　棉纱条干不匀率的离线检测

一、乌斯特条干均匀度的波谱图

乌斯特条干均匀度的波谱图是反映一些周期性纱疵的快速而准确的方法,它可迅速地发现纺纱中的周期性疵点问题,以便进行分析,查出发生的原因并及时解决。波谱图的横坐标表示波长,纵坐标表示波幅的相对值。同一工序的设备因不同的型号而测得的波谱图的曲线不同。当发现在波谱图上有明显的烟囱状波峰时,应及时进行计算分析,最好要再取样复试一次,以确认无疑,根据波长计算出发生问题的大概位置,再检查机械或工艺上可能发生的问题。下面举例来说明。

例 1:梳棉机锡林针布扎伤的生条波谱图

(1)测速或对照工艺设计书的方法

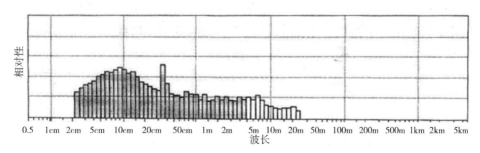

图 5-4-1 梳棉机锡林针布扎伤的生条波谱图

在梳棉机上出现周期性不匀,每分钟会产生 n 个周期性疵点,通过测算及工艺检查,可发现梳棉机生条的输出速度为 Up(m/min),在这个输出长里有 n 个周期性疵点出现,其周期性疵点的波长为 $L=Up/n$ 或 $n=Up/L$。假如梳棉机的引出速度是 160 m/min,波谱图上有 37.5 cm 左右的机械波疵点(见图 5-4-1)。经公式 $n=Up/L$ 计算,$n=160\times100/37.5=427$(次),基本与梳棉机锡林速度 427 r/min 一致,说明这个机械波显由锡林引起的,经检查发现梳棉机锡林针布上有一处明显的损伤。

(2)计算法

由于纺纱过程中各道工序的加工机器上产生机械故障,在波谱图上会出现烟囱状机械波。可根据机械波波长推算出产生疵点的位置,检查各工序牵伸系统的齿轮、上下罗拉、齿轮轴等部件有无损坏,并要进行复试。波谱图的试样可选自有关半制品或成品,有时还可在织物上发现纱疵问题。

如上所述,机械波是由于纺纱机械的有关回转部件损伤而造成的。通过以下公式可计算出故障问题所在:

$$L=\pi\times D\times E$$

式中:L 为机械波波长;D 为产生机械波的回转部件的直径;E 为产生机械波的回转件到产品输出件之间的牵伸倍数。

例 2:末道并条机前胶辊中凹的细纱波谱图

如图 5-4-2 所示,对于由于末道并条机前胶辊中凹而造成的机械波的波谱图分析、机械波的计算与查找如下:

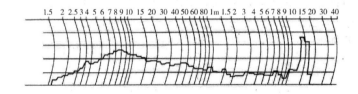

图 5-4-2 末道并条机前胶辊中凹的细纱波谱图

① 粗纱的四罗拉直径分别为 35、35、35、40 mm,总牵伸倍数为 7.5;

②细纱的三罗拉直径分别为 25、25、25 mm,总牵伸倍数为 16.9;

③机械波长为 16 m(试验纱速 200 m×6 格/走纸速度 25 cm×3);

④波长 $L=$细纱总牵伸×粗纱总牵伸×16,波长:$L=0.109$(m);

⑤末道并条机的前罗拉的波长 $L=\pi\times D=0.110$(m);

⑥测算总长 $L=0.109$ m 与末道并条机前罗拉的波长 $L=0.110$ m 相近,可认为并条机前罗拉有问题,经查是并条机前罗拉上皮辊有中凹现象。

例 3:粗纱机后胶辊损伤的波谱图分析

如图 5-4-3 所示,在粗纱波谱图上 60～80 cm 处有明显的烟囱状机械波。故障分析如下:

已知粗纱机前罗拉转速为 190 r/min;粗纱机前罗拉直径为 28 mm

粗纱机的总牵伸倍数为 7.9,后牵伸倍数为 1.22。

则粗纱机的前罗拉与胶辊线速度 $Up=\pi\times28\times190=16\ 713$(mm/min)

假设粗纱波谱图上的机械波长 $L=70$ cm,

那么损伤部件的转速为 $n=Up/L=16\ 713/(70\times10)=23.9$ （r/min）

通过测速计算或查工艺书可得知，这与后罗拉皮辊的转速相近，经检查发现后胶辊有损坏。调换后皮辊后，机械波消失，说明上述分析是正确的。

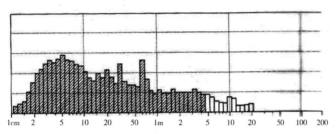

图 5-4-3　粗纱机后胶辊损伤的波谱图

例 4：细纱机前罗拉偏心的波谱图

如图 5-4-4 所示，波谱图上 6～10 cm 之间可看出有明显的机械波，波长 L 为 8.25 cm，估计问题发生在前罗拉或前皮辊上。已知前罗拉直径为 2.5 cm，则前罗拉周长为 $\pi\times2.5=7.9$ （cm）。由于罗拉沟槽曲线的影响，前罗拉的周长为 8 cm。因此可认定该机械波是由前罗拉产生的，经检查发现前罗拉存在 0.12 mm 的偏心。

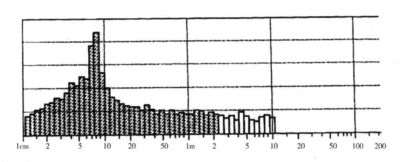

图 5-4-4　细纱机前罗拉偏心的波谱图

（3）常用的机械波分析法有计算法及测速法两种，例 1 为测速法或查对工艺设计书，例 2、例 3 及例 4 为计算法。但不论采用什么方法，在分析机械波时应预先知道纺纱设备的传动图、有关机器的罗拉直径、速度及牵伸倍数等工艺数据，作为对机械波波谱图分析的依据。

（4）其他几种典型的周期性不匀疵点实例

①环锭细纱机的前罗拉偏心会产生周期性的机械波，波长为 $\pi\times2.54=8$ cm。其他牵伸回转件的偏心，包括锭子回转不平衡也会产生周期性不匀的机械波。

②化纤丝络筒时，因张力不平衡而产生的机械波呈对称的三角形周期性的不匀波。络纱一次往复动程的绕纱长度（即不匀波长）为 8 m，波谱图上显示为奇数谐波。

③化纤丝络筒卷绕时，由于往复运动而引起的不对称张力变化产生的机械波呈不对称的锯齿波，一次往复动程的绕纱长度（不匀波长）为 6 m，在波谱图上显示出奇数与偶数的谐波。

④在转杯纺的纺杯里有灰尘及杂物聚积，会产生周期性的一个细节接着一个粗节，呈正反向的脉冲波。如转杯直径为 6.7 cm，则周期性不匀波的波长为 $\pi\times6.7=21$ cm，是非对称性的疵点，在波谱图上显示出奇数与偶数谐波，但基波的振幅并非最大，包迹线呈上凸的弧形。环锭纺纱牵伸装置中的胶圈缺损或胶辊有损伤也会产生这种机械波。

⑤环锭细纱机的胶辊或胶圈表面有伤痕,也可能产生正向或负向的单向脉冲形周期性疵点。如果皮圈周长是 12cm、主牵伸倍数为 25 倍,则波长为 $12 \times 25 = 300$ cm,也是非对称疵点,在波谱图上显示出奇数与偶数波,包迹线呈较平坦的弧形,谐波与基波的振幅相差不大。其他如牵伸罗拉表面局部损伤、精梳机棉网搭接不良及梳棉机针布损伤等也会产生这类机械波。

二、国内外条干仪的发展

国外的新型条干仪有 USTER TESTER 5-400、USTER TESTER 5-800 等,是乌斯特公司精确测试与描绘有关纱线均匀度和常发性疵点的仪器;USTER TESTER 5-S800 条干仪的试验速度已达到 800 m/min,采用光电式传感器,可测试纱线的号数变异、细节、粗节、棉结及异纤等。它是在 USTER TESTER 3、4、5 的基础上发展的新型条干仪。S400 与传感器 USTER OH 结合可提供可重现和可比照的毛羽测试;S400 与 USTER OI 传感器结合可用于测试条干均匀度,同时检测纱线中的杂质与灰尘颗粒;USTER TESTER 5 与 USTER 检测花式纱的功能相结合可检测与分析竹节纱。

我国长岭纺织电子仪器厂生产的 CT200、CT800C、CT900、CT3000 型条干均匀度测试分析仪,可检测条干及毛羽并输出 12 档灵敏度的疵点值。有电容式及光电式两种条干仪,功能不一。此外,还可描绘出条干波谱图、毛羽 H 值、标准偏差 SH、毛羽的图形(波谱图)、毛羽分布图及毛羽不匀曲线等。

三、偶发性疵点的检测与管理

USTER CLASSIMAT QUANTUM 纱疵分级仪不仅可以检验偶发性粗节、细节及异纤的分布,而且还可以测量及设立纱线的标准。

1. 选择优质的纱线生产出优质产品,一个不可忽视的问题是还要考虑其经济因素,做到价廉物美。要连续不断地对纺纱质量进行检测,以保证纱线及终端产品的质量稳定。在对纱线的检测中,清纱及分级两个系统具有很重要的作用。在早期,电子清纱器要设立清纱曲线是很困难的,并且需要专家的工作;现在的纱疵分级图及清纱曲线可根据分级仪及电子清纱器将测得的纱疵信号转换成电子信号及数字信号,经计算机计算即可得出纱疵分级的结果。因此,纱疵分级仪应选定配套的电子清纱器,从而正确设定清纱曲线,控制产品质量。

2. 纱疵是在纺纱过程中由于原料、机械、工艺、环境及操作等五个方面的原因而造成的,使纱线上有一定长度及粗细的粗节、细节、棉结、异纤或其他污染,这些纱疵对纱线及织物的外观质量都有负面影响,也会影响下道工序的生产效率及成品的质量。因此,对于纺纱厂来说,这是一项非常重要的质量管理问题。纱疵又分为常发性纱疵和偶发性纱疵两种。在现代化纺纱厂,常发性纱疵是以条干均匀度检测仪检测管理的,有粗节、细节、棉结及异纤四种,以每 1 000 m 纱上的疵点个数进行考核;偶发性纱疵要比常发性纱疵大,而且并不经常发生,分为短粗节、长粗节、细节及异纤等四种,以每 10 万 m 纱上的纱疵数来表示,是以纱疵分级仪进行检验和分级的。

3. 2007 年乌斯特纱疵分级图包括一般纱疵分级图及有色异性纤维分级图两种,是在 2005 年的基础上发展而来的,主要增加了有色异性纤维分级图,也扩大了对一般纱疵分级的范围。图 5-4-5 为 2007 年乌斯特普通纱线分级图。

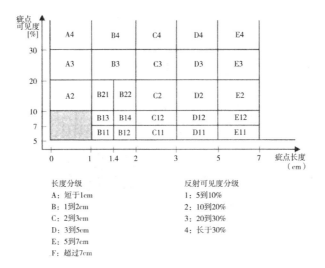

长度分级
A：短于1cm
B：1到2cm
C：2到3cm
D：3到5cm
E：5到7cm
F：超过7cm

反射可见度分级
1：5到10%
2：10到20%
3：20到30%
4：长于30%

图 5-4-5　2007 年乌斯特普通纱疵分级图

如图 5-4-6 所示为 CLASSIFICATION 对突发性粗节疵点分析中 A1～D4 的分级情况。突发性疵点在原色布上的影响要看疵点的情况。应用 USTER CLASSIMAT QUANTUM 系统还可以确立新的分级,称作"特别级",它可以展示出"特别级"的粗节、细节及异纤的情况并予以分级。

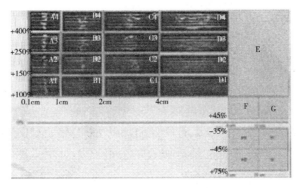

图 5-4-6　USTER CLASSIMAT QUANTUM 体系的分级图

4. 乌斯特纱疵分级仪已从 USTER CLASSIMAT QUANTUM、USTER CLASSIMAT 3 发展到 USTER CLASSIMAT 5(图 5-4-7),它除了可提供所有的传统纱疵分级标准外,还涵盖了周期性疵点、均匀度、常发性疵点、毛羽和有害疵点对纺织品的污染。强大的检测异纤功能提供了评估异纤的工具,还能评估有色异纤、植物纤维,并首次实现了对丙纶含量的检测。

全新的电容式传感器可检测出细小的棉结,减少布面的疵点;具有全新的异感器,利用多重光源对纱线污染进行定位和分级,还能分离棉纱及混纺纱中的有色纤维和植物性纤维,区分有害和无害疵点;独有的传感器可实现对丙纶的检测及分级。USTER CLASSIMAT 5(见图 5-4-8)还可找到污染源,了解污染的本质并提供解决对策。尤其重要的是 USTER CLASSI-MAT 5 检查异纤的能力进一步改进,它应用模块化技术扩展了对纱疵检测与评估分级的能力。

图 5-4-7　USTER CLASSIMAT 5

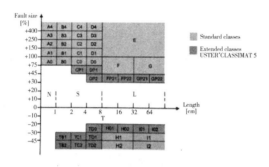

图 5-4-8　USTER CLASSIMAT 5 矩阵图(带色的为新的级别)

USTER CLASSIMAT 5 的应用能够扩大最大的检测和分级。考虑到以前被广泛应用并认可的 USTER CLASSIMAT 3 及 USTER CLASSIMAT QUANTUM 的分级纱线贸易标准,应逐步向 USTER CLASSIMAT 5 过渡。

在此提供 USTER CLASSIMAT 3 及 USTER CLASSIMAT QUANTUM 关于纱线粗细节的分级数据,以进行逐步过渡。三种分级仪的分级结果对比见图 5-4-9、图 5-4-10、图 5-4-11。

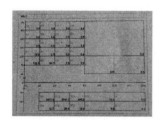
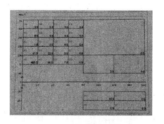
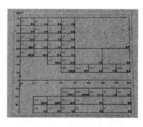

图 5-4-9　USTER CLASSIMAT 3　　图 5-4-10　USTER CLASSIMAT QUANTUM　　图 5-4-11　USTER CLASSIMAT 3

纱疵涵盖范围最广的为 USTER CLASSMAT 5,它同时提供了 USTER CLASSIMAT QUANTUM 及 USTER CLASSIMAT 3 的粗细节数据。

5.异纤检测及清除系统

(1)在开清棉系统末端加装了异纤检测及清除系统,其清除异纤的基本原理是将束状棉纤维及包缠了异纤的束状纤维经过细致的开松,由异纤传感器检测到异纤,再由喷射气流将异纤吹出。开松越好,束纤维越少,呈游离状的单纤维状态越好,异纤被检测清除的可能性越大。

(2)特吕茨勒公司在 2011 巴塞罗纳 ITMA 上展出的超短流程开清棉系统中,已把第四道工序与清除异纤的功能合在一起。特别是其对于透明的、白色的丙纶的检测功能是最新的检测技术。USTER QUANTUM 3 应用了先进的数码技术替代 USTER QUANTUM 2,形成光电和异纤传感器等高端技术,其清除异纤的功能更为先进。

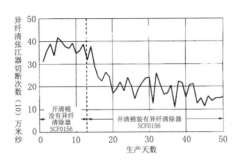

图 5-4-12　自动络筒机上电子清纱器切断异纤的次数对比曲线
(装有异纤清除器与没装异纤清除器对比)

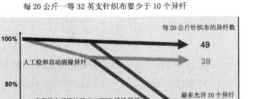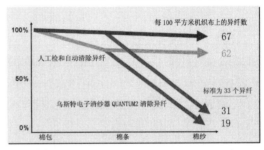

图 5-4-13　成品布用纱允许异纤根数(配有人工拣花)

(4)18.2 tex 针织用纱不装开清棉检测及清除异纤机构的原棉每 20 kg 纯棉针织布含有异纤要求少于 49 根;人工拣花与装开清棉检测及清除异纤机构联合工作的含有异纤要求少于 38 根;人工拣花与装开清棉检测及清除异纤机构,再通过电子清纱检测的纱要求少于 6 根异纤;针织用原棉直接经电子清纱含有的异纤根数要求少于 8 根。不装开清棉检测及清除异纤机构的原棉含有的异纤根数纯棉机织用纱一等品每 100 m² 用原棉含异纤根数不得多于 67 根;人工拣花与装开清棉检测及清除异纤机构联合工作的含有异纤要求少于 62 根;人工拣花与装开清棉检测及清除异纤机构联合工作并经电子清纱的纱含有异纤要求少于 19 根。

在开清棉工序中,应用人工分检异纤及在开清棉工序中设置异纤检测分离器,同时在自动络筒机上采用光电式电子清纱器的联合工作,可以使清除异纤后的纱线及布的质量达到市场需要的标准,即大约每 20 kg 针织布允许有 10 根异纤,每 100 m² 机织布允许有 33 根异纤。

四、异纤检测与清除技术的新发展

(1)目前乌斯特公司推出了 DECUROPROP SP-FP 及 USTER CLASSIMAT 5 新的异纤清除系统,不仅取消了人工拣异纤,而且进一步提高了自动检测与清除异纤的工作质量,进而提高了原纱的质量。

(2)异纤的检验与清除技术近期又有了新的发展,如图 5-5-14 所示。它是一种将除尘功能与异纤的检验和清除技术结合在一起的异物分离机构,机上有两套喷嘴及两台特殊的照相机,连续对罗拉表面进行扫描检测并清除异纤异物,它比 SECUROMAT SCFO 系统的技术性能要先进得多。

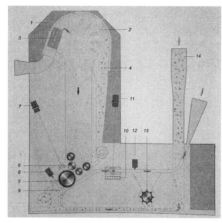

1—除尘机构装在异物分离系统的顶部;2—宽达1 600 mm 的滤网,除尘过滤面积大;

3—分配活门在工作宽度内分配原料;4—分离出的灰尘被永远吸走;

5—带有精细针布的开松罗拉被刷成棉花色;6—四盏氖光灯均匀照射整个工作宽度区域;

7—两台特殊照相机持续对罗拉表面扫描;8—横向排列的 32 个喷嘴将异物分离出去;

9—将异物导入吸风系统;10—光照明单元;

11—测浅色和透明物体的特殊照相机;12—64×3 喷嘴有选择性地将探测到的异物吹入吸风系统;

13—封闭的落杂转移辊将异物引入吸风系统;14—充满灰尘的废气将分离的异物带走。

图 5-4-14　有除尘功能的异物分离系统
DECUROPROP SP-FP

(3)异纤异物是两个完全不同的概念,也分成两个组别:前者与棉花在颜色对比和结构上有明显的差别,后者是浅色和透明的物体。这部分异物通常是聚丙烯(PP)或聚酯(PE)膜,它们很难在颜色上与棉花区分,也很难由通常的异纤分离装置探测出来。长期以来,特吕茨勒采用彩色数码照相机探测第一组异物,这一功能由安装在异物分离装置 SECUROMATSP-F 中的元件完成。第二组异物的探测比较困难,采用超声波探测只是部分可行,采用紫外线探测只对含有荧光增白剂的异物有效,而棉包打包材料中并不含有此物质。特吕茨勒研发的全新异物分离装置 SECUROPROP SP-FP 使以上异纤检测清除难题得到了解决,它还包括以往应用验证了的 SECUROMAT 系统的功能,也包括用于探测聚丙烯和聚酯膜模块的功能。图 5-4-15 为专门用来检测与分离聚丙烯和聚酯膜模块的作用示意图,这一新模块可选择性地分离浅色或透明异物,同时纤维损失最少。这两种异物分离装置都安放在新开发的四罗拉喂棉装置中,确保高产时握持良好。SECUROPROP SP-FP 和 SECUROMAT SP-F 的设计产量均为1 000 kg/h。

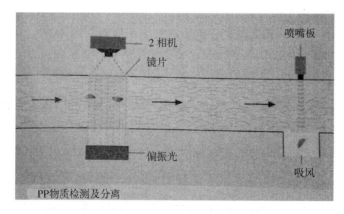

2 相机

镜片

喷嘴板

偏振光

吸风

PP物质检测及分离

图 5-4-15　PP 和 PE 膜检测及分离系统示意图

图 5-4-15 所示是专门用来检测与分离聚丙烯和聚酯膜的模块。它是利用塑料在偏振光

中呈现彩色的物理学特性,偏振光生成自矩形纤维通道的另一侧,这样特殊的照相机可以对通过的纤维进行扫描。相机可探测到浅色的聚丙烯和半透明的聚脂膜在偏振光照射下产生的假彩色或对比色,只要彩色的尺寸达到 2 mm×2 mm 就足以被探测到。新开发的喷嘴系统能确保安全并有选择地分离异物。它有 64×3 个独立控制的喷气孔,这个新模块可选择性地分离浅色或透明异物,同时好纤维损失率最小。PP 及 PE 膜检测分离系统是 SECUROPROP SP-FP 和 SECUROMAT SP-F 系统与 SCFO 异纤检测清除系统的最根本也是最大的区别,所以 SECUROPROP SP-FP 和 SECUROMAT SP-F 系统可很好地检测与分离探测到的浅色聚丙烯和半透明聚脂,而 SCFO 异纤检测清除系统是做不到的。

(4)异物分离装置 SP-F 一般都放置在开清棉生产线的末端,紧跟精细开棉机 CLEANO-MAT,它具备除尘功能,因此可以取代除尘装置 DUSTEX-DX。更重要的改革是用高科技方法去除最微细的异纤及颗粒繁杂质灰尘。这就需要在喂入梳棉机之前原棉已得到充分的开松,这个位置使用异物分离器以 SECUROMAT-F 最好。不过,细小的异物、微细的杂质颗粒及灰尘仍会混夹在棉簇中,为了去除这些细小异物、微细杂质颗粒及灰尘,SECUROMAT SP-F 上有一个小角钉开松罗拉,可形成精细棉网。罗拉和角钉都涂成棉花的颜色,极大地提高了对异物的识别率。因此异物分离装置的分离率高,选择性异纤分离,将好的棉纤维损失降到最低。

(4)异物分离器 SECUROMAT SP-F 有除尘及异物分离两个功能,不仅可以分离并清除细小的异纤异物,而且还能清除微细的杂质和灰尘,即使在开松罗拉上的很细小的异物也能分辨得出。在纤维开松度最高时进行除尘最合理,这比在管线中或在自由下落的棉簇中分辨异物要好得多,也比人工分拣异纤的分辨率及分辨效率都要高。在异物分离器 SECUROMAT SP-F 上,采用原料分离装置 BR-MS 喂棉。为了进一步提高除尘效率,两个交替分配的活门将棉簇分布到多孔的 1 600 mm 宽的板上。机上带有高效吸尘器,吸尘过滤板能确保良好的除尘效果。32 个喷嘴沿机器工作宽度一字排开,控制装置精确地启用位于检测出异物区域内的 1~2 个喷嘴,这样,每次分离操作只除去很少的纤维量(最多 1 g/100 kg 产量)。系统的选择性灵敏,对很小的异物也能在使纤维损失很低的前提下将异纤分离出去。

(5)异物分离装置 SECUROMAT SP-F(见图 5-4-16)和 DUSTEX SP-DX 一样具有很好的除尘作用,除尘效果好。经异物分离及除尘的棉簇喂入到梳棉机后可确保运转过程中的运行状态最佳,经过充分除杂的棉条如在转杯纺纱机及下游的络筒、针织、经编及机织等工序,其生产效率都能达到最佳水平。因此,仅从除尘效果来说,SECUROMAT SP-F 可以替代 DUSTEX SP-DX。

(6)除了开清棉工序具有清除异纤的重要作用外,自动络筒机上配置的电子清纱器也是清纱分级的重要关口。USTER QUANTUM-2 检测仪的检测功能与 SCFO 清除异纤系统的联合工作已基本上能满足清除异纤的要求,但对于透明的、白色的丙纶的检测功能及技术还要进一步研究、提高与完

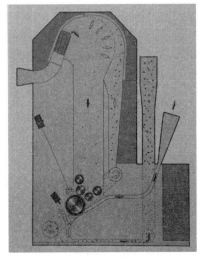

图 5-4-16　有除尘功能的异物分离器 SECUROMAT SP-F 示意图

善。瑞士乌斯特公司新近研发的 USTER CLASSIMAT 5(见图 5-4-17)具有高精度且易操作的特点：

图 5-4-17　USTER CLASSIMAT 5

①采用全新电容式传感器,能够对细小棉结以及以前无法检测出来而在印染布上能看到的疵点也能检测发现。

②设有新的异纤传感器,利用多重光源对纱线的污染进行定位分级,还能分离纯棉纱和混纺纱内的有色纤维和植物纤维,区分有害疵点和无害疵点。

③独有的传感器组合首次实现了对丙纶含量的检测及分级。

(7)开清棉的异纤检测 DECUROPROP SP-FP、SECUROMAT SP-F 及自动络筒机的 USTER CLASSIMAT 5 配合在一起,大大提高了对异纤的检测及清除精度和效率,减少了用工,提高了纱线质量及终端产品质量。

六、国产 YG072 型纱疵分级仪

YGO72 型纱疵分级仪作为检查纱线有害疵点的测试仪,适用于普通络筒机。

我国已有不少生产电子清纱器及纱疵分级仪的公司,如海鹰电子仪器厂等。一般电子清纱器及纱疵分级仪是联合安放在自动络筒机上在线工作的,不能作为离线检测的设备,但也有企业把这套仪器安放在试验室内,用以抽测与研究纱线的外观质量。

七、测试仪器的新发展

1. 乌斯特公司近年来推出了 USTER AFISPRO2 型棉纤维性能检验仪,替代了 USTER AFIS 棉纤维性能检验仪,对棉纤维的长度、成熟度、杂质及棉结含量等纤维性能指标进行更精确的分析,控制开松、除杂、梳棉、并条及粗纱等整个纺纱工艺流程的有关质量问题。基本模块 NC 可检测棉纤维及半制品中的棉结及带籽屑壳的棉结数量;更换 L 及 M 检测传感器可检测纤维长度和短纤含量以及棉纤维成熟度和不成熟纤维含量;更换杂质传感器模块可检测棉花中的杂质和灰尘含量。试验结果都是可重复性的、可靠的。USTER AFIS 棉纤维性能检验仪配用 USTER AUTOJET,可实现试验操作自动化,一次可同时测试 30 个试样,不需操作人员介入,适用于规摸较大的纺纱厂。

2. 我国长岭产的 XJ2128 型快速棉纤维性能测试仪可测试棉花的许多性能,如纤维的成熟度、长度、色泽、强度、结杂等,也是模快化技术应用的范例。有在线检测技术的先进棉纺织装备与离线的高科技的检测控制仪器相结合,是现代化棉纺织企业进行产品质量检控的必要条件,是提高产品质量的重要途径。因此,在新建或改造一些棉纺织厂时,要首先选好用好性能先进的纺织设备,并注意建立起产品及半成品的在线与离线质量检测控制网络体系。这是当代发展高速、高产、高效、优质、低耗的现代化企业必须重视的工作。

3.据测试与统计,印染布的疵点有 70% 是原棉及纺纱过程造成的。因此在性能先进的纺织设备的先决条件下,应用本身具有的先进在线检测系统与离线检测仪器加强原棉、纺纱工程及织造准备工程的质量管理,对提高终端产品的质量及生产效率具有很重要的作用。

第五节　USTER QUANTUM 3 电子清纱器对纺纱质量的监控与管理

一、电子清纱器的发展

1.1999—2002 年已升级应用 USTER QUANTUM2 电子清纱器,它除了能够提高纱线质量、检测常规的异纤疵点外,还能应用电容式传感器检测白色和有色的丙纶。USTER QUANTUm² 应用电容式传感器的原因是电容式传感器的灵敏度要比光电式传感器高两倍,能检测到很小的纱疵和不匀率,并可测试可靠的、可比照的毛羽值,进行异纤检测与清除,还能对整个生产质量进行监控,是最高级的电子清纱器和质量管理专家。

2.我国长岭产的精锐系列电子清纱器,从精锐 25 到精锐 50 是逐步向高等级发展的。精锐 50 为智能化、嵌入式电子清纱器,能自动检测与清除各类有害纱疵,具有一般清纱、清除异纤(但对清除白色透明的丙纶丝尚有一定困难)、验结、错支检测、在线分级及条干 CV 值检测等功能,性价比高。

3.现在应用的 USTER CLASSIMAT QUANTUM 系统,一般对已清纱或没清纱的纱线都能进行检测,被分级的纱疵有粗节、细节及异纤等,可一次全部完成。这个系统可以帮助检测出最佳的清纱极限值,还可用以分析新的原料并提供经验值,用于设立测定基准点及对产品质量进行评估。纺纱厂应用 USTER CLASSIMAT QUANTUM 可不断地改进纺纱质量,并极大地改善对丙纶的检测功能。

4.以往在纺织厂的自动络筒机上,根据品种、织物质量的要求、经济成本及络筒机效率等因素设立自动络筒机的清纱曲线,再根据 UETER CLASSMATDE 检测结果、机织物成品质量要求以及织布机和针织机的性能来确定自动络筒机可接受的清纱切断次数,这项工作很繁琐,结果也不准确。以往纺纱厂对于品种名称、清纱设置以及报表使用中的数据分析和有效数据的对比分析等都很麻烦,供需双方及中间环节的应用也不方便,没有找到最合理的筒子纱质量交接控制方案。现在应用 USTER QUANTUM2 及 USTER QUANTUM3 电子清纱技术可自动设置符合实际情况的清纱曲线,提高了络筒机清纱系统的工作效率及准确性。USTER QUANTUM3 电子清纱技术比以往的清纱技术有了很大的进步。

二、USTER QUANTUM3 电子清纱器

1. USTER QUANTUM3 应用的新型电容、光电和异纤传感器的功能比前几代清纱器更全面、更深入、更先进。结合高级电子处理元件,使清纱系统展示出完整的体系,一般纱线的质量波动都能在可控检测的范围内。

2.乌斯特技术公司在 2011 巴塞罗纳 ITMA 上展出了 USTER QUANTUM 3 新一代电子清纱器,其特点如下:

(1)USTER QUANTUM 3 是现代纺纱质量保证的新型仪器,是离线与在线两用的高智

能的检测仪。它可检测、分析并提出如何改进自动络筒机及纺纱过程的产质量工艺，是一种清纱技术十分先进的电子清纱器。

（2）USTER QUANTUM 3 是智能型数字式电子清纱技术，在其内部配有无与伦比的高性能传感器及强有力的新型电容式或光电式异纤传感器，具有可清除比以前任何电子清纱器清除更多异纤的清纱功能。

（3）在络筒机上应用 USTER QUANTUM 3 时，见图 5-5-1，该清纱器首先对被加工的纱线经过 2 min 络纱后即可预报出电子清纱器的清纱极限（最高切断次数），可使加工后的纱线在织造时的产质量达到要求的水平。

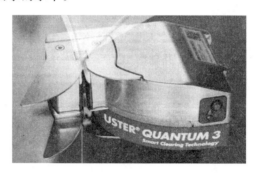

图 5-5-1　USTERQUANTUM 3 电子清纱器

USTER QUANTUM 3 这种新的智能型清纱技术所提供的切断次数可使加工的纱线得到优化，从而使产质量获得理想的平衡。清纱器的主要功能是清除粗细节、棉结及异纤等偶发性疵点，USTER QUANTUM 3 可在极短时间内完成清纱操作。这一特性就是 USTER QUANTUM 3 的智能曲线，也是纱体的最优化清纱曲线，可满足对加工的纱的产质量要求。凭借试验室 USTER QUANTUM 3 与自动络筒机上的电子清纱器 USTER QUANTUM 3 结合，为整个纺纱厂建立了一个闭环的质量监控体系及质量反馈体系，对生产中的问题提出解决方案，这是稳定与提高产品质量的根本保证。

（4）USTER QUANTUM 3 通过对异纤的检测在一定的产品条件下可区分有害及无害两类异纤。如深色的有色纤维可能只对浅色织物是有害的；纤维素污染物或植物性纤维，对于漂白来说并不是有害的。

USTER QUANTUM 3 运用了最先进的数码技术，全新设计了每一部件，如核心传感技术、智能处理电路、集成切刀、清纱控制箱、用户界面等，甚至外壳也进行了提高密闭性等全新的设计，所有的设计和外形都很考究完善。

目前已有不少纺纱厂应用智能型电子仪器对纺纱进行质量管理，UETER QUANTUM 电子清纱器已在全世界许多纺纱厂安装应用很长时间。UETER QUANTUM 3 新型电子清纱技术可测试分析纱线质量及设定络筒机清纱曲线，包括对粗、细节的检测等。此外，USTER QUANTUM 3 对异纤具有很强的检测功能，降低纱线被污染的程度，提高染色或漂白布的质量；工作效率高，节省时间和人力；检测分析及确立清纱曲线的准确性都有很大的改进。

新型的异纤传感器具有多重光源，新型的电容、光电和异纤传感器是 USTER QUANTUM 3 的核心优势，能对所有有色异纤进行检测并能把有色异纤与大部分无害的植物性纤维区分开；USTER QUANTUM 3 应用的新型传感技术可改善对丙纶的准确检测，检测所有的色纱纱疵及更短的纱疵，完成对接头过程的异纤纱疵检测，并可预测清纱曲线的切次。

三、新型 USTER QUANTUM EXORET 3 清纱器

USTER QUANTUM EXORET 3 清纱器是一种智能式专家系统,它扩大了 USTER QUANTUM 清纱器的功能,具有智能型清纱技术,并可连续不停地监控所有生产品种的实时状况,是纱线质量保证系统。它可以将得到的数据转化为专家建议,优化和组织整个工艺过程,使络筒机工作效率比以前更高,产品质量更好。在络纱时只需络 2 min 时间的纱即可完全了解所生产的纱的全部质量状况,提出一键式的清纱曲线建议,选定清纱曲线的切纱次数。USTER QUANTUM EXORET 3 具有最新的传感技术,可监测更细、更短的纱疵,这种清纱器专家系统还可监控所有错支并检测 2~12 m 的连续支偏,对接头清纱及接头分级可以图形显示。USTER QUANTUM EXORET3 专门有对周期性纱疵检测的通道,实现多个周期性的纱疵检测;还可以在线检测纱线 CV 值、常发疵点及分级报警等。

1. USTER QUANTUM EXORET3 在纺纱厂的应用

(1)纱厂应用 USTER QUANTUM EXORET3(电子清纱专家)对生产过程由 UETER QUANTUM3 电子清纱器检测所提供的基本数据进行高效分析。USTER QUANTUM EXPERT3 系统是专门为质量管理设计的,用于帮助不同的管理人员在纺纱生产中正确地选择纺纱工艺及获得好的经济效益。通过电子清纱器对每批生产的纱检测的数据进行分析,USTER QUANTUM EXPERT3 可对一些重要的基本数据放大,并能自动把一些复杂数据快速地清理分析、解释报告。

2. 智能化 USTER QUANTUM EXPERT3 电子清纱技术的应用

(1)USTER QUANTUM EXPERT3 是一个智能化工具(CCU-公共电子控制数据库)。在生产线上应用乌斯特检测仪可快速而简单地对所测数据进行分析,可以很好地应用监控仪控制纱线的清纱性能及监控不匀率等,并同步处理纺纱生产中的每项质量性能问题,使生产的筒纱质量及成本达到完全可信赖和可取。当系统内检测到某一品种的清纱曲线发生调整时,系统会自动将这一调整应用到其他正在生产或具有相同品种的 CCU 中,不但保证了纱线质量的一致性,同时也保证了每个品种的 CCU 数据库的稳定一致性。这种智能同步也可在络筒机的 CCU 上工作,当络筒机上的 CCU 与 USTER QUANTUM EXPERT3 网络 CCU 相连接后,只要某一 USTER QUANTUM EXPERT3 创建或调整品种时,系统会自动进行网络扫描,连接网络中的其他络筒机,根据需要,系统还会将这一更改传输到其他络筒机相同的 CCU 上,所有的调整都是同步进行的。应用智能型 USTER QUANTUM EXPERT3 可使生产管理简单化,只要把络筒机的 CCU 连接到 USTER QUANTUM EXPERT3 网络中,即可把测得的信息与在网内所有络筒机联动,减少了分析研究及设置时间,也显著地减少了损耗,比以前任何其他自动络筒机效率更高。

(2)USTER QUANTUM EXPERT3 对于数字的分析既准确又快捷。USTER QUANTUM EXPERT3 可对庞大的数字群进行分析,可做到准确又快捷,具有智能化的功能。系统会将出现的与规定范围不同的异常值过滤出去,以便立即进行分析。应用 USTER QUANTUM EXPERT3 可在界面得到直观的结果。USTER QUANTUM EXPERT3 可在 30 min 内安装运转起来,新的纺纱厂技术管理人员可在 1 h 内熟练地掌握运用这个体系。

(3)应用 USTER QUANTUM EXPERT3 可以建立远程控制与联系,可对世界上任何地方的络筒机生产时产生的任何问题进行远程快速检查与诊断并解决问题。如与 USTER 本部

相连接,使远程控制与联系进行软件更新、故障诊断与排除、咨询顾问及应用报告等,使UETER QUANTUM EXPERT3 真正成为纺纱厂质量管理的保证体系。尤其是纺纱厂的管理人员在管理中根据需要及预期的发展要求,可以使用远程管理的功能得到应有的支持。

从 1960 年以来 USTER QUANTUM 经历了 5～6 次的改进提高:①1960 USTER SPEC-TOMATIC(全世界第一台);②1965 USTER AUTOMATIC(第一台用于自动络筒机);③1993 USTER PEVER P551(第一台光电式清纱器);④1995 USTER PEVER(第一台光电异纤清纱器);⑤1999 USTER QUANTUm² (光电电容清纱技术);⑥2010 USTER QUANTUM3。USTER QUANTUM3 是最新的发展成果,经过几次发展改进后,使 USTER 清纱器成为高科技的电子清纱器,尤其是 USTER QUANTUM EXPERT3 智能化功能的发展,形成了专家化电子清纱器的纱线质量管理模式,使电子清纱技术步入到崭新的高科技阶段,大大提高了络纱质量及络纱效率。USTER QUANTUM EXPERT3 要比前五种清纱器先进得多,智能化电子清纱技术的发展使纺织生产向高度自动化、高质量、高效率的方向快速发展,

3. USTER QUANTUM EXORET3 清纱专家系统是最新的智能型纱线质量保证系统,它使 USTER QUANTUM 清纱器的功能达到最大化,可连续不停地监控所有生产品种的实时状况。最近升级使用的 USTER QUANTUM3 应用了最先进的数码技术、光电和异纤传感器等高端技术,使其比以前的清纱器更全面、更精确、更深入,结合智能的电子处理元件,展示出完整的纱线面貌,实现了巨大的突破。它配有可检测异纤的多重光源,可区分出有色异纤与无害的物性纤维,是一种全新的传感器。因此,USTER QUANTUM3 要比以前的 USTER CLASSIMAT QUANTUM 先进得多。

4. 在 USTER QUANTUM3 中,不仅传感器发展到了新的水平,还配有 35.56 cm 的触摸屏及大容量的内存,形成了第六代清纱控制箱,实现了与新一代 USTER QUANTUM EXO-RET3 的实时互动,使任意一台络筒机上的清纱设定改变都可使其他络筒机相似的纱线批次同步改变。

第六节 USTER TESTER 5-S400-OI
纱线检测系统的应用

一、纺织厂为了进一步提高棉纱质量,特别是在低号纱时除了要排除一般的棉结、杂质及短绒外,还要清除一些微细杂质及灰尘。因为这些微细杂质及灰尘会对纺纱及织布生产带来许多问题,不仅影响产品质量,而且还会在不同程度上磨损机器零部件,影响设备的使用寿命。乌斯特公司生产的 USTER TESTER 5-S400-OI 纱线检测系统采用了新的光电传感器-OI,可准确检测出纱线中的杂质和灰尘,为纺纱工艺技术进一步减少杂质和灰尘提供保障。

二、在棉花收割时,国外大多采用全自动棉花收割机。我国也逐步向全自动棉花收割方向发展,但对于长绒棉及细绒棉则仍然以人工采摘方法收割,因为全自动棉花收割方法相对含杂量高。全自动收割机分为两种:转辊式摘棉机和剥取式摘棉机。使用转辊式摘棉机可去除棉株茎杆,留下部分叶子;而剥取式摘棉机收获量中只有 1/3 是棉花,其余 2/3 是棉株的叶茎和沙子,在以后的轧棉工序中必须去除这些杂质,给后加工带来了许多不利因素。除了较大杂质外,一些微细杂质及灰尘也对纺纱及织布生产带来许多问题。轧花厂加工出来的棉花都会含有较多的杂质和灰尘颗粒,因此在纺纱厂要有针对性地清除这些杂质和灰尘。

三、原棉纱线中杂质和灰尘的危害性

1. 杂质和灰尘对纱线的污染

图 5-6-1 及图 5-6-2 所示为杂质和灰尘对纱线的污染以及对纱线质量的影响。杂质和灰尘不仅影响纱线外观,而且会影响纱线的强力,会产生强力弱环。以转杯纱为例,杂质和灰尘是转杯纱产生强力弱环的一个不可忽视的因素,杂质所产生的强力弱环约占 16%,籽壳屑占 7%。图 5-6-3 为纱线中杂质和灰尘含量的波动情况。应用 USTER TENSOJET 对大量纱线进行强力测试的结果显示出纱线中的籽皮碎片等杂质和灰尘会引起强力弱环,对 20 tex (Nm50,Ne30)纯棉转杯纱进行 200 万次断裂强力测试,对所发现的 69 次强力弱环产生的原因进行分类。弱环的平均强力值为 7.4 cN/tex (最小 2.8 cN/tex,最大 9.0 cN/tex),平均伸长为 3.7%,(最小 1.9%,最大 6.0%)。由于转杯纱从内向外加捻的这种特殊的纱线结构,杂质会影响纱线加捻,所以引起强力弱环。图 5-6-4 为 20 tex 纯棉精梳转杯纱强力弱环产生的因素。

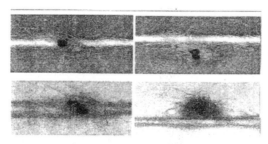

图 5-6-1　杂质和灰尘对纱线的污染以及对纱线外观的影响(叶片在纱中)

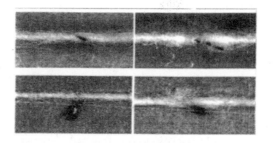

图 5-6-2　杂质和灰尘对纱线的污染以及对纱线强力的影响 (杂质颗粒在纱中)

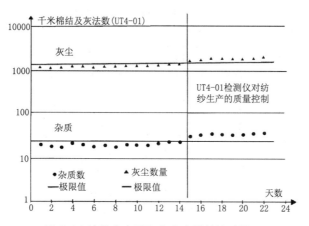

图 5-6-3 纱线中杂质和灰尘含量的波动情况

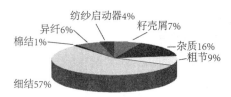

图 5-6-4　20 tex 纯棉精梳转杯纱强力弱环产生的因素

2. 杂质和灰尘对后工序生产过程的影响

含杂多的纱线对后工序的生产过程会造成影响。假如了解了纱线中的杂质含量及分布情况,对后道的漂洗工序非常有帮助。在后整理阶段,纱线或织物中的植物污染物要在 98℃ 氢氧化钠和其他化学助剂的混合液中加以去除,如果预先知道污染的程度,就可以相应地通过调整漂液的浓度和漂洗时间对漂洗过程进行控制。

(1)杂质和灰尘颗粒对紧密环锭纺纱具有较大的危害性。微细的杂质和灰尘颗粒会堵塞紧密纺网格圈上的网孔(COM4 网孔罗拉的负压吸孔或绪森 Elite 的网格圈),影响负压对纤维的凝聚作用,使紧密环锭纱的品质下降。

(2)杂质和灰尘对机器零件磨损的影响。杂质和灰尘对机器零件磨损的影响需要长时间地连续观察才能得出统计数据,不过这种观点可以作为对纱线中杂质和灰尘测量问题的讨论基础。例如,纱线中灰尘含量与由于摩擦在后续生产过程中转弯部位导致的机器零部件磨损有一定的联系,特别是针织机的针头或在整经机及织机上纱线经过转弯部位时,由于灰尘含量的增加会导致设备零部件的加速磨损;灰尘含量的增加对转杯纺纱机的纺纱器输出导管,环锭纺纱机的钢领、钢丝圈、导纱钩、罗拉、皮辊以及络筒机导纱部件的使用寿命有所影响。

(3)由于杂质和灰尘存在于纺纱过程中的原棉、半制品及成品中,随着加工的深入杂质和灰尘会有一部分逐渐扩散到生产环境中,对环境造成污染,增加了车间的粉尘浓度。

3. 控制与减少杂质和灰尘的措施

(1)在开清棉生产线的末端增设微除尘机,可清除一部分杂质和灰尘。我国一些纺机厂的开清棉机组中就设有微除尘机;德国特吕茨勒公司展出的新式超短流程开清棉及梳棉机组,具有作用柔和,高效除杂,清除异物、异纤,减少短绒、棉结杂质及灰尘的作用。

(2)现代高产梳棉机已为提高生条质量、净化生条、排除杂质和灰尘作了许多重大的改进,如 C60、TC-03、MK7 等梳棉机喂入部分的三刺辊分梳除杂系统的改进,加强锡林与盖板的分梳作用,提高了锡林与盖板的速度,使被梳理的棉网单纤化,更有效地排除杂质及棉结;梳棉机负压吸尘系统的改进也进一步净化了生条,梳棉机的负压吸点已增加到 11～12 个;尤其是应用模块化技术,在固定盖板区增加了负压吸尘系统。

(3)优化精梳落棉率以减少纱线中的杂质和灰尘含量。表 1 所示为两种不同精梳落棉率的环锭纱各项指标的对比,降低精梳落棉率,所有的纱疵及杂质、灰尘含量均增加(为了计算纱疵减少的百分比,把低落棉率的纱的各项指标当作 100%)。

表 5-6-1　不同精梳落棉率时纱线的纱疵和杂质、灰尘含量对比

项目	细节 −40%	细节 −50%	粗节 +35%	粗节 +50%	棉结 +140%	棉结 +200%	棉结 +280%	杂质 >0.5m/m	灰尘 <0.5m/m
落棉率10% /个·1 000⁻¹	160.3	4.5	813.3	130.8	1 125.0	250.5	44.8	5.1	557.5
落棉率20% /个·1 000⁻¹	65.6	1	318.9	26.4	320.5	55.1	7	1.3	186.4
偏差/%	−58.0	−77.0	−61.0	−80.0	−72.0	−78.0	−84.0	−75.0	−67.0
平均偏差/%	−67.5		−70.5		−78.0			−71.0	

由表 5-6-1 可知,通过调整精梳工序的落棉率,可以减少纱疵以及杂质和灰尘的含量,而且各个指标减少的百分比较接近。

(4)在梳棉机上加装与固定盖板配套的气流排杂系统,保证固定盖板的梳理及清除细微杂质的作用,使棉网进一步得到净化。

(5)转杯纺中选择合适的纺纱器,提高转杯纺的清洁效率,减少杂质和灰尘含量。

①以 106 tex(Ne5.6、Nm9.5)及 87 tex(Ne6.75、Nm11.5)转杯纱为例。若纺纱器清洁设置比较理想,106 和 87 tex 转杯纱的灰尘含量分别可减少 81% 和 87%。在纺纱过程中,如果条子本身质量好,灰尘的减少量也就有限了。如果选用不合适的纺纱器,则其清洁效率较低,采用同一种棉条生产同号转杯纱,灰尘的含量只减少一半。单从去除杂质这点上说,好的转杯纺纱器清除杂质的效率比差的转杯纺纱器的清纱效率要好得多。这个例子说明纺纱器的清纱效率对清除纱线污染物含量的作用十分重要。

②德国 AUTOCORO360、480 配用的纺纱器 SE12[图 5-6-5(a)]具有高效清洁功能,使纺纱机可生产出高档优质转杯纱。COROBOX SE12 纺纱器是 AUTOACORO312、360 及 480 等转杯纺纱机的心脏,也是提高纺纱能力及产品质量的基本保证。开松罗拉的外壳由一具完整的无焊接的材料制成,使气流均匀,纤维进入转杯中,能纺出高度均匀的纱。此外,改进了转杯的排尘系统,使纱体外观高度净化,减少了纺纱断头,比普通转杯纺纱机减少断头 40%。

分梳罗拉的工作效率及工作好坏取决于纤维的喂入均匀程度及导向,小型纺纱器 SC 1-M[图 5-6-5(b)]可使纤维的喂入均匀程度及导向好,也具有高效清洁功能,一般的纺纱器是做不到的,这种好的分梳使生产出来的转杯纱具有十分优良的质量。

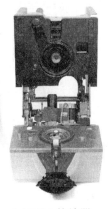
(a)SE12 纺纱器

(b)SC 1-M 小型纺纱器

图 5-6-5　新型纺纱器

四、络筒速度对环锭纱杂质和灰尘含量的影响

在不同络筒速度下对试样纱线进行卷绕,然后用UT4对纱线中的杂质和灰尘含量情况进行测试 ,结果如图5-6-6所示。由图可知,纱线中的杂质含量通过络筒工序后会明显降低。

从图5-6-6中可以看出,络筒速度为1 200 m/min时,纱线的杂质含量比络筒前减少了35%左右。在络筒过程中,松散的杂质颗粒比与纱体附着紧密的籽皮碎片更容易被从纱线中分离出去。络筒速度在1 200 m/min时,纱线的条干、疵点和强伸特性与低速时没有明显不同,只有当络筒线速度达到1 400 m/min或更高时,才会对纱线条干、疵点和强伸特性产生影响。

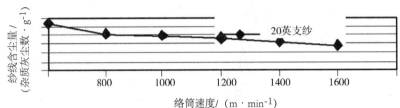

图 5-6-6 络筒速度对纱线中杂质与灰尘含量的影响

五、纱线及原棉中杂质和灰尘检测的新发展

1.目前应用的各种测量方法只限于对纤维中的杂质和灰尘进行测量。除了纺纱厂外,许多棉花分级机构和纺织厂的试验室使用USTER HVI100(大容量原棉性质)测试仪对灰尘杂质的数量进行测量和分级,这种测试系统可同时使用不同的传感器测量纤维的其他重要质量参数,如马克隆值、色泽、强伸特性(强力、伸长)和纤维长度。

2.在纱线生产过程中,除了获得原棉污染的信息外,了解整个纺纱过程中污染水平的变异也是质量控制中很重要的方面。图5-6-7显示了在精梳环锭纱纺前准备过程中杂质含量的变异情况。从图中可清晰地看出,在纱线生产的全过程中许多杂质在梳棉的过程中已被去除,但同时也显示出精梳落棉率对棉纱清洁有很大的影响。

3.应用USTERAFIS棉纤维性质检验仪,可以根据纤维长度、棉结、杂质含量等纤维参数的变异对整个纺前的生产过程进行控制。通过监测这些参数,可以对不同生产设备的除杂和牵伸进行准确的设置,同时了解每一生产过程的除杂效率及零部件磨损情况。

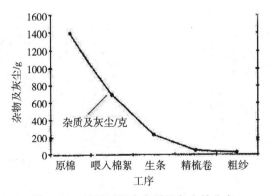

图 5-6-7 纺纱过程中杂质及灰尘的分布

例如,在原棉质量及梳棉机参数设置都不变的情况下,可根据分布曲线了解与控制棉结的

情况。如果经过梳棉机后,棉结含量增加,就意味着梳棉机针布出现磨损,需要重新进行研磨或更换新的针布。通过这样的程控可以优化保养周期,防止出现未达到质量要求的产品,有效地降低成本。

4.对纱线的杂质和灰尘的检测是在 USTER TESTER 5-S400 上增加了可检测污染物的光电传感器 OI,用常规试验室测量方法,在测量其他质量指标的同时测得纱线中的杂质和灰尘含量。利用原有的电容传感器无法区分棉结和杂质颗粒,而 OI 传感器可以把杂质和灰尘单独区分开,籽棉碎片也可以像杂质和灰尘一样按直径计算数量。

5.杂质和灰尘颗粒检测结果的一个重要作用是在纺纱过程结束后,可以根据纱线中植物成分的含量对清洁效率进行客观的评估。在实际应用中,可按照检验结果对照标准来购买棉花,根据棉花分级机构的质量标准来评定和选择棉花,同时,这种质量评定可作为确定棉花价格的最重要因素。

6.原棉的检测结果为纺纱准备工序的清棉及纺纱厂机器参数的设置提供了依据。一旦原棉检测结果确定,这些参数通常就不变了。原棉的质量保持不变,在整个生产工序或各工序原料中的杂质和灰尘含量就应该保持不变。但如果原料质量水平稳定,而纱线中的杂质和灰尘含量增加,就表明生产工序出现了问题,需要通过适当的纤维检测仪器对整个纺前各过程进行检测,特别是使用 USTER TESTER 5-S400-OI 检测纺纱中半制品的杂质和灰尘含量,节省了大量时间。因此对最终纱线质量进行控制是现代纺纱厂的一个重要环节。此外,USTER TESTER 5-S400-OI 可以根据预先定义的报警和控制极限对测量结果进行自动检测,保证对数据进行连续的监测。

7.OI 传感器检测器:USTER TESTER 5-S400-OI 是在 USTER TESTER 5-S400 条干仪上增加了 OI 传感器,可以对纱线的杂质和灰尘进行可重现性的检测,可作为机器及工艺设置的依据,了解机器零部件的磨损情况及对纱线和织物质量等提供重要的信息。

(1)OI 传感器测量原理:该传感器的测量原理是基于纱体表面为线性排列,纱线穿过半球形的白色测试区域,固定在半球体上的发光二极管发出蓝色的光,照射到测试区域,因为这种光线在杂质颗粒与纱线之间形成了强烈的对照(图 5-6-8、图 5-6-9),所以最适合用来检测杂质颗粒。乌斯特公司生产的 USTER TESTER 5-S400-OI 纱线检测系统采用了两个新的光电传感器,OI(光学-杂质)传感器检测纱线中的杂质和灰尘及它们的数量和大小;另一种 OM(光学-多功能)传感器,可检测纱线的直径、纱线的精细结构、纱线圆整度及其他参数。

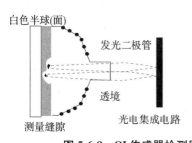

图 5-6-8　OI 传感器检测原理图

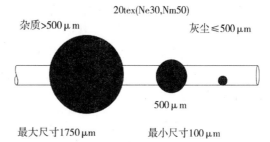

图 5-6-9　杂质/灰尘与纱线直径的对比

(2) OI 传感器可提供下列纱线的质量测试项目:

每千米及每克纱线中的杂质数量;以微米表示的杂质平均尺寸;

每千米及每克纱线中的灰尘数量;以微米表示的灰尘平均尺寸;

用直方图表示的杂质和灰尘数量。

像其他疵点(细节、粗节和棉结)一样,杂质和灰尘的数量用传统的千米为单位,同时为了能够与 USTERAFIS 棉纤维性质检验仪的杂质和灰尘的测量结果直接进行对比,也包括以克为单位的检测结果。

(3)光电传感器测量的质量参数测试项目

表 5-6-2 列出了 OI 传感器测量的质量参数测试项目及检测参数的定义。

表 5-6-2　OI 传感器测量项目的定义

名称	单位	定义
杂质数量	个·km^{-1}	千米纱线含杂数量
特定杂质数量	个·g^{-1}	每克纱线(>500μm)含杂数量
平均杂质直径	μm	所有检测到的杂质的平均直径
灰尘数量	个·km^{-1}	千米纱线灰尘数量
特定灰尘数量	个·km^{-1}	每克纱线(>500μm)灰尘数量
平均灰尘直径	μm	所有检测到的灰尘的平均直径

这种测量方法可以测量纱线表面杂质和灰尘的数量。由于 OI 传感器不是专门为检测异纤和隐藏在纱线内的黑色毛发而设计的,所以异纤不作为 USTER TESTER4-SX 常规试验室检测项目。

(4)USTER TESTER 5-S400-OI 检测仪与 OI 传感器

USTER TESTER 5-S400-OI 检测纱线杂质和灰尘的平均直径,并用 μm 计算平均颗粒直径,检测范围为 100~1 750 μm。像其他的乌斯特仪一样,USTER TESTER 5-S400-OI 作为世界纺织生产联合会对杂质和灰尘精确检测的基础仪器。图 5-6-9 为在 20 tex(Ne30,Nm50)棉纱上检测到的最小、最大直径的杂质和灰尘颗粒与纱直径对照图,同时也给出了杂质和灰尘的界限直径。

USTER TESTER 5-S400-OI 为全自动纱线质量参数测试仪,测试速度为 400 m/min。此外,OI 传感器可提供具有重现性的检测结果。

实践表明,微细杂质及灰尘也会对纺纱及织布生产带来许多问题。轧花厂出来的棉花都含有一定的杂质和灰尘颗粒,在纺纱厂要有针对性地清除这些杂质和灰尘。经过 USTER TESTER 5-S400-OI 的检测,纱线中杂质和灰尘颗粒在不同纱支中都是存在的,在纺前过程中要尽利排除,以进一步提高纺纱及织物质量,尤其对纺高支纱,生产高档服装面料,清除这些杂质和灰尘更为重要。同时减少纱线中杂质和灰尘颗粒也可减少对机器的磨损,提高机器的使用寿命。对于杂质和灰尘颗粒的检测技术,USTER TESTER 5-S400-OI 传感器可以对纱线的杂质和灰尘进行可重现性的检测,对纱线中杂质和灰尘含量的检测结果,可为机器及工艺的设置、了解机器零部件的磨损情况以及控制纱线和织物质量提供重要的信息,尤其是生产较高档次纺织品时最好配备。

预计 OI 传感器还具有其他优势和应用领域。在"从纤维到织物"的系列工程中,随着人们对纺织质量要求的日益提高,OI 传感器在 21 世纪将迈出重要的一步,成为纺纱工程中对纱线及半制品质量保证的必要检测工具。

第七节 在线监控的典范——TC11 型梳棉机上的 T-CON 装置

新型的高性能梳棉机的锡林转速高达 600 r/min,单产水平为 250～280 kg/h,棉条定量大,因此要得到高定量、高质量的生条供应下工序(如转杯纺)用,必须对高速梳棉机进行全方位的生产质量管理与监控,加强梳棉机在线安全质量管理系统的配置。

特吕茨勒 CT11 高性能梳棉机配置了 T-CON 优化梳棉机运转性能装置及全面质量控制系统、在线棉结检测装置及生条自调匀整系统等,尤其是 T-CON 优化梳棉机运转性能装置具有在线全面的监控与安全质量管理作用。

1. T-CON 装置可优化梳棉机运转性能,并对梳棉机的高产、优质、安全生产、降耗起保障作用。应用 T-CON 优化系统对 TC03 、TC07 高产梳棉机的生产参数评估,并应用了静力学及新材料的理论,以高精度加工的生产手段提高了新的 TC11 型梳棉机的产能。TC11 不仅产品质量高,而且单产水平高,达到 250 kg/h 且生条质量好,可作为专供转杯纺用梳棉机。

2. T-CON 装置的优化作用可以从根本上实现对静动态的控制。主要控制作用如下:

①T-CON 装置自动及时显示与梳棉机梳理质量有关的生产质量信息;②T-CON 碰针监控器可做到最高安全性,保证不碰针;③T-CON 隔距优化设置做到准确的隔距参数设定,保证最佳的纺纱质量;④T-CON 运行状态控制与分析;⑤设定可控的先决条件 T-CON-隔距片,具有可快速、准确并可再现功能的设置。

(1)应用 T-CON 的优化功能估算,使 TC11 型梳棉机的产能与效益达到最完美的平衡,在一定范围内,可消除任何应力,使梳棉机安全运行,做到不碰针。

(2)T-CON 装置可准确地测定梳理参数并做出优化建议,优化装置是内置于梳棉机的控制系统中的一个软件包(图 5-7-1),采用特殊的传感器可测试到有关数值。如梳理元件的即时温度及速度等,并能完成对运转环境的持续分析。T-CON 装置能根据在线加工纤维种类在梳棉机控制系统的显示器上显示出当前的隔距并可优化最佳值。因此 T-CON 装置是 TC11 型梳棉机提高梳理质量及产能的重要保障。

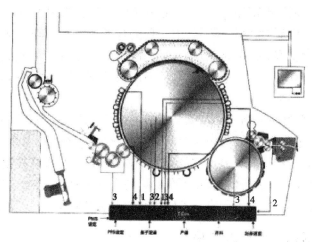

1—连接;2—温度;3—旋转速度;4—设置

图 5-7-1 TC11 型梳棉机上的 T-CON 装置

（3）T-CON 装置还具有很好的产品灵活适应性，可快速多频次地更换品种。机上的梳理盖板、梳理元件及除尘刀等相关元件的隔距设置只需在几分钟内即可完成更换。设备启动后，T-CON 能立即反馈并指示出是否需要进一步优化及需要优化的位置。

（4）T-CON 优化装置可保证每一个梳理元件之间隔距的优化、当改变产品或速度时所产生的热量不符时也会使隔距相应地发生变化；T-CON 可测试梳棉机的全部潜能，以达到更好的梳理质量，还可保护针布不受损伤。

3. 除此之外，TC11 型高性能梳棉机还配有全面质量控制、双棉箱给棉机、棉结检测装置、NEPCONTROL TC-NCT、长短片段及长片段自调匀整系统、可控的梳棉机连续喂棉单元CONTIFEED、精确的盖板隔距检测装置 TC-FCT。TC-FCT 改进了梳棉机喂入部分WEBFEED 及刺辊部分除尘刀与角钉之间最佳距离的调节、固定盖板区的配置系统等与 T-CON 优化装置一起，形成了完整的高产梳棉机在线安全质量监控与自动调整系统，确保了台时高产 250～280 kg/h 的优质高产的安全运行。应该说，高性能梳棉机上配备的 T-CON 及其他优化匀整机安全系统是当代高产梳棉机的必要措施，是高产梳棉机在线监控技术的重大进步。与离线检测技术一起形成了对高产梳棉机的安全产质量监控网络，保证了高产梳棉机的优质、高产、降耗和安全。如果没有 T-CON 及其他优化匀整机安全系统，梳棉机的单产水平是提不上去的。

第八节　乌斯特技术公司的纺纱工程离线检测技术在 21 世纪的新发展

在 2011 巴塞罗纳 ITMA 上，乌斯特技术公司展出了一些新型离线检测仪器，表明了纺纱工程的离线检测技术有了新的发展，离线检测技术并不因在线监测技术的发展而削弱，相反，许多离线检测技术在 20 世纪 80 年代以后得到了快速发展。

一、纺纱工程中的离线控制仪器

在纺纱工程中应用了一系列的高科技离线检测仪器，对提高产质量发挥了很大的作用。离线检测仪与许多在线监测系统一起对纺纱起着重要的质量管理作用，也是纺纱设备产质量不断提高的关键。许多新的监测仪器不仅进一步提高了监测速度，而且性能也进一步得到提高，监测仪器在高速化、模块化、联合化及自动化等方面都有了很大的发展，已做到了从纤维到纱线的全过程监测，与在线监测技术一起形成了对产品质量监测的网络，对提高纺纱生产的产质量起到根本的保证作用。

全球销售的乌斯特技术公司的测试仪器几乎包括了全部在线与离线测试仪器。在线测试在生产过程中变得十分重要，离线检测包括从原料到成品纱、布的全部生产过程提供高效、综合、一致性的测试。这种测试的主要目的是为了不断地改进与提高纺纱生产的工艺技术，通过测试开创了新的工艺途径及装备，以满足不断提高的产质量要求。在纺织厂全过程的生产中，能面对许多不同的市场需求，有助于应对各种动态的市场挑战及贸易增长。

二、检测仪器对纺织生产的作用

在当前原棉价格不断上涨的形势下，如何进一步减少生产费用，以弥补原棉价格上涨给企业增加的负担是一项比其他任何问题都重要的任务。通过从原料纤维混合开始对每个生产阶段的生产进行质量控制,如根据最终产品的质量要求进行混配棉控制以达到优化的质量特性的目的;开清棉机可通过在线或离线测试合理控制开松与落杂,在达到开松原棉、清除结杂的前提下减少棉结和短绒、降低纱疵并使梳棉机落棉率减少;减少自动络筒机的疵点切除次数,保证纺纱质量的稳定与提高;通过测试可在进一步提高半制品和成品的质量的前提下降低用棉量、提高制成率、提高产量、提高生产效率,优质的产品可以保持企业的良好声誉并降低产品的原料成本。据统计,印染布的疵点有 70% 是原棉及纺纱过程造成的,因此在性能先进的高速纺织设备的先决条件下,要加强原棉、纺织工程的半成品、成品质量的监控及管理,对提高终端产品质量及提高生产效率具有很重要的作用。为此,必须进一步研究、改进与提高检测仪器的测试性能与测试速度,这是十分必要而迫切的。

三、全新的乌斯特 M 系列离线监测仪

1. USTER ME100 条干仪:作为乌斯特条干仪的新成员,USTER ME100 是全面质量监测不可缺少的仪器,它对纱线条干均匀度、常发性疵点及毛羽等的测试结果是改进机器及工艺的基本依据。

2. USTER MF100 棉花分级仪:USTER MF100 棉花分级仪是 HVI 系列的新成员,可代替 HVI 帮助纺纱厂对原棉进行测试和分级。

3. USTER MN100 棉结控制系统:USTER MN100 与 USTER ML100 相结合可帮助 USTER MF100 对棉结含量及纤维长度进行测试。通过试验室与清纱器的测试数据相结合,可确保所选用的原料能符合所需的标准,实现全面质量测试循环。

4. USTER ML100 纤维长度测试仪:是棉花质量控制的测试组合仪器之一。所有 M 系列的仪器都有中文图形用户界面,易于操作;都以 USTER 公报为考核依据。M 系列仪器是专为中国工厂及市场设计和应用的仪器。

四、纱线性质检测仪 USTER TESTER 的发展

对于纱线条干的测试有新型的 USTER TESTER 5-S 400 及 USTER TESTER 5-S 800 乌斯特条干仪,都是乌斯特技术公司精确测试与描绘有关纱线均匀度和常发性疵点的仪器。

1. USTER TESTER 5-S 800 乌斯特条干仪的试验速度已达到 800 m/min ,它采用光电式传感器,可变换传感器模块测试纱线的号数变异、细节、粗节、棉结及异纤,加快了 USTER TESTER 条干仪对产品或半制品的试验监控速度,缩短了试验周期。USTER TESTER 5-C800 可对化纤长丝进行质量监控,由于对长丝采用了机械加捻功能,确保了在测试速度高达 800 m/min 的情况下测试的准确性和可重现性。

2. USTER TESTER 5-S400 条干仪(以下简称 S400)的主要改进是测试速度提高了 8 倍,试验线速度从原来的 50 m/min 提高到 400 m/min。S400 与 FM 传感器结合,可一步直接完成对异纤的监测与分级。因此 USTER TESTER 5-S 400 是完整的纱线质量试验系统,通过集成各种传感器可高度精确地测试条干均匀度及常发性疵点等所有的质量参数。

3. 其他离线检测仪器还有很多,如 USTER HVI100 大容量棉花性能测试仪及 USTER TENSOJET 高速单纱强力检测仪等。1998 年国际纺织生产联合会举办的棉花检验技术第 10 次会议正式向国际推荐使用 HVI1000 为棉花性能测试仪。USTER HVI1000 测试仪是原棉

在农工贸流通环节中的质量管理仪器,此外在棉纺厂参与定等定级及混棉排队等原棉管理,其检测结果的单位为成熟度指数。USTER HVI1000 M700 能在 8 h 的时间里测试 700 个试样,可在测试速度高一倍的条件下提供关键的棉花质量信息。

4. USTER TENSOJET4 高速单纱强力仪是对织布用纱的单纱强力进行大容量测试的仪器,是为喷气织机把好原纱强力质量关的关键仪器。这个系统能在 400 m/min 的条件下进行 30 000 次/h 的全自动单纱强力测试,一次性地完成对所有管纱的测试与分析,可评估出织造工序的效率。USTER TENSOJET4 可作为国内外市场上纱线贸易中考核原纱质量指标中强力与伸长的依据。

五、模块化技术在测试仪器上的应用

模块化技术在测试仪器上的应用是乌斯特技术公司测试技术的一大特点。乌斯特技术公司近年来又推出了 USTER AFIS PRO2 型棉纤维性能检验仪,是全世界公认的棉结测试标准仪器(ASTM),替代了原来的 USTER AFIS 棉纤维性能检验仪。

1. 新型的 USTER AFIS PRO2 型棉纤维性能检验仪更换传感器可对棉纤维的长度、成熟度、杂质及棉结含量等纤维性能的指标进行更精确的分析,控制开松棉纤维系统中的除杂及梳棉、并条、粗纱等整个纺纱工艺流程中的有关质量问题。该检验仪的基本模块 NC 可检测棉纤维及半制品中的棉结及带籽屑壳棉结的数量。更换为 L 及 M 检测传感器可检测纤维长度和短纤含量以及棉纤维成熟度和不成熟纤维含量;更换传感器模块可检测棉花中的杂质和灰尘含量,试验结果都是可重复性的、可靠的。

2. USTER TESTER 5-S400 条干仪(以下简称 S400)通过与不同的传感器组合可检测不同的纱线性能,如 S400 与 OH 传感器结合可作为可重现和可比照的毛羽测试仪 USTER HAIRINESS,是世界公认的唯一标准。在原棉价格不断上升的形势下,对纱线毛羽的测试并进一步减毛羽、提高纱线质量是很重要的。

3. S400 与 USTER OI 传感器结合可用于同时测试条干均匀度和检测纱线中的杂质与灰尘颗粒,是专门为纺高档纱及织物服务的;S400 USTER OM 传感器可同步检测纱线的直径、形状和密度,通过对纱线的两维直径进行光电式测试可得相关的据。

4. S400 与 USTER FM 传感器结合可直接对异纤进行检测与分级;S400 与 USTER 检测花式纱的传感器结合可检测与分析竹节纱。

六、USTER TESTER 试验仪向高速度及高度自动化方向发展

1. 随着时间的推移纺纱技术不断的发展,尤其是纺纱速度不断提高,从 2011 年巴塞罗纳 ITMA 上展出的设备来看,棉纺纺纱速度提高的幅度很大,如供应转杯纺的梳棉机单产已高达 250～280 kg/h,引出速度高达 400 m/min,并条机的引出度高达 1 100 m/min,转杯纺的转杯速度已达到 20 万 r/min,精梳机速度为 500 钳次/min 等,今后的速度还将不断提高。为了很好地面对未来优质高产的市场挑战,要求所有的纺纱生产测试检验仪器能尽快实现高速化、自动化,以配合高速的纺纱生产。检验速度要加快,检验周期要缩短,检验技术要自动化、连续化是今后纺纱试验发展的唯一方向。

2. 在纺纱生产自动化、高速度的生产时代,质量检验技术的检测速度必须与生产速度相匹配,取样试验周期要缩短,试验速度要加快。即使在每一运转班生产中,测试工作都必须考虑

与生产高速化、自动化实现同步,改变试验周期长、测试速度慢的局面,才能达到对产品质量的稳定控制。

3. 纺纱厂为了面对未来市场的挑战,适应高速度的生产,要求加快实现试验仪器的高速化及自动化的设计研发与改造,才能满足优质高产高速生产的要求。但应用高速度、高自动化的新型试验仪器需要有相应的技术,包括操作技术及相关的理论知识,操作员工的技术水平也应提高。纺纱厂要对有关员工进行培训,以提高员工操作自动化试验仪器并对试验数据的分析能力,监控与稳定生产的全过程,以使工厂达到优化与控制全部纺纱产质量的目的。工作人员要随时了解与掌握高速生产中存在的问题,并能提出相应的解决方法与措施。

尽管新型的高速自动化试验仪器应具备容易操作的特点,但还要做到试验结果直观、迅速、快捷、准确、可重复、节省用工。总之,试验仪必须进行高速化、自动化的技术改进,以适应纺纱生产高速度现代化新形势的要求。

第九节　纱线质量好是提高市场竞争力的首要条件

一、USTER 统计值

纺纱生产的一系列检测仪要努力提高纺纱质量并得出质量的评价,以面对各种费用的增加及优化上游工序的生产工艺,降低生产成本及销售单价,提高产品在市场上销售的竞争力。在市场上销售的产品还受到许多因素的影响,如销售商对产品规格不清楚,产品来源不一,这就需要采用 USTER 仪器来进行监测判别。USTER STATISTICS(USTER 统计值)就是对产品进行质量判别的技术依据,可有效地控制产品供应链的每个环节。目前 USTER 统计值已对从纤维到织物各工序都设置了考核标准,可供有关生产管理人员及销售环接应用。

二、USTER 统计值的发展

乌斯特技术公司的产品都是按照 USTER 统计值的要求来检测所有的纤维、半制品及纱线的质量特征的。1957 年 USTER 统计值就已作为在国际上纱线纺织品贸易的质量考核依据,经过半个多世纪的发展,USTER 统计值的范围已有了很大的进步与变化。随着纺织技术的快速发展,纺织技术进步、产品质量提高是迅速的,每隔 4~5 年时间就要对 USTER 统计值进行测试、统计、更改升级一次,得出新的统计值。每一次 USTER 统计值编制的数据依据都来源于全世界五大洲各个国家和地区的许多棉纺企业的实际生产质量样品和报告以及各个测试中心的测试报告,从棉花原料质量到各种棉纱、纯棉精梳纱、普梳纱、混纺纱、化纤纱、转杯纺纱、紧密环锭纺纱、机织用纱及针织用纱质量的统计值,还有半制品质量的统计值。各种纱线的性能包括 CV%、CVb、千米细节、千米粗节、千米棉结、断裂强力及断裂伸长等。每一次 USTER 统计值的发布都表明纺纱与织布质量的一次新的提高,USTER 统计值水平不断的提高,反映出全世界的纺纱与织布质量的不断提高 包括纺纱设备的技术进步及从原料到成品纱的质量以及管理软件的提高。

三、USTER 统计值的应用

在国际上 USTER 统计值的各项内容和指标不仅是工贸之间产品流通中考核原棉、半制品及成品质量的主要依据，也作为考核纺织机械制造及销售的质量依据，更重要的是可指导棉纺厂提高纺纱产质量上水平，因此 USTER 统计值起着推动纺纱工程技术进步的重要作用。所有这些都必须依靠乌斯特相关检测仪器及测试技术的进步，并对照 USTER 统计值对所获取的数据进行分析、论证、改进与提高。新的 USTER 统计值各项指标的提高反映出全世界纺纱质量的上升。

当代 USTER TESTING 监测仪已包括了纺纱与织布的全过程，所有试验监测技术都是先进的，不仅监测速度高，而且监测数据准确可靠，并具有可重复性的特点。它不仅可指导与控制纺纱生产在高速运行条件下使产品质量稳定提高，而且在市场贸易中能作为商品交易中的工具参与商品的检测与竞争的依据。随着时代的发展，与纺织工业生产一起，监测仪器将进一步向高速度、模块化及自动化、连续化方向发展。我国长岭及苏州等电子仪厂也生产类似的纤维、纱线及织物性能测试仪器，如果测试结果能与 USTER 统计值挂靠，可得到很好的发展。

四、在线检测与离线检测的结合

随着纺织技术的发展，许多工序的机器都配置了在线质量检测技术，与离线检测技术一起形成在生产中对在制品质量的监控网络，离线与在线质量监控系统对保障与提高产品质量起着重要的作用。随着生产速度的发展，对离线检测的要求日益提高，我国棉纺织生产的离线监测仪器将向更高的技术水平发展。"十二五"要努力配置好必备的离线测试仪器与每道工序的在线测试仪器，形成生产质量管理的网络，保证生产及产品质量的稳定与提高。

五、2013 版乌斯特公报

2013 年 2 月 18 日乌斯特公报发布了新版，其中公布了 USTER CLASSIMAT 5 及 ZWEIGELE HL400 测得的数据，表明 USTER CLASSIMAT 5 及 ZWEIGELE HL400 在世界各地已有应用；此外，还增加了新型纱线及流行纺纱材料的纺纱产品质量统计数据。统计收录的有 35 种主要纱线类型，2013 年的公报主要增加了股线及多种喷气混纺纱。这次新公报增加了 USTER CLASSIMAT5 及 ZWEIGELE HL400 的数据，如 USTER CLASSIMAT 5 对有害纱疵、异纤、植物异纤可进行测量和分级；USTER ZWEIGELE HL400 则可提供纱线毛羽长度的数据。USTER CLASSIMAT 5 图表依据 3 种纱号级别进行分级（粗、中、细），新版的乌斯特公报首次发布了异纤（包括植物杂质）和异常纱疵的统计数据。

纺纱厂应用乌斯特公报能准确地衡量产质量的平衡，进而优化纺纱工艺流程及原棉等级。应用乌斯特公报可使产品达到理想的性价比，提高产品的竞争力及工厂的效益。

第十节 离线自动验布技术

一、瑞士乌斯特离线自动验布系统

乌斯特离线自动验布系统 Fabriscan（图 5-10-1）可以节省劳力，并改进与优化验布的精确度,是现代化大型纺织厂应当配备的装置。

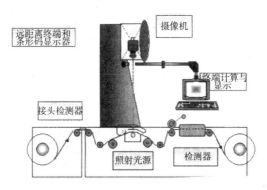

图 5-10-1　瑞士乌斯特离线自动验布系统

1. 乌斯特自动验布系统的功能

(1)能掌握与识别织物各类疵点的特征;

(2)正确确定疵点在布面上的位置;

(3)自动做好标记;

(4)记录储存疵点信息。

2. 自动验布系统的主要特征

(1)原色布经过两个照射光源即反射光和传导光,光源类型的选择主要考虑织物密度、疵点种类及能指出纺织生产过程中发生疵点的环节。

(2)自动验布机的正常检验速度为 120 m/min,可对正常的布面外观局部问题进行检验和分析,判断是否属疵点;并根据判断分析的结果,在布面上做出标记并进行分级。

(3)自动验布系统的疵点鉴别器应用了随机网络技术,这是从计算机技术中引伸出来的一项新技术。采用专门的微处理机加工处理并产生图像,验布速度可达到 300 m/min,加工处理并产生图像 250 个/min。

二、乌斯特自动验布系统在线与离线检验的比较

1. 在生产过程中基本上有两种物理上的形式与自动验布系统结合,一种是在线的自动验布系统与现有的生产织机相结合;另一种是离线的,将织物用小车运到自动验布机上单独进行自动验布。两种形式各有优点及不足,在线自动验布系统比较简单,占地面积少并且运转费用低,不占用较多的劳动力,布机挡车工还可以同时照看自动验布系统的工作。缺点是织机的速度与验布的速度相互影响,往往不能很好地发挥在线自动验布系统速度高的优点;而且在线自动验布系统必须在每台织机上都要配备自动验布机构,提高了织机的造价。离线自动验布系统可以最大地发挥其验布速度高的优点,但不足的是要另外增设机器及自动验布系统的单独传动体系,比在线自动验布系统占用更多的劳动力。

2. 乌斯特离线自动验布系统 Fabriscan 可在验布速度 120 m/min 下进行自动验布,检验出 0.3 mm 大小的疵点;而在线验布速度大约为 30 m/min,验布的宽度为 110～440 cm。

从 2007 慕尼黑 ITMA 及 2011 巴塞罗纳 ITMA 上展出的棉纺织机械中可以看到,纺织机械自动检测技术的快速发展除了离线检测技术的应用外,在线检测技术几乎在各道工序都在发挥很重要的作用,与离线检测技术一起形成了强大的对产品、半制品的质量控制自动检测网

络,保证了纺纱与织造质量的稳定与提高。此外在节能、环保等方面,自动检测及控制技术也发挥着日益重要的作用。自动检测技术的快速发展使棉纺织机械的自动化水平有了进一步发展,对于提高车速、提高生产效率、提高产品质量以及降低消耗、节约能源、改善环境都起着十分重要的作用。

如果一个纺织企业不能对产品及半制品质量进行检测,就无法对产品及半制品质量进行控制,也就无法对产品及半制品质量进行管理,最终就无法使企业不断提高与持续发展。可见,检测技术在提高半制品、成品质量方面具有十分重要作用。

第六章 无梭织机织前
准备技术的发展

20世纪80年代以来,由于喷气织机与电子计算机、变频调速、传感器等技术的结合,以及射流技术的发展与完善,使喷气织机的速度不断提高。目前,其转速已高达 2 000 r/min 以上,引纬率达 3 000 m/min 以上。织造过程中纬纱在引纬时要承受很大的喷射张力,经纱则出现大张力、小开口、强打纬、开口频率高的状况。因此,如果要保证喷气织机的高效、高质量运行,必须进一步提高经纬纱的质量及织前准备的技术水平,才能使经纬纱具有强力高、强不匀低、表面光滑耐磨、毛羽少、抗拉伸、抗摩擦的织造性质。

第一节 对原纱质量的要求

好的原纱是提高喷气织机效率的重要保证,在选择喷气织机用纱时要注意以下几个问题:

1. 纱线强力

纱线强力指标包括单纱强力、单强 CV％值、断裂伸长、伸长不匀率及最低强力值等。现分述如下:

(1)单纱强力。实践表明环锭纱的单纱强度平均值经纱 15 cN/tex,纬纱 12 cN/tex 时,可作为喷气织机的经纬纱。而有梭织机的单纱强度达到 10 cN/tex 即可。转杯纱、喷气纱及其他非环锭纱的单纱强力一般只有环锭纱强力的 80％左右(喷气纱平均强力比同号环锭纱低20％～25％,转杯纱低 25％～30％)。但由于这种新型纱条干均匀、纱疵少,特别是无明显的细节疵点,不存在最低强力,因此仍能使喷气织机保持较高的织造效率。合理的纺纱工艺是提高原纱强力的重要手段,以 14.5 tex(40 英支)为例,单纱断裂强度不低于 14.5 cN/tex;9.7 tex(60 英支)则要求达到 17 cN/tex。为了保证喷气织机对原纱强力的要求,提高织机效率,有些品种在配棉等级上要求比一般织机高,甚至要采用 100％细绒棉精梳工艺。

(2)单强 CV％值。喷气织机要求原纱单强 CV％值能控制在 9％以下,高支细纱控制在9.5％以下。

(3)断裂伸长及伸长不匀率也是喷气织机原纱质量的重要条件,一般喷气织机用原纱的断裂伸长率不得低于 2％。

(4)最低强力值。引纬气流喷射张力峰值与纬纱强力之比要控制在 55％以下,喷射张力峰值与单纱强力之比、单强不匀率、断裂伸长率同最低强力之间有一个相互影响的关系。纬纱单强必须保持在 12 cN/tex,单强不匀率控制在 9％～10％,断裂伸长率在 2％以上。在强力机上做单纱试验时,纬纱强度不得低于 4 cN/tex,而用在喷气织机上的纬纱强度不得低于 7 cN/tex。只有这样,10 万纬断头水平才能控制在 3～4 根的较低水平。

（4）影响纱线断裂强度的因素。应用单纱强力与纱线条干混合试验仪进行大容量的试验研究，发现纱线断头中有 61% 是由纱线的细节造成的，39% 是由捻度、粗节、接头等因素引起的（见表 6-1-1）。因此，搞好纺纱工艺及设备状态，努力减少纱线细节是降低喷气织机断头的关键。

20 世纪末，由于与微电子技术、变频调速技术等完美结合，纺织机械取得了十分显著的进步，大大提高了纺纱质量，使纱线条干不匀率、强力不匀率及细节疵点等大大降低。如新式粗纱机已完全取消了传统的机械变速及传动，改由四个变频电机由计算机控制；纺纱各部分速度可做到精细的工艺同步，既降低了张力不匀，又解决了产生细节的问题，使纺纱质量大大提高。过多的短绒或不合理的牵伸工艺等也会产生粗细节及强力弱环，而自动络筒机上的电子清纱器不但能清除粗节、棉结疵点，而且还能清除细节疵点，大大减少了纱线的最低强力，从而降低了喷气织机的经纬向停台。

USTER TENSOJET-4 单纱强力仪是高科技的纱线强力检测仪器，不仅检测容量大，而且具有模拟喷气织机引纬张力的特性及模拟喷气织机 10 万纬断头数的功能。正确应用 USTER TENSOJET-4 单纱强力仪是发挥其优势、把好原纱强力关、指导生产、提高生产效率的关键。要想提高现代化高速织机的效率，必须真正了解原纱断裂强度的面貌，也即了解原纱断裂强度的分布及织造中引起原纱断头的强力弱环情况。应用大容量单纱强力仪可以完成这项任务，其测试结果可准确反映原纱断裂强度的分布情况，提供真实可靠的强力弱环数，指导提高喷气织机的效率。利用 USTER TENSOJET-4 单纱强力仪测量的原纱断裂点分布图还可以用于原纱选购，在选购织造用原纱时可根据原纱断裂点的分布图来确定这批原纱是否可用。原纱断裂点分布图是指导喷气织造生产、提高效率及选购织造用原纱的重要依据。

2. 纱线毛羽

对于高速运转、经纱开口小、开口频率高的喷气织机来讲，长度大于 3 mm 的有害毛羽的存在，将经纱开口不清、纬纱飞行受阻而造成停台，因此纱线毛羽应作为一项重要疵点加以考核。

原纱毛羽不仅影响织物外观，而且会由于喷气织机引纬不畅造成织机效率低下，据统计有 30% 以上的停台是由于毛羽直接造成的。纱线毛羽多还给浆纱工艺带来许多困难，因此，乌斯特 97 公报上明确提出了对纱线毛羽的考核标准。

（1）20 世纪 80 年代以来，对纱线毛羽产生原因以及对喷气织机效率影响的研究结果表明，细纱是产生纱线毛羽的主要工序。

德国、瑞士等国的纺织机械公司对纺纱加捻三角区进行了研究，认为纺纱三角区是细纱机产生毛羽的主要部位，纺纱三角区的存在还会产生大量的飞花。20 世纪末推出的紧密纺（compact spinning）环锭细纱机生产的细纱强力比普通环锭细纱的强力高 10%～15%，纱线毛羽少，尤其是 3 mm 以上的有害毛羽几乎没有，1 mm 长的毛羽也只有同号环锭纱的 1/2，纱线毛羽总数比普通环锭细纱减少 80%～90%。这种紧密纺环锭纱可取消下游的上蜡及烧毛工序，浆纱任务也减轻了许多。

（2）钢领钢丝圈是环锭细纱机产生毛羽的另一重要部位，钢领钢丝圈的质量及配套使用情况对环锭纱的毛羽多少及毛羽长度都有显著的影响。

（3）日本村田公司推出的涡流纺纱技术实现了自由端真捻纺纱，纱线强力与同号环锭纱相接近，并且由于纺纱技术中基本取消了纺纱三角区，因此纺出的涡流纱毛羽很少，纱体十分光洁。纱线上只有 0.5 mm 以下的毛羽,纱线 10 m 长度内 0.5 mm 以下的毛羽仅有 179 个,而普通环锭纱的毛羽数比喷气纱高 18 倍。

(4)喷气织机对原纱质量的要求最重要的是强力弱环及纱线毛羽两项指标,如果这两个问题解决好了,喷气织机的效率及织造质量会显著提高。当然,纱疵及平均强力、强力不匀率、条干不匀率、断裂伸长率等指标也要具有一定的水平,最好能控制在乌斯特公报 25% 以内。

国外一些企业或商业公司在选购喷气织机或大圆织机用纱时,特别强调纱线的最低强力数值及出现的频率,这是十分合理的要求。

我国环锭纺纱系统中,除了粗纱机产生细节外,一些牵伸齿轮的键配合及齿轮啮合都应加强检查与维护。积极推广应用紧密环锭纱及新型粗纱机是我国传统纺纱系统改造的重要内容。

3.棉结

(1)纱线上的棉结不仅影响坯布质量,而且还会造成染疵,形成染后白点,影响织物外观。国内外都在降低棉结疵点上进行了许多研究,并做了许多有益的改进,尤其是在梳棉机上推广应用了新型针布,并采取了减少踵趾面差、增加固定盖板、盖板反转及提高锡林位置等加强分梳的措施,使经过梳棉机梳理后的生条比喂入到梳棉机的棉絮的棉结、杂质含量减少了 80%。

(2)国内外开清棉技术已走向成熟,并采取了短流程的开清棉工艺,大大提高了流程中单机的开清棉功能,减少了棉结的产生。特别是 2007 年慕尼黑 ITMA 上展出的超短流程开清棉机组及新型高产梳棉机都可有效地减少棉结,如 MK7、C60 等梳棉机都提高了锡林转速,减小了锡林直经,增加了固定盖板,应用了模块化技术,可因原棉质量调整固定盖板数量及喂入部分的刺辊数;特吕茨勒的 TC-03、TC-51 梳棉机的锡林高度提高了 20 cm,增加了梳棉机的梳理面积,以提高梳棉机清除结杂的能力。

在 2007 慕尼黑及 2011 巴塞罗纳 ITMA 上,德国特吕茨勒公司展出了新式模块化超短流程开清棉及梳棉机组。开清棉及梳棉工程的目的是要最大限度地开松原棉并清除杂质而又很少损伤纤维,减少产生短绒及棉结。而减少产生短绒及棉结与清除杂质是开清棉及梳棉工程的一对孪生矛盾,为了提高开松除杂的效率并减少短绒及棉结的产生,新式超短流程开清棉机组具有作用柔和、高效除杂及清除异物、异纤并减少短绒及棉结的特点。

(3)精梳也是降低棉结的有效工序,适当地提高精梳落棉可使棉结含量显著降低,使精梳纱的质量进一步提高。

第二节　络筒技术对喷气织机效率的影响

一、新一代自动络筒机

络筒技术对于喷气织机的效率具有重要的影响,继第三代自动络筒机如德国赐来福 Autoconer 338、意大利萨维奥 Orion 及日本村田 PC21 型自动络筒机之后,新一代自动络筒机 AUTOCOINER 5 已进入智能化阶段,除了具有电子清纱、自动数字捻接等功能外,还具有自动检验纱疵并进行纱疵分级及清除异纤的功能。此外,防叠技术已基本达到彻底消除叠状卷绕的水平,筒子纱的定长问题已基本解决,纱线的卷绕张力十分均匀,筒子卷绕密度精密,新的数控接头已做到无痕接头,接头处强力可与原纱一致,这些技术进步对提高喷气织机的引纬速度及高速整经机的速度提供了有利条件。AUTOCOINER 5 是最新的自动络筒机,是全自动络筒机技术进步的典范,由于在精密卷绕、精密定长、精密防叠、电子清纱、空气捻接等技术上有了很大的进步,大大改进了筒子纱的内外在质量。因此,高质量的筒子纱对提高喷气织机的效率很显著。高档织物的经纬纱需要经过再络筒,以使筒子纱更清洁,络筒质量更高。

由于新型纺纱(喷气纺纱、涡流纺纱、转杯纺纱)的强力相对较低,表面容易破损,因此络纱速度要适当降低。

供应喷气织机用的筒子纱一定要经过自动络筒机的加工,而且筒子纱的供应及周转要采用箱式包装,以避免筒子纱的损伤。

目前乌斯特 QUANTUM 电子清纱器已发展到数码光电式 QUANTUM3 型,对异纤的检测功能大大提高。

二、数控空捻接头

新的纱线标准要求空捻接头后无接头痕,且接头处的强力达到纱的平均强力,这是现代市场对纺织品的新要求,不仅对环锭纱,而且对转杯纱新型纺纱等也提出了这种高标准要求。1999 年巴黎 ITMA 时,接头处直径是原纱直径的 1.2 倍的规定已不能满足市场要求。新的络筒机采用空捻器接头技术后,接头纱外观及强力与原纱基本一致,这对提高原纱和织物质量、提高生产效率有显著作用,亦相应降低了成本,为环锭细纱机提高车速创造了条件,如可减少钢领直径,提高纺纱速度。目前环锭细纱机速度已高达 25 000 r/min,这与络筒机用空捻接头有密切关系。

三、欧瑞康-赐来福 AUTOCONER 5 S 再卷绕自动络筒机是 AUTOCONER 5 与 preciFX 结合的新型自动络筒机,可生产机织/针织用筒子纱,也可加工任何自动络筒机的筒子纱,是生产高档织物的必备再卷绕络筒机。AUTOCONER 5 S 再卷绕络筒机具有多功能的特点,可在卷绕前对纱线进行预清洁,使卷绕质量进一步提高;机上装有 FX 高性能的模块转换器、上蜡装置及赐来福的接头装置;不仅产量高而且易于操作,并且有人机对话工艺设计的功能,使生产的产品可满足下游工序高质量的要求。AUTOCONER 5 S 筒是全新设计的再卷绕自动络筒机,通过再络纱来提高筒子的卷绕质量。

第三节　整经机与浆纱机

一、贝宁格整经机

贝宁格整经机的全部系统设置可生产出高质量的经轴,优化生产工艺的控制可使生产稳定,费效比显著。贝宁格公司常年积累的经验及知识使整经机在应用新技术方面有了进一步的发展,在市场上具有很大的竞争力。在织前准备及湿加工生产过程的程序中,具有轮胎线的浸渍及贝宁格整经机自动划分产品范围等功能。

在 2007 慕尼黑 ITMA 上,贝宁格展出的新设备包括分条整经机,机上配有改进的单纱纱线张力器;新型再生储能器,用来保证在织布生产线生产的稳定性;最新的滚筒干燥器,用于修补磨损的织物的干燥,这是世界上第一个干燥工艺新技术。

贝宁格机器对于修补磨损的织物的开幅处理技术是世界上的创举。从前一届 ITMA 起,四年来贝宁格已有了很大的改进与提高。新设计的生产线管理减少了用于纺织品加工的新水用量及废水处理量。贝宁格公司展示出 VERSOMAT 分条整经机,设计有机器人,可使分条整经机的纱条宽度达到 4 mm,并在纱架上配有单纱张力器,以保证纱线之间及沿纱线长度方向上的张力均匀。

VERSOMAT 分条整经机具有以下特点:

1. 分条纱的宽度最小为 4 mm 或 12～24 根纱(根据纱的线密度);最多分条纱的根数为 480～560 根,分条纱的宽度为 150 mm。该机可经过细微调节以适应各种产品。

2. 经纱的分离时间为每分离一次 7 s 钟。

3. 最大速度为 750 m/min,可根据纱线的性能优选速度。

4. 为了保证正常生产时纱架与机器之间的张力稳定一致,采用了纱线张力控制系统来控制经轴的张力,以保证经轴的质量。

5. 工作宽度一般为 2 200 mm,织造服装用织物的宽度为 3 600 mm,并要考虑织物的复盖性。

6. 刹车距离只有 0.8 m。

其他还有卡尔·迈耶公司生产的织前准备设备,也是十分理想的机器。

二、浆纱技术的发展

现在浆纱机生产的织轴可以满足现代织机运转对经纱质量的要求,包括短纤维纱及长丝。浆纱技术进步包括现代控制技术、重复性的生产、最佳产品质量、分单元传动、精密的检测系统及容易操作等,还有浆前预加湿技术的应用,可显著减少上浆量并提高织机效率。精密地控制上浆可提高织轴质量,人工或自动控制的重现性使织机效率及质量提高。在 2007 慕尼黑 IT-MA 上贝宁格、津田驹等公司展出的浆纱机反映了浆纱技术的进步。

1. 在 2007 慕尼黑及 2011 巴塞罗纳 ITMA 上津田驹展出的无接触垂直片纱牵引进烘房的技术,对提高高速喷气织机的效率及质量作用很大。如高速喷气织机所用的经纱要求具有一定的回潮率及伸长率、减少毛羽、降低纱线断头率等,津田驹的浆纱新技术都可满足。津田驹生产的 HS40 浆纱机优于传统的浆纱机,它具有新的结构及对浆槽、烘干滚筒的控制系统等。HS40 浆纱机加工的经纱质量好,可供喷气织机用。HS40 浆纱机最突出的特点是无接触垂直片纱牵引进烘房技术、双浆槽系统、浆液混合及再循环系统、对片纱均匀烘干系统;应用再循环系统可使毛羽伏贴,纱线与再循环滚筒的接触长度增加;多单元传动的张力控制使纱线伸长小而精确;机上应用 MDS-e 机器数据控制技术,使操作简单并改进了操作,使任何浆槽的轧辊都可很方便地调整。

津田驹还推出了 KSX 新型长丝浆纱机,该浆纱机速度高,浆纱质量高,有精密的张力控制系统。它采用津田驹先进的电子技术,是由 KSH 系列移植到 KSX 浆纱机上的,单根丝的上浆系统可加工细旦长丝。该机可对各种长丝上浆,即使是无捻度的长丝也能加工成高质量的织轴。KSX 长丝浆纱机可满足生产各种织物品种的产质量要求,它具有低张力的控制系统,张力控制在 40N 以下,张力的控制范围大而稳定。在自动运转控制中,可控制烘房的热空气温度使片纱得到很好的干燥。该机产量很高,运转速度有 300、500、600 m/min,操作及维修都很简单,通过转换控制器使热空气循环,节能效果好。

2. 浆前预加湿技术。在经纱上浆前将经纱以热水浸渍同时水洗经纱,使经纱表面上浆效果好,减少毛羽,提高纱线的断裂强力。(为了比较详细地介绍日本津田驹生产的最新TTS205系列浆纱机的垂直引入烘房等新技术,本书附有相关文章供参阅。)

贝宁格公司的浆前预加湿技术显著降低了上浆率,减少了上浆费用。此外,由于纱线经过预加湿后毛羽减少,减少了喷气织机的停台次数,提高了织机的效率。与任何浆纱生产一样,在预加湿处理时纱线从后面的经轴牵引到水槽的张力必须减小,较小的纱线张力使纱线吸收水液,减小纱线的伸长。纱线浸渍在热水槽里的张力可分别选择及控制,从而减小了纱线张力。

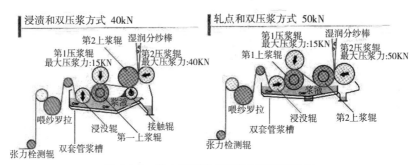

图6-3-1　日本津田驹TTS205系列浆纱机

2. 自动控制系统在浆纱机上的应用很广,特别是浆槽的温度、浆液浓度、黏度及经纱张力的控制等,还有多单元传动系统及多浆槽片纱上浆等的控制。

3. 日本津田驹生产的TTS205系列浆纱机是最新式的高级浆纱机,车速可达150 m/min,最大压浆力为50 kN。应用AC矢量多电机传动可节电,它是在HS40的基础上研制开发的新型浆纱机,也是将浆好的经纱垂直引入烘燥区,使纱线上的浆液沿着纱的轴线均匀分布在纱线周围,其形成的浆膜及上浆量比水平引进烘房的方式更为圆滑及均匀。

三、自动穿经机及结经机

目前经纱的穿经及结经等动作已实现了全自动化,在准备工序应用机器人完成自动穿经的任务,比人工穿经的速度快且适应性及质量都比人工好。每分钟可穿200根经纱(包括穿综及穿筘)。2007慕尼黑及2011巴塞罗纳ITMA上展出了许多自动穿经及结经机,最新的自动穿经机具有许多新的技术特点:可以穿多片的经纱并能在穿经前检查规格及每根纱的颜色,防止错穿并最大限度地减少疵点,提高经轴质量。结经机也有许多改进,主要适用于粗、中号纱。在结头前应用光电传感器对纱进行检验,以防止双纱等疵点纱结入。新的结经机最适于结中、粗号纱。

经纱在浆纱之后还要经过一些准备才能上机织造,高档时装面料的经密很大,要求经纱在织造时能实现清晰开口,经轴质量及经纱开口的要求很高。当新的织物品种开始生产时必须将经纱重新穿入织机上的一些专件与器材,如综丝、停经片、钢筘等。结经机的作用是原织物品种继续生产而老经轴用完要更换新轴时,要把新旧经纱结起来。

穿经及结经已实现了全自动化并且穿经已应用类似机器人的机械动作完成。自动穿经的速度很快。在2007慕尼黑ITMA及2011巴塞罗纳ITMA上展出的全自动穿经机及结经机展示了织造工程自动化的前景,使织造全自动化又有了新的进步。

全自动穿经机及结经机的特点是速度快、自动化水平高、穿经及结经的质量高、可防止综丝内双纱并消除穿经图案中错误的、重复出现的疵点。在 200 慕尼黑 ITMA 上展出的全自动穿经机及结经机有 STAUBLI 等公司开发的机器,这两个新产品改进了织前准备的自动化水平,不仅自动化水平高,而且织前准备的质量水平也大为提高。

1. STAUBLI 公司展出的 SFIR 新型全自动穿经机(见图 6-3-2),取代了原自动穿经机,经过 20 多年的研究与试验,SFIR 自动穿经机具有许多新技术,可适应许多种织机,可以穿多片经纱综组件,并可在穿经之前检查每根经纱的粗细及经纱的颜色,这个功能可防止综丝内双纱并消除穿经图案中重复出现的疵点,这项重要进步提高了织前准备的质量。每根经纱由在穿经机上的真空抓钳抓取以完成穿经动作,穿经机上配有光电系统以控制自动穿经动作,双纱检测器可防止任何双纱绞在一起,每分钟可穿 200 根经纱。主要技术数据包括可将 1 片或 2 片综 8 列经纱穿入综丝眼里,每根经纱要穿两个不同的综丝,每厘米可穿 50 个筘,有自动双纱检测及对色纱颜色的鉴别功能。应用荧光屏接口的显示自动监控图案颜色的循环。新型 STAUBLI 自动穿经机不仅可穿粗号纱,还可很方便地穿细号纱,最适于穿中、粗号纱,是很理想的自动穿经机,具有自动化网络的特点。现代化电子技术使自动穿经成为现实,而且在穿经前光电传感器可分别检测每一对纱的情况,可将纱疵检测出来并可很简单地予以纠正,这是 STAUBLI 自动穿经机的专利技术。它可很可靠地完成纱疵检测的任务并不需要一些特别的组件,也不需要进行专门的调节,能保证不会有双根纱同时穿入一个眼里。

自动穿经机的技术进步不仅提高了穿经效率,而且使穿经质量大为改进,是织前准备的重要发展。

2. KNOTEX 公司在 2007 慕尼黑 ITMA 及 2011 巴塞罗纳 ITMA 上展出了新的结经机,该公司具有 50 多年的历史,是世界上生产结经机最早的公司,生产全自动结经机及半自动穿经机。Titan 的 KM 型结经机是独一的对每根经纱进行两次检查的结经机,这是 Titan 公司的结经机检查双纱的优点。Titan 的 KM 型结经机具有优良的性能并由程序控制,可加工各种品种、纱号;机器有各种形式,有用分经装置,也有不用分经装置的;可做到连续地对每根经纱进行选择,独特的双选择系统能保证在分经时将双纱分开;应用调节系统可以调节单根纱或双根纱结头;机器上在分纱部分配有双纱检测器并在穿经时可发现双纱。高科技的自动穿经机及自动结经机使织前准备的产质量有了很大的提高,也节省了用工,使织造全自动化又大大地向前推进了一步。

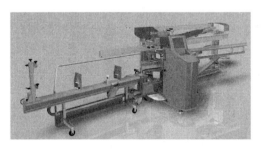

图 6-3-2　STAUBLI 的 SFIR 自动穿经机外形图

无梭织机的织前准备工序包括原纱质量检验把好原纱质量关、自动络筒机、整经机、浆纱机、自动穿经机及自动结经机等工序。织前准备技术中的各个机器都对无梭织机的生产效率有显著的影响,这些机器在不同程度上都实现了自动化和自动监控及自动检测,使织前准备技术有了很大的发展,产质量也大为提高。在高速、高效、低耗方面显示出织前准备技术对提高无梭织机效率、速度及质量的巨大作用。无梭织机的织前准备技术在不久的将来会进一步发展,从而为无梭织机产质量的进一步提高创造更好的条件。

3.津田驹在2011年巴塞罗纳ITMA上展出的TTS10S浆纱机受到展会的肯定,特别是其片纱无接触垂直引进烘房技术、多单元分节单独应用AC矢量电机传动和经纱张力控制技术以及上浆技术。TTS10S浆纱机的烘干技术及T-MDS计算机应用技术等都很先进,参会的观众一致给予好评。

(1)片纱无接触垂直引进烘房技术

在2007慕尼黑ITMA上津田驹展出的HS40浆纱机具有片纱无接触垂直引进烘房的特点,这也是以往津田驹HE20浆纱机的主要特点。新型的TTS10S浆纱机曾在2010上海亚洲展会上展出之后在2011年巴塞罗纳ITMA上又亮相展出,也沿用了片纱无接触垂直引进烘房技术。片纱无接触垂直引进烘房技术是日本津田驹公司生产的HS40及TTS10S型短纤维纱浆纱机的共同独特的特点。片纱无接触垂直进烘房技术使上浆后的经纱上的浆膜能沿经纱在进入烘房前均匀地分布在纱周围,比水平进烘房的经纱要均匀得多,水平进烘房的经纱上的浆膜分布由于浆液自身重量的原因会造成经纱下面的浆膜多而厚、上面的浆膜少而薄。采用片纱无接触垂直引进烘房技术使浆后经纱的强力、毛羽及分布都比水平进烘房技术加工的经纱好得多。

(2)上浆技术

均匀上浆及上浆率是考核浆纱机性能好坏的重要指标,主要包括有关控制管理系统。如浆液黏度自动测定装置,浆液浓度的控制系统,上浆率监控系统,压浆辊结构及外形的改进等。

①TTS10S浆纱机采用了在双浆槽之间设置使用间接加热及将两个浆槽的浆液流入一个浆槽里,以混合循环的方式使两个工作浆槽里的浆液浓度、黏度及温度保持一致,并配有大容量的过滤系统对使用中的浆液进行过滤,以保持浆液的清洁。

②在应用浆前预加湿上浆技术时,含有一定水分的经纱会对浆液起稀释的作用,或不经预湿的上浆的经纱也会改变浆液的浓度。为了稳定两个浆槽浆液的浓度,确保上浆率的稳定,TTS10S浆纱机上配置了浆液黏度自动测定装置及浆液浓度自动测定装置,浆液黏度自动测定装置是利用微小的电流测定从黏度量杯滴下的浆液并对浆液黏度进行自动测定和显示(见图6-3-3)。要实现高质量的上浆,准确的测定与管理浆液的黏度是必须的。此外,浆槽里的浆液温度也要保持恒温。

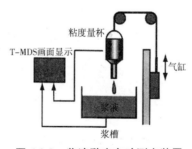

图6-3-3　浆液黏度自动测定装置

③浆液浓度的控制:利用浆液浓度的设定值可进行自控制,解决了浆纱时会对上浆率造成严重影响的浆液浓度不匀问题,获得了高质量的浆纱效果。浆液浓度传感器(见图6-3-4)是浆液浓度检测与控制的关键装置,这种传感器也是一种高科技产品。

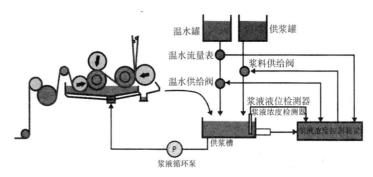

图 6-3-4 浆液浓度的控制系统

④上浆时压浆辊对于沿压浆辊横向的片纱压力是否均匀是横向的片纱上浆是否均匀一致的关键,为此 TTS10S 浆纱机的压浆辊在结构及外形上做了改进,如图 6-3-5 所示。

改进的均匀压浆辊　　　　普通压浆辊

图 6-3-5 TTS10S 浆纱机的压浆辊结构及外形改进

压浆辊压力的设计是根据浆纱机"停止""低速""高速"分别设定与控制的,并可在荧屏上显示,使浆液稳定均匀地附着在纱上。高速时的压力实现追随纱线速度的线性控制,上浆时,沿片纱的幅宽方向给予均匀的压浆负荷并做到均匀上浆是很重要的。TTS10S 浆纱机采用了均匀压浆的压浆辊,不论压浆压力多少,在幅宽方向的横向压力是均匀的,经向上浆也是均匀的。

⑤上浆率监控系统(见图 6-3-6):TTS10S 浆纱机通过气压变化来测定浆液液位并及时地监测浆液的消耗量、及时地检测与显示上浆量,可以控制上浆情况,避免上浆率高低不合格。

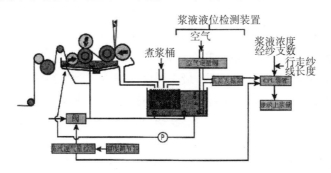

图 6-3-6 上浆率监控系统

(3)浆前预加湿技术

①经纱通过预加湿处理可使浆液很好地渗透到受浆的经纱内部并使浆液均匀而有效地黏附于纱线表面,减少了上浆量,减少了纱线的伸度,获得手感柔软的上浆纱,进一步提高了喷气织机的效率。为防止预加湿处理后的经纱的含水量对浆液造成稀释,津田驹 TTS10S 浆纱机有专门的浆液浓度传感技术及浆液黏度自动测定技术准确的管理与控制,确保浆液浓度稳定不变。不论粗支纱到细支纱(最高 65/1～60/1 tex)都可应用预加湿技术,但也有的纱种不适

合预湿上浆。浆前预加湿技术以粗支纱最好。

②预加湿后的经纱含有一定的水分,在同样的压力下由于纱支及经纱根数的不同而含有的水分不同,会有很大的差异。因此要保持稳定的浆液浓度,是成功的进行预加湿的关键。当更换品种时要通过浆液浓度装置进行单独的调节,做到浆液浓度配套,实现浆液浓度稳定运转,使预湿上浆的管理正常。预湿上浆的控制系统有 S 型及 W 型两种:

a. S 型预湿上浆控制系统对 19.4 tex 以上的粗支纱预加湿特别有效,见图 6-3-7。

b. W 型预湿上浆控制系统是对不适于预湿上浆的纱种,如细、高支纱及高密织物可在 W 型预湿上浆控制系统的控制下进行预湿上浆。W 型预湿上浆控制系统属多功能浆纱系统,如将预湿槽中的水放掉,则形成带喂纱装置的轧点和双压浆方式的上浆系统,见图 6-3-8。

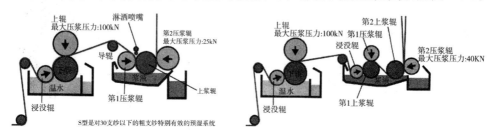

图 6-3-7　S 型预湿上浆控制系统　　　　图 6-3-8　W 型预湿上浆控制系统

(4)压浆技术

双压浆有高压(压浆力 40 kN)及中、低压力(压浆力 20 kN)上浆两种:

①高压上浆(压浆力 40 kN)(见图 6-3-9)为轧点和双压浆方式,是由于浆槽采用了双套管构造进行间接加热的方法,从而抑制了由于浆液温度下降造成的稀释,大幅度提高了使浆液浓度和黏度保持均匀的功能。此外,利用高精度的喂纱装置,控制了在上浆湿润时纱片的伸长,从而使上浆方法多样化;也由于第二压浆辊处的浆液积存较少,可减少发生停车痕。

由于将第二压浆辊配置在浆液中,不仅起到洗净的作用,而且使片纱部位的辊筒表面的浆液不易干燥,减少了辊筒表面产生浆膜。片纱在接触第二压浆辊之后,由于采用了浸入的辊筒,因此即使没有接触辊,纱片的排列也能够做到清晰整齐。

②图 6-3-9 为 中、低压上浆——浸渍和双压浆(压浆力 20 kN 及以下)

中、低压上浆采用浸渍方式的浸没辊,最大限度地减少了对片纱的损伤。第二上浆辊和接触辊是偏心的,接触辊带上来的浆液不会使纱片造成紊乱,纱片排列整齐,大幅度减少了并头或产生带状纱。利用接触辊可加深纱的内部渗透,在去除多余的浆液后,由于是在不供给浆液的情况下进行最后的压浆,因此虽然采用中压压浆(最大 20 kN),但也可得到与高压压浆(最大 40 kN)相同的压浆效果。利用中压压浆可使内部渗透较大,生产出柔软性高的上浆纱,即使是中、细支纱也可以减少经纱毛羽,从而减少断头的发生。

(5)TTS10S 浆纱机的烘干系统

①烘干效果均匀,烘干能力提高是 TTS10S 浆纱机烘干系统的一大特点,在设置烘干技术时考虑到上浆经纱的伸长率,上浆后的经纱首先垂直进入烘房的预烘滚筒,预烘滚筒是积极传动的,可防止加减速度时对经纱伸率产生影响,减小经纱伸长率。

②主烘滚筒采用半积极式的摩擦传动方式,使经纱在主烘滚筒上被烘干而热收缩,保持纱的伸率。

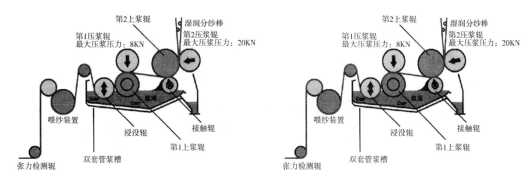

图 6-3-9　轧点和双压浆
（压浆力 40 kN 高压压浆）

图 6-3-10　中、低压上浆—浸渍和双压浆
（压浆力 20 kN 及以下）

③确保了片纱与烘干滚筒的接触长度，使毛羽倒伏情况良好。

④由于烘干滚筒是并排配置的，能做到各片纱的干燥条件一样，从而使全部经纱获得均匀的烘干效果。

⑤由于确保了预烘滚筒与片纱的接触长度，可以防止上浆经纱急速烘干；可分为两个纱片分别烘干，与水冷式湿润分绞棒配合，实现良好的毛羽倒伏；由于从最后压浆辊到预烘滚筒的距离短，可防止纱的侧滚。双浆槽也可加工强度不高的经纱。

⑥TTS10S 浆纱机的浆纱技术使浆后纱线的毛羽比浆前将减少 70％以上。

（6）多单元分节单独应用 AC 矢量电机传动及经纱张力控制技术

①恒定的经纱张力控制包括经纱从在经轴架上的退绕经过上浆、烘干及织轴的卷取的全部过程。好的张力控制必须做到受浆的经纱的全部累计伸长率控制在 1％以内，使后工序经纱在高速喷气织机织造时具有较大的伸长率，断裂功高，经向断头减少，提高喷气织机的生产效率。

②多单元传动技术在许多浆纱机上早已得到应用，如果是双浆槽的浆纱机，多用 8 电机分段传动；也有三浆槽的浆纱机生产色织或多品种经纱上浆，用 12 个电机分段传动，以控制各段经纱的伸长，提高喷气织机织造时纱线的断裂功。

③在上浆、烘干、卷取等不同位置配置了单独的 AC 矢量电机（见图 6-3-11），应用 T-MDS 计算机控制系统进行数字伸长控制。由于是数字电机控制，因此对经纱张力控制是高度再现性和精密的控制。也可简单地切换使用单浆槽上浆或双浆槽上浆。单浆槽上浆适于较少经纱或强捻纱，双浆槽可在浆纱机上同时加工生产不同伸长率的异种或不同粗细品种的纱支。也可设置不同速度两种模式，可防止由于热收缩引起的异常张力，单独的 AC 矢量电机使浆纱张力和伸长率受控而得到高质量的上浆经纱。伸长的设定与显示都可在 T-MDS 计算机的屏幕上进行，正确的、合理的多电机传动方式可保证在线受浆的经纱的全部累计伸长率低于或等于 1％。TTS10S 浆纱机采用的多段传动方式的数字伸长控制方式是应用多个单独的 AC 矢量电机在 T-MDS 计算机控制下运行的，因此受浆后的经纱伸长率低，能保持再现性及质量的稳定一致性。

④TTS10S 浆纱机通过应用 AC 矢量电动机实现对卷取张力的控制（见图 6-3-12），可在 T-MDS 上任意设置最大 6 000 N（车速 125 m/min）或最大 7 500 N（车速 100 m/min）的很广范围内卷取张力，以高精度进行控制，而且能控制任何织轴轴径。更换经轴时片纱的生头操作通过生头装置在开始卷绕时对经轴轴径和送经辊进行同步控制，在生头结束后通过向张力控

制的切换,可很容易地进行生头卷绕。

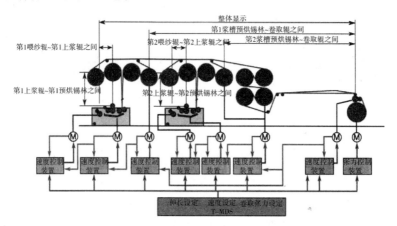

图 6-3-11　TTS10S 浆纱机多单元单独的 AC 矢量电机控制系统

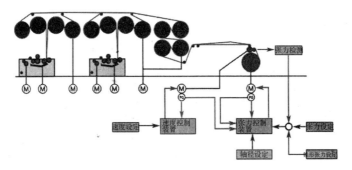

图 6-3-12　TTS10S 浆纱机采用 AC 矢量电动机对卷取张力的高精度控制

⑤TTS10S 浆纱机对经轴架退绕张力的控制:应用气压滚筒对个别带式制动系统进行反馈控制。由于通过精确及反应灵敏的电气式张力检测和无接触检测的并用,以与经轴卷绕直径成比例的空气压力为基础进行反馈控制。因此在浆纱机加速或减速时也可获得稳定的张力值。此外,也有在经轴架上配置张力控制的专用链条滑轮的特别规格的装置,能对经轴的振动在经轴与离合器的接合处部分吸收,使张力控制更稳定。

⑥TTS10S 浆纱机还有双系列张力控制装置,可对两个浆槽分别进行张力控制。

(7)T-MDS 计算机技术的应用

①应用 T-MDS 计算机控制装置对 TTS10S 浆纱机进行综合性的控制及运转管理。利用触摸式键盘的操作和彩色图形的显示,可实现简便的操作,并可通过故障排除系统迅速反应出现的故障。T-MDS 自动控制功能还可通过利用 T-Tech—japan 推荐的上浆率条件进行设定的简便操作并在屏幕上显示。

②利用以太网(LAN)的连接,在接通 LAN 时,可在办公室的主计算机上非常简便地进行检查以及预约日程的设定等运转管理。

③假如 T-MDS 出现故障,由于 T-MDS 采用了及时而简便的条件设定和显示的防故障系统,可迅速地排除故障。

④T-MDS 正常功能的应用如下:

a. 可对浆纱机的温度、张力、伸长、压浆力等进行设定并自动控制与显示;

b. 可对运转状况进行在线监控,对出现故障时的检测点给予帮助;

c. 可自动设定运转条件并进行监控,也可任意变更运转中的条件;

d. 通过输入的纱种、纱支、经轴架数量、总经根数及浆槽等,计算机可以自动推荐使用的浆纱条件;

e. 可统计记录并输出 300 个品种的产质量信息及运转条件,防止操作失误;

f. 可与以太网(LAN)连接(可做到三级联网)。

⑤T-MDS 选用的功能如下:

a. 通过组合式回潮率的控制,可保持最适宜的水分;

b. 由于采用了 SMP 上浆监控装置,可及时地检测并显示上浆量;

c. 对浆液浓度所设定的数值进行控制,消除了浆液浓度不匀的现象;

d. 利用 SST 辅助端子可在 T-MDS 发生故障时很简单地设定条件并进行显示;

e. 利用 T-PMS 管理系统,可通过主计算机进行运转管理。

⑥T-PMS 的功能

a. 在主计算机上安装 T-PMS(准备工艺管理系统)可从办公室直接对各机台进行集中管理;

b. T-PMS 可使设定条件的中心管理在各机器之间得到统一,在防止发生设定错误的同时还有助于生产管理;

c. 在主计算机上还可以得到通过 T-MDS 所收集的数据,因此可实施对运转效率的管理,还可对报警和故障情况进行监视;

d. 可传递各加工工艺之间的信。

第七章 无梭织机的新发展

在机织范围内,无梭织机主要包括喷气织机及剑杆织机两种,其他如片梭织机等并没有形成较广泛的应用。喷气织机的开口、引纬及车速等对用纱的要求高,如果纱线的各项质量指标满足了喷气织机的要求,那么这种纱用在剑杆织机上就更没问题了。

第一节 喷气织机的技术进步

20世纪80年代以来,由于电子计算机技术、传感技术、变频调速技术、射流技术等与喷气织机的完美结合,出现了速度高、效率高、产品质量高及自动化监控水平高的现代化喷气织机;更由于电子多色、多品种选纬及电子提花、电子多臂等高新技术的应用,使喷气织机的品种适应性大大提高,成为当代无梭织机中发展最快、最先进的机型。喷气织机具有性能好而维修工作量及维修费用低的特点,而且引纬率高。喷气织机不仅可生产标准的经济性织物,如用于制作运动服的面料,而且还可生产特种织物、牛仔布、毛巾布、长丝纤维织物、玻璃纤维布及轮胎芯等。近年来喷气织机既能生产细号薄型织物,也能生产粗号重厚织物。

早期的喷气织机有许多缺陷。1960年世界上第一台喷气织机由于射流技术不成熟,喷射的气流速度及压力损失大,只能生产窄幅织物。织机速度低,织物质量差,更谈不上纬纱颜色的变化,只能生产单色的、简单的普通平纹批量坯布织物。

1981年以后,由于喷气技术的突破性进步以及电子计算机、传感器及变频调速技术的应用,大大提高了喷气织机的运转速度,织机的自动监控水平也取得了显著的进展。经过30多年的不断改进,现代喷气织机已具有速度高、自动监控水平高、产品质量高、品种适应性强等许多优点,成为无梭织机中发展最快的机型。新型喷气织机采用了许多先进技术,如:电子控制喷气引纬、寻纬,电子送经、电子卷取,经纬向断头的检测及原因分析,纬向断头自动修复,机器停开车自动控制等,使喷气织机在高速运转下能保证产品质量的稳定与提高。

一、喷气织机的速度

1.喷气织机(见图7-1-1)是由喷射具有一定压力的气流进行引纬的,引纬方式不同于有梭织机及其他无梭织机的机械引纬,受机械运动的限制,机械引纬速度不能提得很高,如剑杆织机的引纬率为1 500~1 700 m/min,引纬频率为600~700 次/min。而喷气织机的喷嘴喷射气流的动作是经过电子计算机控制电磁阀的开闭运动完成的,一般喷气织机的引纬率已高达2 000~2 500 m/min,最新型的如津田驹、必佳乐等喷气织机等转速已高达1 800~2 000 r/min,引纬率达3 200 m/min。

2.喷气织机的转速、引纬率与所生产的品种、幅宽相关,生产细薄织物与重厚织物、生产宽幅织物与普通幅宽织物的织机转速及引纬率都不相同。即使如此,生产重厚牛仔布的喷气织机转速也在 850 r/min 以上,生产高档电子提花装饰织物的引纬率也已达到 2 800 m/min。

要提高喷气织机的引纬率,除了要解决好主辅喷嘴在计算机控制下电磁阀高频率的开启、闭合技术之外,储纬器及停止指的停止与释放动作也应有相应的改进与提高。在电子计算机的程序控制下,储纬器停放纬纱的动作与主喷嘴喷射气流的电磁阀的开启与闭合动作十分协调。

3. 为了配合高频引纬,打纬运动系统的部件一方面提高了刚性强度,另一方面打纬往复运动十分平稳而精确。为了提高喷气织机高速运转的灵活适应性,新型喷气织机都采用了变频调速,而且电动机可以正反转及点动。

二、喷气织机的自动控制系统

由于喷气织机采用了微电子技术以及其他电子检测技术,对全机的运动进行控制,尤其是对产品质量的自动监控,使喷气织机的生产效率大幅提高,可达 95% 以上,并且产品质量得到保障,下机一等品率达到 98% 以上。机上安装了许多监控传感器,使织机本身具有自动运行及程序控制的功能,形成许多转动联接的微电子自动控制系统。机上装有主控制板,经微机进行程序控制及质量控制,经过电子计算机形成喷气织机自动控制及通讯网络系统。主要功能如下:

1. 电子送经:在经轴胸梁上设置传感器,可精确通过电子送经系统调节经纱张力,为避免开、关车造成的稀密弄疵点,专门配有防止开关车稀密弄系统。

2. 电子自动落布的程序控制:可适于各种纬密织物及大直径布轴的落布。

3. 电子控制纬纱张力:在完成引纬的条件下,尽量选择较低的喷射张力,进行柔和引纬以减少纬纱断头和压缩空气消耗。

4. 经纬纱断头自动检测系统:一般纬向断头传感器沿整个筘幅设置 2 个或 2 个以上,用以监测纬纱引纱失败(包括断纬)造成的停台;经向断头自动检测系统可报告及指示经纱短头并等待处理。

5. 经纬纱密度及织机速度的自动控制:可在运行中按照有关信息进行在机调整。

6. 自动纬纱修复及自动卷绕监测系统:可以消除无故停车,保障织机正常运行。

7. 4～12 色电子选纬系统:按照计算机软件要求,选择不同的品种或颜色的纬纱进行引纬。

8. 机器的全部信息由屏幕显示并记忆贮存各种生产数据,数据传递功能可与中央计算机数据库连接,实现网络信息贮存。

9. 电子自动维修系统:自动修复故障(如自动纬纱修复)后可自动开车。

10. 自动工艺变更系统:纬密变化不必调换齿轮,新品种改变可以简化,像纬纱颜色选择及纬密变更都可借助于电子控制系统完成。

11. 电子程控快速改变品种系统。

12. 人机对话:高度发展的电子技术使喷气织机准确运转,操作简化,只要揿揿电钮即可运行。人机对话属于电子人机工程学范畴,并以语言软件的辅助功能来取代难以理解的人的语言,进行对机器的程序控制。

13. 在线自动检验织物疵点功能:可以根据电子计算机系统在线检查织物疵点并以简单语言显示,可快速发现织物疵点并与电子学模拟疵点相比较进行分类。

14. 电子多臂与电子提花系统的应用,使喷气织机的花色品种适应性得到很大提高,电子提花织机的运转速度及引纬率也大大提高,引纬率达到 2 800 m/min。

15. 自动卷绕机构开闭系统及纱线卷绕脱圈控制系统可实现织造中纬纱无接头。

未来喷气织机的自动控制水平将进一步发展,织机产量、质量及花色品种将得到进一步提高与发展。

三、喷气织机的模块化技术

模块化技术在喷气织机上的应用可优化织机的工艺及专件,使织机运转性能好、产量高、效率高、产品质量好、能耗及噪声低。以必佳乐的喷气织机为例介绍如下:

1. 毕加诺喷气织机的设计主要有三个基本规范,即要具有高的性能、高的纱线与织物质量及全模块化的设计。所有的机件都利用模块化技术优化,以达到提高织机速度和织物质量,降低噪声及能耗,提高运转效率的目的。这种织机利用模块化技术进行全新的优化设计,保证了运行的稳定。

2. 新的 OMNIplu800 喷气织机应用了各种模块化技术,如固定式及移动式主喷嘴就是模块化设计,使纬纱通道增加。为了节省能耗,主喷嘴有固定与移动混合式,提高了引纬能力,降低了压缩空气的消耗量。

3. 喷气织机的主喷嘴已由单喷嘴改为双喷嘴、四喷嘴,相对于一定的引纬频率、一定的织机转速,多主喷嘴上电磁阀开闭运动的频率可以相应降低,因此可使喷气织机主喷嘴喷射气流的喷气引纬频率大大提高。

4. 模块化技术的使用,使必佳乐 OMNIplu800 喷气织机具有许多独特的优势,可减少织机的停台时间。如自寻纬系统、快速变换品种及换经轴系统(QSC)、快速组装机器、快速安装经轴及布辊、迅速地从左右两侧改变布幅、应用微处理机可节省确定梭口及布边占用的时间,所有这些都节省了高速织机的停台时间,提高生产效率。

5. 必佳乐的喷气织机是由 SUMO 电机直接传动主轴的,取消了中间传动环节,既节能又减少了传动零部件,更重要的是可通过对直联电机控制任意调节织机速度。

6. 其他各先进的喷气织机也大都应用模块化技术,提高了织机的运转性能,如多尼尔、津田驹、舒米特等织机。

四、喷气织机的品种适应性

喷气织机的品种适应性经过近 30 年的发展,在布幅宽度、织物厚度及色织等方面都已赶上或超过了剑杆织机及片梭织机。

1. 布幅:由于喷气织机主辅喷嘴喷射压力的进一步提高,被主喷嘴气流推动后的纬纱在织口中不断受到辅助喷嘴的接力引纬,使织机布幅大大加宽。从 1999 年巴黎及 2007 年慕尼黑 ITMA 上可看到,布幅宽度从 1991 年以前的 190～280 cm 发展到 1999 年的 400 cm 左右,如必佳乐 OMNIplus 型喷气织机幅宽有 190、220、250、280、340、380 及 400 cm 等;多尼尔 LWV、LTV 型织机布幅宽度为 150～430 cm,舒美特 Mythos 型织机的有效宽度为 190～400 cm;津田驹 ZAX 系列织机的幅宽为 150～390 cm。在 2007 慕尼黑及 2011 巴塞罗纳 ITMA 上展出的多尼尔喷气织机的布幅已由 400 cm 增加到 540 cm。

喷气织机幅宽的增加,在织造许多品种上都可以取代剑杆织机及片梭织机,如阔幅被单布、提花装饰布等。随着时间的推移,喷气织机织造的幅宽还会有所增加。

2. 多色引纬:剑杆织机以多色引纬可生产许多色织布为优势,但经过 30 年的发展喷气织机已配备了由电子计算机软件控制的多色引纬系统,引纬颜色从 4 色至 12 色可根据织物要求任意变换纬纱颜色。剑杆织机的引纬颜色也是由微电子程控选纬的,有 2、4、6、8 色。喷气织机的多色引纬在电子多臂、电子提花等技术的应用,为生产各色提花织物提供了必不可少的条件。提花机或普通多尼尔喷气织机可应用 8 色引纬,也可有 12 色引纬,根据不同的需要多尼尔喷气织机可织家用织物、衣着用织物及产生用织物等。

3. 纬纱种类的选纬:现代喷气织机可根据产品品种的不同选用不同性质、不同原料的纬纱,从化纤长丝纱到化纤短纤纱;从纯棉纱到各种化纤纱(涤纶、腈纶、丙纶及黏纤等);从羊毛纱到玻璃纤维纱;从环锭纱到转杯纱及喷气纱;从高号纱(58.3、72.9、97.2、145.8 tex)到低号纱(7.3、9.7 tex 等);从单纱到股线;从普通纱到各式花色纱线,如雪尼尔纱及粗毛纱等。织造纬密一般可在 50～1 400 根/(10 cm)。

4. 电子多臂及电子提花技术的应用

喷气织机如果仅应用凸轮开口系统,织造的品种有很大的局限性,只能织造一般的平纹、斜纹坯布,而应用了电子提花、电子多臂等高级开口技术后,织物品种的适应性大大提高,在 2007 慕尼黑及 201 巴塞罗纳 ITMA 上,展出了许多电子提花及电子多臂技术的喷气织机,如多尼尔电子提花钩针已在 10 000 钩以上,津田驹应用正反向电子多臂及电子提花开口装置,必佳乐也增加了各式电子开口系统,电子提花可以做到无综框提花。

电子提花技术是将花纹编成软件以电子计算机控制钩针的上升与下降,速度可大大提高,引纬率达到 2 800 m/min(德国多尼尔喷气织机)。应用了电子提花、电子多臂开口技术及多色引纬技术后,喷气织机的品种适应性已发展到可织造色织布及各式豪华装饰织物,如室内装饰布等。在 2007 慕尼黑及 2011 巴塞罗纳 ITMA 上,大约有 50% 的喷气织机已装有电子提花装置及电子开口机构,从轻薄到重厚的织物、从平纹布到装饰布、从宽幅到带子织物都可以织造;纱线从短纤纱到长丝纱作纬纱,纬纱可有 6、8 及 12 色等。

五、织物面密度及可织品种范围的扩大

1. 喷气织机既可织造细号高密的轻薄高档衣着面料,又可以织造粗号高密牛仔布系列的重磅织物,如津田驹织机织物的面密度从 34～540 g/m² ,都可以织造。

2. 用喷气织机生产牛仔要做一些必要的改进,如津田驹、必佳乐等公司加固了机架及打纬系统的相关零件,增大了主喷嘴压力等。津田驹 ZAX 系列喷气织机不仅可生产普通服装布、高级羊毛织物、衬衫织物、高密织物,而且可生产重厚型的牛仔布、低号细薄织物、玻璃纤维织物、工业用布等。在长期制造喷气织机的经验指导下,津田驹公司根据生产不同产品的要求可生产不同技术的喷气织机。

3. 应用喷气织机可以将各色花色线如雪尼尔纱、毛圈纱作纬纱,生产各种装饰织物及服装面料。

4. 近 30 年来喷气织机在织造品种适应性上取得了巨大进步,品种的适应范围由于阔幅、色纬、电子多臂、电子提花及一些必要的改进已扩大了许多,织造的织物从轻薄的细号高密织物到粗号高密织物,从简单的平纹到有复杂图案的装饰布,从阔幅床单到毛巾及标签等均能适应。世界上第一台喷气织机的筘幅宽度仅为 1 143 mm,约在 1960 年投入运转,而现在的织物

宽度已是过去的 3.5～4 倍。

5. 目前许多类型的高质量织物都可在喷气织机上生产,应用曲轴、凸轮、电子多臂、电子提花等开口装置,在受控的电动机控制下可生产出各种独特外观风格与奇特色彩的织物。在 21 世纪喷气织机将在纺织领域广为应用,并取得比任何无梭织机更快的发展速度。

6. 津田驹 ZAX9100 是专门生产毛巾的喷气织机。津田驹具有丰富的喷气织机生产毛巾的经验,ZAX9100-Terry 在织机速度、品种适应性、产品质量、节能及可操作性等方面都具有特别的优势。

7. 经过近 30 年的发展,喷气织机技术有了很大的进步,速度高、效率高、产量高、质量好、产品适应性广。过去只能在剑杆织机及片梭织机上生产的品种,现在大多可以在喷气织机上生产。由于喷气织机速度高,因此许多发达国家纷纷以喷气织机取代剑杆织机及片梭织机。

六、喷气织机的其他进步

近 30 年来,喷气织机除了提高车速、提高自动监控能力、提高品种适应性外,在提高运转效率、节约原料方面也做了许多改进,包括采用大织轴、快速更换品种及改进布边等。

1. 喷气织机的织轴是由浆纱机供应的,1999 年巴黎 ITMA 以来经轴都已经加大,一般直径都达到 1 100 mm 以上,舒美特织机的经轴直径已加大到 1 600 mm。大经轴可以延长织造时间,减少换轴次数及换轴停机时间。当经轴直径由 1 016 mm 增加到 1 270 mm 时,纱的容量增加 1.6 倍;经轴直径增加到 1 600 mm 时,织轴容量比直径为 1 016 mm 织轴的容量增加 2.4 倍。换轴次数显著减少,织机停台时间减少,提高了织机运转效率。目前新型喷气织机采用 1 600 mm 直径的织轴越来越多。

2. 快速换轴技术:实践证明换轴对喷气织机效率的影响很大,一般换一次轴要 1 h 以上,每个轴最多可织 2～3 d,因此必须采取措施减少更换经轴及改变品种的时间。事先工作人员在穿筘间除完成穿筘任务外,还需清洁钢筘,据统计综筘不清洁会使 2%～5% 的经纱发生布机停台,占整个经向断头的 80%。为了做好上机前穿综筘工作,喷气织机要有 25%～35% 的经轴储备。

3. 喷气织机快速更换品种装置 QSC(Quick Style Change)是模块化技术在生产上的应用,只要一个极小的变动即可改变品种,将喷气织机换轴准备与织机准备工作都事先调整好,换轴时间仅为 30 min。当然,这种换轴动作是自动化机构及织机运转辅助机构完成的,也有人工的。既提高了织机效率,又可以根据用户需求灵活及时地调换品种。津田驹、必佳乐、舒美特等系列的喷气织机都配备了自动换轴、变换品种的机构。津田驹 TSC 品种快速变换装置可使品种按照要求在短时间内由 1 人完成换轴。

以往无梭织机上使用自动结经机只能适于一个品种的换轴,不适于更换品种。自动结经机的工作质量不太理想,错结情况时有发生,必须在 2～3 次自动结经后进行人工穿筘、穿综整理,所以自动快速换轴技术十分重要。

4. 目前经纱的穿经及结经等动作已实现了全自动化,在准备工序应用机器人完成自动穿经的任务,比人工穿经的速度快而适应性及质量都比人工好。每分钟可穿 200 根经纱(包括穿综及穿筘)。

5. 传动系统的改进:有些喷气织机采用变频调速电机直接传动主轴,简化了传动机构,取消了传动带、离合器及刹车装置等,提高了传动效率,减少了能耗。如必佳乐 OMNIplus 喷气织机,采用了专用的主电机 SUMO 直接传动织机主轴。

6.布边的改进:喷气织机织出的布为毛边,纱线浪费大,剪下的边纱不能回用,而且在后加工中会产生一些问题。新型喷气织机大多在布边上作了改进,有纱罗布边、集圈布边、熔化布边及黏合布边,即由喷射的气流将纬纱头尾压入布边组织中的折边法,外观十分整齐,如舒美特 Mythos 型喷气织机布边装置即由压缩空气将纱尾折入形成布边,该系统适于不同号数及类型的纬纱,省去一些运动部件,不受车速的限制,能耗低,基本上不需要维护,减少了边纱的浪费。其他如津田驹、必佳乐等系列的喷气织机也有这种新的折边装置。

进入 21 世纪后,喷气织机的发展速度大大加快。2007 慕尼黑及 2011 巴塞罗纳 ITMA 上展出的许多喷气织机已取得很大的进步,机上有许多电子计算机控制的自动监控系统,使织机速度、效率、生产率、产品质量及能耗等都大有改进。展出时大约有 50% 的喷气织机已装有电子提花装置及电子开口机构。加工的产品从轻薄到重厚的织物、从平纹布到装饰布、从宽幅到带子织物;纱线从短纤纱到长丝纱作纬纱,纬纱可有 6、8 及 12 色等,已显示出对产品品种的适应性。喷气织机还将继续发展,将成为世界上第一流的织机。

第二节　现代喷气织机的发展

喷气织机具有性能好、引纬率高而维修工作量少及维修费用低的特点。以往喷气织机主要用于生产标准的经济性织物,用于制作运动服等;喷气织机还生产特种织物、牛仔布、毛巾布、长丝织物、玻璃纤维布及轮胎帘子布等。近年来喷气织机的适应性更强,既能生产细号薄型织物,也能生产粗号重厚织物,如美国应用喷气织机生产各式牛仔布,中国也进一步投资喷气织机生产化纤织物。

喷气织机有许多优点,但过去由于射流技术的限制布幅很难加宽,经纬纱颜色的变化也受到限制,使喷气织机的适应范围较窄,只能生产一些简单的重厚织物。1981 年以来喷气织机得到了快速发展,如布幅、车速、织物品种适应性、颜色、自动选纬及生产效率、产量等。由于接力辅助喷嘴技术的解决,使布幅可达到剑杆织机的布幅宽度,多色引纬问题也已解决,已有 8 色、12 色引纬。

一、多尼尔公司的喷气织机

大约在半个世纪的时间里,德国多尼尔公司一直是织造技术的领先者,其织机具有许多重要的改进及技术专利,不仅对机器制造本身进行改进,而且对最终产品及生产工艺也有不少改进。多尼尔公司的喷气织机及剑杆织机已发展到很高的水平,目前可生产家纺织物、服装用织物及技术纺织品等,该公司正努力使喷气织机能适应更多的产品。

1.多尼尔新研制的 CLS(Concept Loom Study)系统,应用于特种织机的主传动及控制系统。新的主传动系统叫 SYCRODrive,是一项专利,主要用于多臂织机的开口运动,使织机运转速度稳定。该主传动系统的主要特点是能使均恒大惯性的喷气织机的回转速度高,从而使产量比普通喷气织机增加 25%,还可节能、减少机器开口零部件如轴、综丝、停经片等的磨损,并延长传动轴及多臂机构的使用寿命。CLS 还具有电子控制及信息技术 ERGOWeave,它是通过触摸屏显示各种信息,是一项新技术,可控制喷气织机的喷气量。

多尼尔所有展出的喷气织机都是重新设计的,有伺服压力控制体系(servocontrol presure),具有半自动的功能控制与引导纬纱在主副喷嘴组作用下的运动,从而提高了喷气织机的适应性,满足将来引纬系统的需求,并使多尼尔喷气织机的产质量得到进一步提高。

2.在 2007 慕尼黑及 2011 巴塞罗纳 ITMA 上展出的多尼尔喷气织机大多应用了这项引纬新技术,不需要任何压力储备。这项新技术还可应用于弹力纱、花色竹节纱、低捻纱等的织造,可实现大循环的图案,用于家纺及服装衣料的织造。目前喷气织机的产质量已达到较高的水平。表 7-2-1 为多尼尔喷气织机。

表 7-2-1　多尼尔公司展出的喷气织机

机型	开口形式	纬纱颜色	织物宽度/cm	引纬率/(m·min^{-1})	织物种类
AWS4/E	凸轮	4	400	2 100	双幅牛仔布
AWS4/E	凸轮	4	200	1 325	输送带
AWS4/L	简易纱罗装置	2	540	2 015	数控印花及加固织物
AWS8/j	bonas 提花	——	180 机幅	——	标签
AWS8/j	bonas 提花	——	150 机幅	——	标签
ATSF8/J	Bonas 提花		260 机幅	——	毛巾
LWV6/J	Bonas 提花		150 布幅		up
AWSE8/E	G-B 凸轮		320	——	装饰织物
CLS	多臂	8	190	1 750	男外衣料
STSF8/J-TERRY	提花 6 144 钩	8	260	1 720	毛巾、浴巾布

特别是新型辅助喷嘴及 TANDEMPLUS 主喷嘴的应用,使新型喷气织机的耗气量比普通喷气织机可减少 28%。新的引纬纬停传感器 Slim Throughlight Sensor(STS)的应用是基于轻微光原理,使运转性能好、质量稳定。即使采用的纬纱是黑色的并且纱的线密度为 8.9 tex,其运转性能及产品质量都很好。这个装置可以在筘上移动到任何地方。

3.多尼尔喷气织机的布幅已由 400 cm 增加到 540 cm,提花机或普通多尼尔喷气织机可应用 8 色引纬,也可有 12 色引纬。根据不同的需要,多尼尔喷气织机可织造家用织物、服装用织物及产业用织物。

4.CAM-El 喷气织机主要用于生产中厚型产业用织物,具有很宽的纱罗边结构,新的生产纱罗织物概念的喷气织机是应用特种电子凸轮系统及独特的技术完成的。筘幅为 220 cm,机器包括先进的通讯软件,使织机具有很好的运转性能,检测并收集有关运转数据。

二、日本津田驹公司的喷气织机

日本津田驹公司展出的喷气织机都是先进的 ZAX 系列,该系列喷气织机可生产普通服装布、高级羊毛织物、用于做衬衫的织物、高密织物、重厚型牛仔布、高号细薄织物、玻璃纤维织物、工业用布等。在长期制造喷气织机经验的指导下,津田驹公司根据生产不同产品的要求可提供不同技术的喷气织机。图 7-2-1 为日本津田驹公司的喷气织机。

1.生产优质被单织物的织机速度可很高,产量也高。喷气织机上的一组喷嘴具有足够的动力完成引纬任务,机器上设有新的自动引纬控制系统及双经轴送经装置,用于超高速生产被单织物。

图 7-2-1　日本津田驹的喷气织机

2.津田驹公司具有丰富的喷气织机生产毛巾的经验,津田驹 ZAX9100Terry 喷气织机是专门生产毛巾的织机。该织机在织造速度、品种适应性、产品质量、节能及操作性等方面都具有特别的优势,使用户十分满意,特别是在节能方面。

3.Versa-Terry 系统与津田驹 ZAX9100-Terry 毛巾织机的技术连成一体。津田驹公司生产多个系列的织机,它特别发展了织造毛巾的新技术,可生产多品种的毛巾。表 7-2-2 为津田驹喷气织机的参数。

表 7-2-2　津田驹喷气织机的参数

型号	开口型式	纬纱颜色	布幅/cm	织物种类	速度/(r·min⁻¹)
ZAX9100-190-2C-05	积极凸轮	4	176	染纱衬衣布	1 900
ZAX9100-Terry-260-8C-D20	电子多臂	8	248	浴巾(三拼)	
ZAX9100-210-6C-D20	电子多臂	6	190	高级衣料	
ZAX9100-340-6C-J	电子提花	6	325	装饰布	

三、必佳乐的新型喷气织机

必佳乐展出的新型 OMNI 系列喷气织机已有半个多世纪的历史和经验,现在大约已有 11 万台的必佳乐喷气织机在世界各地的 2 600 个纺织厂运转。OMNIplus 型是必佳乐喷气织机的标准型。必佳乐喷气织机的设计主要有三个基本规范:要具有高的性能、高的织物质量及全模块化的设计。所有的机件都经过了优化,以提高织机速度,降低噪声,提高运转效率。而且 OMNIplu800 喷气织机(见图 7-2-2)的功能完善,生产的织物质量很好。这种织机是全新设计的,能保证正常稳定的运行。

图 7-2-2　必佳乐 OMNIplu800 喷气织机

1.织机的电机由计算机控制,不需要变频调速装置,因此减少了能耗,并具有极大的灵活适应性。经优化的织机速度能适应纱线质量、纱线根数及纹织图案的要求,因此高速度也可保持对低强纱及复杂图案的检查。

2.模块化技术的应用使 OMNIplu800 喷气织机具有许多独特的优势,可减少织机的停台时间。如自动寻纬系统,快速换品种及换经轴系统(QSC),快速组装机器,快速安装经轴及布辊,迅速地从左右两侧改变布幅,应用微处理机可节省确定梭口及布边占用的时间。所有这些都节省了高速织机的停台时间,提高了生产效率。OMNIplu800 喷气织机设计采用了各种模块化技术,如固定式及移动式主喷嘴就是模块化设计,使纬纱通道增大。

3.快速换品种及换经轴系统(QSC),仅用一人在 30 min 内即可完成。可完全以经轴、后梁及支撑臂、经停、吊综装置及钢筘等取代后部的有关零部件,在更换经轴前所有的准备工作都事先在布机车间外做好。快速换品种及换经轴系统(QSC)具有以下优点:织机的停台时间很短,用工少,产品品种适应性好。

4.OMNIplu800 喷气织机的零部件都制得十分平衡,使喷气织机的速度可开得很高,优化了织机的速度。新的吊综系统由铝材制作并以碳纤维加固。SUMO 电机直接传动主轴,使织机的运转无偏差。

5.OMNIplu800 喷气织机的电子控制系统对提高产品质量有很显著的作用。以往为了提高织布的质量,在织前由人工进行细致的准备工作,既耗时又费工,也很困难。现在电子控制系统可快速且容易地完成织前准备工作。

6.由于采用计算机控制,可容易且快速地对机器及工艺进行调整,甚至可在机器运转时在线进行各种调整,如:可自动设定引纬速度,也可调节机器的转速,以优化产品质量。同时,在屏幕上可直接自动显示出经纱张力、引纬密度等。

7.由于模块化技术在开口系统上的应用,凸轮、多臂及提花等开口机构可在不同情况下更换,从凸轮改变到多臂及发展到提花开口形式都没有任何问题,机器的上部都很相似,可根据需要选择凸轮、多臂及提花等开口机构,更换很方便。

8.TERRYplu800 毛巾织机是必佳乐新研发的喷气织机,用于生产各种高档毛巾,是轻型织机,独立的织物织口机可快速而精确地形成毛圈,优化的引纬准备可引 8 色纬纱,新设计的辅助喷嘴及阀门具有高性能,经轴及布辊都可快速地更换品种而不需要任何工具,布幅的改变既简单又迅速。应用 SUMO 主电机直接传动,对于一些标准设计具有很好的适应性。可采用多臂或提花开口装置。

表 7-2-3 必佳乐喷气织机参数

型号	开口形式	纬纱颜色	布幅/cm	织物种类
OMNIPIUS 800 4-190	凸轮	4	150	衬里布
OMNIPIUS 800 2-p340	凸轮	2	320	被单布
OMNIJET 800 4-p190	凸轮	4	169	牛仔布
OMNIPIUS 800 4-220	多臂	4	220	汽车用布
TERRYPLUS 800 8-j260	提花	8	235	毛巾
OMNIPIUS 800 4-j190	提花	4	190	衬里布
OMNIPIUS 800 4-j250	提花	4	250	床垫布

9.必佳乐喷气织机应用了信息通讯技术,有新式的 MAN-MACHINE 人机界面,是 OM-

NIplu800 喷气织机上的主要元件。新界面的特点是无线信息的传递及转发系统,还设有远红外通讯通道,与中央计算机快速连接。增加了触摸式全彩色屏幕及人机对话技术,这种控制与显示技术使必佳乐喷气织机成为网状通讯的现代化高设备。

四、意大利斯密特公司的 JS900 型喷气织机

JS900 型喷气织机采用了模块化结构的设计,可满足许多先进的性能要求:高生产率、高稳定性及织物高质量等。机器的特点:有在筘座停止时的自动寻纬系统,布幅为 1.7～3.8 m,6 色引纬;高效直接主传动以保证高生产率,高织物质量及低能耗;主辅喷嘴的气流都由计算机控制,不仅喷气及时、喷气量足,而且耗气量低。

喷气织机已取得了很大的进步,机上有许多计算机控制的自动监控系统,使织机速度、效率、生产率、产品质量及能耗等都大幅改进。大约有 50% 的喷气织机已装有电子提花装置及电子开口机构。从轻薄到重厚的织物、从平纹布到装饰布、从宽幅织物到带子织物,纱线从短纤纱到长丝纱作纬纱,纬纱可有 6、8 及 12 色等,已显示出对产品品种的适应性。喷气织机还将继续发展,将成为世界上第一流的织机

五、无吊综机构的喷气提花织机

瑞士一家专门制造窄幅织机的纺织机械厂——JAKOB MULLER 研发了 MDLA-115 型喷气织机,这是世界上第一台生产高质量提花式样的剪边标签织机。这项技术享有全球的专利且已注册登记,已代替一般的提花织机织标签,它是采用无吊综机构技术的提花目板及收缩弹簧完成开口运动的。对纬纱的主引纬、辅助引纬及对前、上经纱上的通道设计都很简单,纬纱可有 8 种颜色,可按图案选用,应用的纱线范围很广。在高速引纬时对纱的质量要求高,对每根经纱的控制及色带、织物组织的编码控制等都是这种新型喷气织机重要的应用特点。

第三节 现代化剑杆织机的发展

在 2007 慕尼黑及 2011 巴塞罗纳 ITMA 上展出了许多高速织机,其中剑杆织机展出的数量最多,特别是柔性剑杆织机数量位居第一,喷气织机居第二位,其他还有片梭织机、圆织机等。这些高速织机的主要共同特点有:减少了停台时间,改善了织物手感,能耗低,运转性能稳定,废纱少,快速换经轴及品种,零配件消耗少,维修简单及使用寿命长,产品的生产简单及适应性好,可根据市场需求高效率地快速改变产品。这些特点在织机内外应用了计算机及在线电子通讯等先进的微电子技术后已取得很大的发展,使普通的织机更为简单,功能更好、更精确,机器性能更好。

剑杆织机的品种适应性好,它可适用于任何规模的企业(小到只有 1 台织机),应用任何纬纱,可生产各类织物,并且多年来在应用电子计算机等先进技术方面连续地取得进展,使织机性能不断改进。许多剑杆织机已应用 16 色纬纱选纬,不仅可以织制高级的羊毛、棉、人造纤维、丝、麻织物,而且还可织制花色纱织物,在优化机器性能后还可织制金属线织物。因此,剑杆织机是目前世界上两种流行的织机之一。在一些不发达地区还可应用剑杆织机替代有梭织机,提高企业的生产水平,非常灵活机动。在欧洲也有按织布厂的要求专门生产织轴的工厂向剑杆织机织造厂供应所订织轴,使剑杆织机普及得很快。

一、必佳乐公司的剑杆织机

必佳乐是制造剑杆织机及喷气织机的主要公司之一。必佳乐采用了模块化设计,不同的织机可采用同一种开口机构,而不管布边组织如何不同或是多轴织造、平布边或网状布边,可以将凸轮箱改成多臂或提花,可根据市场短期的需求变化而改变。

必佳乐剑杆织机的特点是从织造开始到结束可完全控制引纬动作,并可连续地在最佳条件下引纬,而且在高速条件下使纱的浪费最少,保证最佳的织物质量,能耗低、效率高。必佳乐的剑杆织机的特点如下:

1. 优化开口的几何尺寸及夹纱器引纬或无飞行引纬系统,当织机速度达 1 700 m/min 时,也可以很好地完成引纬。

2. 在引纬侧装有荧光显示屏及人机对话板,可很方便地通过键盘设定、查看工艺及生产动态情况。

3. 筘幅有 190、210、220、230、250、300、320、340、360、380、400、430 及 460 cm。

4. 电子设定开口工艺。

5. 幅宽调节方便。

6. 应用 SUMO 电机直接传动主轴。

表 7-3-1 为必佳乐剑杆织机的参数。

表 7-3-1　必佳乐剑杆织机参数

机型	开口型式	引纬颜色	布幅/cm	织物种类	引纬率/m·min^{-1}
OPTIMAX8-R340	电子多臂	8	340	薄型花色	1 700
OPTIMAX8-190	电子多臂	8	190	衬衫布	根据织机及风格
OPTIMAX4-R360	电子多臂	4	360	牛仔布	阔幅
OPTIMAX4-P460	凸轮	4	460	涂层布	
OPTIMAX8P250	凸轮	8	250	薄纱布	
OPTIMAX12-J190	电子提花	12	190	女式外衣	
OPTIMAX6-R220	电子多臂	6	220	精梳羊毛布	
OPTIMAX6-R190	电子多臂	6	190	衬衫布	1 000 m/min

二、多尼尔剑杆织机

1. 多尼尔织机具有独一无二的优势,其剑杆织机和喷气织机在市场上都很受欢迎。这两种机器虽然引纬方式不同,但都很坚固,且采用模块化结构的设计,其电气、运转及维修都一样,机器都是标准化的,效率高及运转费用低。通过简单的改装可扩大应用范围,减少零部件库存及资金。在多尼尔剑杆织机(见图 7-3-1)上引纬张力低,可适用于各种纱线的织造。

2. 多尼尔剑杆织机采用的是刚性剑杆,因此在织口中不需要导向元件,从而保证了经纱具有柔和的手感,尤其是长丝纱。许多产业用纱线在织造时需要低的引纬张力,特别是要求没有张力峰值。

3. 多尼尔展出的新型 PTS 剑杆织机可以织出高质量的织物,从衬衫布到装饰用布都可织造。新的多尼尔剑杆织机可按照市场需求快速地改变品种。

图 7-3-1 多尼尔剑杆织机

4.多尼尔剑杆织机应用各种不同的纱可生产出一流的高质量织物。新推出的带有 PTS 机构的多尼尔剑杆织机可满足较高的需求,如剑杆织机许多性能的结合可使织机的生产率达到高水平,而且使织机具有较高的适应性、灵活性。多尼尔 PTS 型剑杆织机是织机改进的方向,使市场竞争能力增加。

5.1967 年剑杆织机以无可比拟的产品质量问世,经过不断的发展,剑杆织机在引纬系统、中心纱线传递系统等方面有了很大的进步。多尼尔的 PTS 型机构可装在凸轮、多臂及提花普通织机上,幅宽在 150～430 cm 之间,应用范围很广,可用高质量的长丝织造高档装饰布,以 16 色纬纱、20 000 钩电子提花及粗号纱织造涂层布,经纬密为 0.5 根/cm 或更少。多尼尔剑杆织机见表 7-3-2。

表 7-3-2 多尼尔剑杆织机

机型	开口系统	纬纱颜色	织物幅宽/cm	织物种类	引纬率/(m·min^{-1})
PTS 16/J	电子提花	16	180	高质量装饰布	875
2T.-PTS12/L	电子多臂	12	190	装饰布及色差布	700
PTS16/S 20	电子多臂	16	190	衬衫布织标签布边	975
PTS2/S 20	电子多臂	2	180	防弹织物	800
PTS8/j	电子提花	12	190	装饰/服饰布	——

三、意大利斯密特(SMIT)剑杆织机

斯密特(SMIT)公司的剑杆织机具有以下特点:

1.新系列剑杆织机有可织平纹及毛圈织物的织机,如 GS920、GS920F、GS920T 等。将 HW 及 SW 联合,扩大了机构的特性;从主传动伺服电机可优化能源消耗及具有较大的扭矩,使在任何技术应用上都能保证很好的织物质量。应用计算机可控制对纬纱的管理、开口运动及各种织造辅助功能,扩大了电子应用平台与模块化设计的联合,特别是在代用品方面。应用 CANBUS 软件分系统可将内部及外部连接起来。

2.人机工程设计可很方便快速地设定各种生产工艺参数及对机器运转的保护。尤其是 920 系列织机上更为显著。SMIT 纺织器可发现织物底部的损坏及对开口运动的监控,双向直接传动可根据不同的要求实现以多功能的特点对终端产品的适应性。

3.SMIT 的最新产品 GS920 型剑杆织机通过对纱线负荷的控制,可保证优质布的质量及生产率,并形成高的引纬率。

4.GS920F 型剑杆织机是专门用于织制毛巾的,机器设计制造得坚固耐用,使织机通过计算机的应用及一些改革达到很好的费-效比。同样的模块化概念使 GS920T 型剑杆织机具有更广泛的功能选择及方案以用作产业用织物的生产。

5.SMIT GS920 型织机系列还有如下特点:

(1)有对织机织造功能的控制(引纬管理、开口运动及其他辅助功能)。

(2)全新的触摸屏监控作用采用 12.1TFT 技术,开放体系标准的 CANBUS 规定 USB,内部无线软件的界面。

(3)织机机构坚固,机器重量的分布使其在减少气动负荷的前提下十分稳定及高效。新的产品质量保证体系可扩大产品范围及可织造性,使投资回报周期加快。

表 7-3-3 为斯密特剑杆织机的型号及参数。

表 7-3-3 斯密特(SMIT)剑杆织机

机器型号	开口形式	纬纱颜色	织物布幅/cm	织物种类
GS920-S360N 12SP	电子多臂	12	332	高级屏幕布
GS920-S200N 8SP	电子多臂	8	194	时装面料
GS920-B260F 8J	电子提花	4	239	毛巾布
GS920-B220N 8SP	电子多臂	4	182	高档牛仔布
GS920-S190N 12SP	电子提花	12	182	纯丝围巾
GS920-S260 T 8J	电子提花	12	250	汽车安全气囊
GS920-W 220N 8 SP	电子多臂	6	180	男式羊毛外衣布

四、舒米特(SOMET)及万美特斯(VAMATEX)的新型剑杆织机

舒米特及万美特斯是意大利两个较大的剑杆织机制造公司,这两家公司的剑杆织机成功之处是在所有部分都提高了生产织机的标准。PROMATECH 织机的许多改进及发展是加强及提高了原来就很好的多功能性的特点(如 SOMET ALPha PGA)及优越的性能(Vamatex silver HS and silver Dynaterry),并提高了产品质量,降低了能耗。

SOMET ALPha PGA 剑杆织机可用各种纱织制很多种织物,采用新的 PGA(积极夹持器靠得很近)引纬系统,具有高效、多品种及易于操作的特点,应用各种纬纱可生产许多品种的产品。

ALPha PGA 在高速下可生产提花织物,车速达 1 400 m/min,9 600 只提花钩。silver HS 剑杆织机的特点是对一些部件作了改进,使剑杆织机的性能有了提高,运转速度为 750 r/min,机幅为 1 900 mm,可生产高质量的衬衫布。

五、在巴塞罗纳展览会上的其他新型织机

1.万美特 silver Dynaterry 毛巾织机是世界上比较成功的织机,该机采用了电子经纱张力控制系统。展出时生产高质量的毛巾。

2.ALPHA PGA 剑杆织机是具有特别功能的织机,它的引纬能力很强,可应用的纬纱范围很广,主要是由于它采用了 PGA 引纬系统(积极夹纱法)。展出时生产女式服装面料,机器运转效率高,易于操作。Somet ALPHA PGA 剑杆织机具有坚固耐用的机架及有关零部件,在巴塞罗纳展览会上展出时有两种型式的提花机构:一种是 STAUBLI 暗箱,生产家具装饰用

布,引纬率为 1 400 m/min,机上装有 9 600 只提花钩;另一 种是在一间小房间里运转的,有许多特别的结构,引起了参观者的关注与兴趣。

3. 万美特银色剑杆织机 SILVER-HS 是"echotronicsan"的新发展,不仅是当代世界上具有高性能的剑杆织机,引纬速速可达 1 900 m/min,机速 750 r/min,而且可生产出高质量的衬衫面料。细心地控制织造中的纱线质量,可进一步发挥其独特的潜力。机器的心脏是驱动系统,通过驱动系统可进一步提高运转效率及产品质量。

万美特银色剑杆织机 SILVER-HS 的提花机构 BONAS 箱表明,SILVER-HS 剑杆织机具有很大的生产能力,而且产品质量高。该机的提花机构在 LGL 箱中,FTS 没有带式导纱钩,而是以一个多功能高产复合机构所代替。

4. 万美特银色剑杆织机 DYNATERRY 织造的毛圈布是世界上流行的一种服装面料。其机器精致的设计使复合机构应用了新的经纱张力控制电子技术。展出的织机表明其具有很大的发展潜力,可生产高质量的毛巾,设计不同的布边及不同的结构(毛圈高度及松软度)。

5. P7300HP 型剑干织机。在 ITEMA 展会上有 4 家展商展出了新型的剑杆织机,其中有三种主要引纬系统,展示了 6 台高科技织机,可用来生产各种高级时装面料及特种工业用布。

在这些机器中,SULTEXPROMATECH 公司的 P7300HP 高性能剑杆织机比较先进,主要用来织造产业用纺织品,特别是土工布。P7300HP 在第一次展出时就是生产产业用纺织品,可以认为 P7300HP 是一种很理想的生产产业用纺织品的剑杆织机,特别是用它加工生产土工布。

(1)P7300HP 高性能剑杆织机具有很成熟的引纬技术,适于任何原材料的纬纱,比任何其他剑杆织机的速度高 20%,可优化运动的程序直接使剑杆加速,最大引纬率达到 1 570 m/min。

(2)不论短纤维纱、长丝或线带,也不论是简单的标准织物、时装面料、阔幅及重厚产业用纺织品等,P7300HP 高性能剑杆织机都可以生产。近 10 年来,剑杆织机已生产了无数的产业用纺织品,从细薄的过滤布到高密织物,以及特别的抗撕裂织物如气球及极重的复盖织物,都具有很高的质量。

(3)全世界许多国家、地区的纺织厂都采用剑杆织机生产牛仔布,并有了很大的发展,也有用于织制大的聚丙烯袋及土工布等,P7300HP 型剑干织机在产品质量及经济上都优于其他同类织机。

(4)成熟的技术设计及与电子计算机的结合,使 P7300HP 剑杆织机具有多功能及对品种的快速适应能力,这是 P7300HP 高性能剑杆织机成功的因素。它可以织制像屏幕那样的阔幅织物,此外,该机占有空间少,而且节能。归纳起来还有如下特点:①所有的织造系统耗能低;②应用集圈织边技术可不要织造系统;③有快速更换经轴及品种的系统;④零部件消耗低且维修工作量小。

(5)P7300HP 高性能剑杆织机具有多功能性,织机应用不同的附件可生产不同的品种,以满足不同的需求。配以新的结合件可使织机的功能得到改进,在机器运转时新的传动机构可节省动能,不论是装有 18 页综或 14 页综的多臂开口都很方便、快速、容易。

(6)P7300HP 高性能剑杆织机可生产高质量的提花布。在维修及服务方面,P7300HP 剑杆织机建立了新标准,易损机配件更换及加油的周期都很长;机器十分稳定,具有很好的费-效比;通过合理的计算可减少润滑费用。

(7)传动部分是低维修量的永久性润滑的球形轴承,有助于品种的更换及高度的灵活性。

P7300HP 剑杆织机上还设有防止灰尘飞扬的机构,保持机器的清洁。织机上还特别装有安全系统,可防止人身伤害及机械事故。新发展的 P7300HP 剑杆织机需要进一步研究减少维修与服务的工作量,实现维修与服务工作的自动化。

6.中国经纬纺机公司在 2012 上海 CTMTC 上展出了两台最新的剑杆织机 JWG1726 及 JWG1726J,性能很好,机上配有完美的高性能电子控制系统,机器结构稳定,紧凑的智能运转反映了机器的设计先进性,还具有低能耗、易维修、经济性好、生产率高的特点。引纬率为(1 104~1 196 m/min),布幅为 190~230 mm,机器具有很好的适应性,可生产高质量的布。JWG1726 及 JWG1726J 适于织制各种轻、中、重织物,如丝、棉、毛、亚麻、苎麻及人造纤维等织物。展出的两台剑杆织机都是电子多臂,8 色引纬,短纤纱号数为 5~500 tex ,长丝纱号数为 1.7~380 tex,织物面密度为 20~600 g/㎡。织造引纬率高于 1 000 m/min、品种适应性好,可织造细薄织物、中厚织物及重厚织物,可加工丝、棉、毛、亚麻、苎麻及人造纤维等织物,筘幅有 190、210、220、230、250、300、320、340、360、380、400、430 及 460 cm。现在,一般在剑杆织机上都配有各式电子控制系统。自动控制水平高,产品质量高。剑杆织机是目前发展数量最多的机型,但车速要比喷气织机低许多。从长远看剑杆织机的发展将落后于喷气织机,但在一个相当长的时间里剑杆织机将作为取代有梭织机的机型。

在 2007 慕尼黑及 2011 巴塞罗纳 ITMA 上展出了许多新型剑杆织机,引纬已达到 16 色,开口形式有凸轮、电子多臂及电子提花等,都配有经纱张力控制系统,机器能耗低,维修方便,引纬率高。

第四节　喷气织机的纺织工程
数字网络信息化管理技术

一、必佳乐喷气织机的纺织工程数字网络信息化管理技术

纺织工程数字网络信息化管理技术是必佳乐喷气织机的新技术,已经在纺织工程上得到广泛的应用。织造工程数字化管理是电子计算机对纺织工程进行高科技、高速度数字化管理的典范,这种管理已实现三级数控管理,使织造工程数字化管理步入到一个全新的阶段。

我国"十二五"科技发展规划中明确指出:推广应用面向生产制造层面的制造执行系统(MES)、自动监测和动态精细化管理系统,以企业资源计划系统(ERP)为核心的信息系统的集成应用。利用新一代信息通讯技术,特别是物联网技术,在纺织行业生产制造、供应链环节推广使用条形码和射频识别(RFID)技术,初步建立面向国内主要纺织专业市场的电子商务公共服务平台体系,面向供应链和行业宏观决策层面的纺织宏观经济决策支持和知识库系统,在提升纺织行业信息化应用水平时,首先是从织造工程数字化管理实现三级数控管理做起。因为织造工程数字化管理早已在我国一些地区和工厂应用,主要是二级管理技术的应用,织机本身的信息以及与工厂信息中心的信息网络中心的联系,但总的说来在我国推行三级信息联网特别是与乙太联网还需要进一步提高认识,提高对信息化管理能为企业带来重大收益的优势的认识,使企业能积极主动地投入到推行信息化数字管理的活动中,尽快实现三级信息联网。

织造工程数字化管理的最大优点在于应用方便,易于数字传递及精确的数字变换贮存以利于重复应用及控制,数字化可以使用电子学方法对机器所有的工艺参数进行优化设计,以保

障设定的织造技术在生产中成功。织造工程的数字化管理包括：

(1)经纱张力的设定及控制；

(2)纬密的设定及纬密变化的设定；

(3)机器速度及速度的改变；

(4)对织物地组织、布边组织、开口闭合时间的确定；

(5)设定主辅喷嘴的开闭时间。

二、微电子技术与数控新技术相结合的应用

应用电子计算机设定机器的速度及开口装置的开闭时间是必佳乐新型织机的独特技术；应用特殊的新型传动技术SMNO的优质电机直接传动织机，而不需要离合器制动机构及传动带等。这是在工业领域里应用闭路电路的新技术，是微电子技术与数控新技术相结合的应用。

三、织造工程织机通信网络中心

以必佳乐织机为例，必佳乐织机的主要自动数控功能体现在终端，它可以处理大量的每天在运转中发生的生产问题。为此，需要建立完善的信息传递系统，从单一机台的生产状况到全车间甚至更大的织造范围的生产状况的信息网络，形成织造工厂的信息网络中心。

数字化自动控制的最大优点是可改进各种级别的信息传递的可操作性，以增加机器运转性能及运转效率，进一步减少人工操作范围，使织造效率及产品质量得到保障与提高。

在减少人工操作及机器的维修时间上，可在机器右侧屏幕上显示出准确的信息，如设定有关指令或技术要求等。

质量保证由机器监控系统及信息系统组成，将织机上存在质量问题的部位在终端显示出来。

重复出现的信息，经终端显示器显示对机器更有作用，可快速可靠地反映运转的各种问题，可以系统地、更可靠地编制生产计划及工艺技术的设置。

四、网络信息通信三级管理

人机对话、织造工厂信息传递系统及全局级信息传递网络系统三个级别信息之间的相互关系为：首先是机器的终端显示，其次是应用输送卡及红外线系统显示全天的运转状况，通信系统经过与数字处理机将各类信息加工后可提供比较系统的、少而精的信息。这种从局部或单机得来的经过加工处理的信息是十分可靠的，被送往全局级信息网络中心。网络信息通信三个级别的信息管理包括：

(1)人机对话：在机器上直接快速完成各程序的人机对话；

(2)织造工厂信息系统：从信息中心向每台织机传送信息，并实现双向通信；

(3)全局级信息网络：实现关于织机应用及伺服的人机对话网络，完成信息的反馈——机器运转状况及伺服信息发生的原因等。

五、全部机器的通信网络

1.服务中心的信息网络中心是较高级别的，是一种"以太局域网"(ethernet)十分有效的标准网络体系，用于织布厂确保高速度信息数字的交流，机器与信息中心的正反双向信息传递

及服务。这是织布厂一级信息传递的主要基础。

2.第二个通信级是织布厂与外界通信,其罗辑基础是交互式网络。这种联接方式不是用于互换信息,而是用于为第三级通信级服务。如必佳乐或其他公司与用户之间的联系,这种联系方式十分简单,称为"计划服务系统",简称PSP。

六、人机对话以及与乙太网络的联接

1.计算机网络终端以彩色荧屏显示系统工作,高清晰地显示各种信息及临界值。可直接与运转设备的信息联接,应用触摸式荧屏代替各种键盘式操作。它有三种逻辑通信联接:

(1)通用及连续性线路:可大量与各种应用信息系统联接;

(2)无线或红外线通信系统,可进行远距离信息系统联接;

(3)转发器传送信号用于识别及调整控制。

2.人机对话以及与乙太网络联接的功能如下:

(1)应用终端可与乙太网络(ethernet)相联接,可作为织布厂的一级转发器系统,是坚固耐用的便携式小型微电子卡片。这种方式主要用于无线联接式产品及用户识别功能,也可用于监控机器设置,作为完全专用的工具使用。每张卡片可用于读写程序,或输出每个性能的信息。此外,每个程序卡也可非程序化。

(2)红外线通信系统为手提式数字辅助系统(PDA),配有必要的软件以建立免卡式的终端联系系统。这种通信方式为双向式,可在PDA中进行数字加工、贮存并转输到机器上作为辅助通信方式。这种系统可用作处理机器参数的设定或替代软件。数字辅助系统PDA还有一些新用途,如用于任何时间的再编程序等。

3.一般局部通信联系都是通用的连续联接,有一定数量的线路使机器终端与通信系统相连接,如应用数字式摄像机检测疵点,以减少疵点数,自动摄像机可发射和接收在线的各种数字,使人机对话形成万能式,具有很大的应用潜力。

七、乙太网络

织布工厂的通信可达到很高的程度,只在软件上存在区别。通信将呈指数状增加传递量。为满足大容量数字传递并与机器相连接,必佳乐公司选择乙太网,应用于织布工厂的网络系统。

目前以太网已取代一般网络,由于乙太网是一种高效的工业标准化网络,也可以作为办公用系统的网络系统。这种网络的通道更为简单,因此这种网络的应用范围很大。全局级的信息网络包括:

(1)通过机器终端滚动显示出机器内部的运行情况;

(2)不经过伺服系统,两台机器之间可直接通信;

(3)可进行产量监控;

(4)供应商可从零件报价等各个阶段,向用货单位报告并发出信息;

(5)修机工在通信目录上详细查询,当指令已向供货单位发出信息后,所需配件即可向织布厂提供进货,以确保正常进行机器维修。这种系统的最大障碍是供应商与织布厂之间大量的文件信息来往所占用的时间太多,要减少;人机对话的条件要足够,织布机修理工需要直接从供应商那里得到有关供应的零配件信息。

八、网络改进

必佳乐公司对 ASP 网络进行了改进，ASP 网络可应用于一定数量的公司，虽然几个公司都可应用同一软件网络，但每个公司都储存自己的软件。

供应商具有一个或多个相同的网络，可以在网上查找，或者与机器供应商在网上见面。通道大多用于交互式网络，还可扩大到大多数织布厂与供应商之间的联系，应用领域还希望得到市场信息反馈等。

九、服务程序

服务程序的循环包括在同一供应商之间的信息储存及指令的管理。在普通的周期中机修工可以通过机器显示系统看到零件的产品目录，并可直接查出所需要的零件是否有备货，假如没有，可以在网上咨询所需零配件价格及交货情况，供应商可提供有关数据。

最后，机修工根据机器自动显示系统的情况，预订及指示所需的零件，通过对话联系可直接接受供应商的供应。这种完全的联系过程包括机修工对需要的机器配件自动显示，再通过机器自动显示系统预订及指示所需要的零件。经过供应链直接接受供应商的供应，这种完全的联接系统包括织布厂对机修工与机器自动显示部分实现人机对话，从而显著地减少了整个服务过程中的额外经费，也缩短了供货时间。这种供应模式可扩大到许多织布工厂与供应商之间的网络联系过程。

十、织造工程的三级电子信息管理

1.电子计算机对织造工程的三级管理不仅对织造工程的生产技术运转管理带来了方便，而且加快了织造工程的数字网络信息的传递速度，是现代化高科技工程技术的管理手段。相信在不久的将来，全部纺织工程、市场贸易、原材料供应、纺织配件供应及纺织产品的流通将会形成完整的电子计算机数字网络管理的高科技信息传递体系，加快信息交流及物流速度，更有助于产品质量的提高以及产品品种的开发与衔接。

2.电子计算机对纺织工程的三级管理是实现纺织工程现代化的重要标志之一。在我国实现现代化强国的目标中，要把电子计算机对纺织工程的三级网络信息管理作为重要的目标之一。

第五节　我国要加快无梭织机化的进程

关于我国布机的更新改造问题提出以下建议：

1.在 10 年时间内把我国现有的 1511 系列等有梭织机全部或绝大部分以国产剑杆织机按生产能力予以更新改造，可采用小型企业贷款方式解决所需资金问题。

2.为了配套新的剑杆织机，供应织轴的生产厂的厂址选择、产量、品种等要确定。

3.筒子纱由纺纱厂供应。

4.应用电子计算机对这样的纺织工程实行三级管理，是再好不过的。事先签订好供需协议，双方开始按协议进行三级管理供需活动。

5.除了要对规模以上的企业进行配套改造外,对于单织厂要进行无梭化更新改造,实现织机无梭化。

6.以地市为单位建立有梭织机无梭化的领导机构,领导专业培训及协调解决有关问题,或称集团公司。

第八章　国内外纺织专件和器材的发展

棉纺织厂的纺织器材及专件与纺织设备在近30年来相互促进及影响下,有了很大的提高,也正是由于纺织器材及专件的发展进步,才保证了棉纺织技术的迅速提高,进一步提高了纺织产品的产量及质量。纺织器材及专件在节约原材料、能源及电子网络方面也起着重要的作用,生产实践表明,纺织机械性能的好坏与所配用的纺织器材及专件性能的好坏是十分相关的,纺织机械的技术进步与纺织器材及专件的技术进步应该是同步的。事实上,不论是国内还是国外,纺织机械的技术进步都在很大程度上涵盖了纺织器材及专件的技术进步。相信棉纺织器材及专件在今后将会更快地发展与提高,以保障棉纺织技术的快速进步。

第一节　转杯纺纱机上的纺纱器(纺纱箱)

德国绪森公司所设计生产的纺纱器有 SE7、SE8、SE9、SE10、SE11 及 SE12,供给赐来福公司生产的转杯纺纱机;至今约有 240 万只纺纱器用于赐来福的 AUTOCORO 转杯纺纱机。

1.绪森公司设计制造纺纱器已有几十年的丰富经验,使产量提高了 20%～45%,目前仍在努力改进元件,以进一步提高转杯纱的性能。

绪森公司所提供的纺纱器包括与全新的转杯纺纱机匹配的小型 SC1-MOE,专门用于高速生产人造纤维(包括合成纤维)产品的 SC2-MOE。

绪森公司所设计生产的纺纱器是目前世界上高档转杯纺纱机配用的最成熟、最完善的纺纱器,这种纺纱器已单独供应市场。

2.赐来福公司在新型转杯纺纱机上采用了新型纺纱器 SE11、SE12。纺纱器是转杯纺纱机的心脏,也是提高纺纱能力及产品质量的基本保证。开松罗拉的外壳是由一具完整的无焊接材料制成的,使气流均匀,纤维进入转杯中,能纺出高度均匀的纱。此外,改进了转杯的排尘系统,使纱体外观高度净化,减少了纺纱断头,比普通转杯纺纱机减少断头 40%。AUTOCORO 312、360 转杯纺纱机,采用了磁性轴承,不需要任何附加动力或者压缩空气,新型的轴向轴承不需要维修及加油润滑,转杯在 15 万 r/min 的转速下正常运行不会出现任何问题。

赐来福公司生产的 AUTOCORO 288、AUTOCORO 312 、AUTOCORO 360 及 AUTOCORO 500 等转杯纺纱机,一直采用绪森公司的纺纱器(纺纱箱),因此纺纱速度高。AUTOCORO 312、360、500 等的转杯速度达 15 万 r/min,纺纱质量好,品种适应性强,堪称世界转杯纺纱机之最。

3.赐来福公司又选用了高性能的 SC 1-M 纺纱器,推出了 AUTOCRO 8 转杯纺纱机。其纺纱质量比以往更好,纺纱效率更高,转杯速度达到 20 万 r/min,是转杯纺的历史性突破!

4.瑞士立达公司采用了绪森公司的 SC-R 纺纱器,使其 R40 转杯纺纱机的转杯速度由

R20 的 13 万 r/min 上升到 15 万～16 万 r/min,伸倍数从 20 倍提高到 450 倍,可生产各种号数的纱,最低纺纱号数可达到 9.7 tex。

(1) R40 转杯纺纱机应用 SC-R 新型纺纱器的优点之一是具有调节"BYPASS"功能,可最佳地清除棉条中的杂质。"BYPASS"根据喂入原料的情况调节气流,利用杂质分离器使杂质充分分离出来。

(2)恒定不变的纤维喂入量保证了被梳理的纤维束是均匀的,从而显著改进了纱线质量。

(3)SC-R 纺纱器的一个特征是其开松罗拉的独特设计。与其他纺纱器的开松罗拉相比,SC-R 纺纱器的开松罗拉不被罩盖封闭,但为了满足环保要求,其开松罗拉是分档封闭的,消除了纤维在靠近罩壳附近积聚的现象。

(4)SC-R 纺纱器的其他部分也很优良,整体式开松机构沿着开松罗拉及纤维通道,很容易在运转的机器上拆下及再安装,外壳可以打开或将纺纱零件在机器以外进行检查,或者更换纺纱元件,所有这些工作都可快速完成。

5. 意大利萨维奥新推出的 FL3000 型转杯纺纱机也应用了绪森公司生产的纺纱器,其转杯速度也达到 15 万 r/min,纺纱质量好,品种适应性强,可加工生产短纤维、天然纤维及人造纤维纱等。该公司研制的新型 Flexible Rotors 3000 双面转杯纺纱机是当代比较先进的转杯纺纱机,机器上应用了高档纺纱器,概括起来有以下几个方面的特点:

(1)可满足纺纱厂快速改变品种,快速生产出满足市场需求的优质转杯纱,占领市场(可经常或阶段性改变纺纱器)。

(2)可满足纺纱厂小批量、多品种的生产形式,供应市场的需求(也要经常不断地更换纺纱部件)。使纺纱厂提高对市场需求的适应是参与市场竞争的一个重要方面。

6. BT923 半动自转杯纺纱机

BT923 半动自转杯纺纱机具有提高生产率的潜力,转杯速度为 11 万 r/min,输出速度一般可达到 200 m/min,全机有 360 个纺纱头,可获得最大的产量,生产同类型的纱比其他半自动转杯纺纱机产量增加 10%～15%。纺纱号数为 14.6 tex 以上。

7. 纺纱器是转杯纺纱机的心脏,研究及开发纺纱器是提高转杯纺纱机纺纱能力及产品质量的基本保证,也是提高纺纱品种适应性的关键。但到目前为止,国内还没有能生产与高性能转杯纺纱机配套的高档转杯纺纱器的企业,国外像绪森公司能生产 S11、S12 及 SC-R 纺纱器的企业也还不多。因此,我国要想加快发展国产高档转杯纺纱机供应国内外市场,必须在开发生产高档转杯纺纱器上下大功夫,尽早生产出国产的高档转杯纺纱器,为发展国产高档转杯纺纱机做出贡献。

第二节　紧密纺专件

1. 紧密纺纱技术对提高纺纱质量、增加经济效益具有很大的潜力,在保持一定的纺纱质量的前提下,可降低原棉等级及原料成本。此外,在应用相同原料又保持一定的成纱强力的前提下,可降低细纱捻度进而提高引出速度,增加产量。紧密纺纱还可替代普通环锭纺精梳纱,而纺纱质量基本相同。

2. 德国绪森公司在普通环锭细纱机上进行了改进,在前罗拉钳口线外加装了一套消除纺纱三角区的机构,有效地控制了引出纤维束的运动,从而纺出毛羽少、强力高、条干均匀的细纱。绪森公司的紧密环锭纺纱技术称作 EliTe。改装后的前上罗拉与输出罗拉形成一个整体，可一起拆装，这两组上罗拉由齿轮传动形成同步。加捻的张力使纤维组合达到理想的收缩，经过一对直径稍有差异的罗拉作用形成紧密纱。纤维从前罗拉钳口输出后，引出上罗拉（皮辊）与一异形吸风管形成控制区，每个锭位上都有一个条形吸口，起点离前罗拉钳口不远，终点在引出罗拉与异形吸管形成的钳口处。每个吸气缝隙均被特殊的"皮圈"所覆盖。这种皮圈由合成纤维长丝纱织造而成，每平方厘米内有 3 000 个微孔。引出上罗拉为橡胶包覆的胶辊，对微孔皮圈施压，与异形吸管形成握持区。皮圈的回转是由上罗拉回转摩擦传动的，由于引出上罗拉胶辊与微孔皮圈之间的摩擦系数比皮圈与异形吸管表面之间的摩擦系数约大 10 倍。因此，确保了所有微孔皮圈能准确按照一定的线速度回转。

3. 异形吸管的负压气流经过微孔皮圈将前罗拉钳口握持线输出的纤维抓持住，使纤维紧紧地处于压缩状态。由于吸管缝隙与纤维前进方向呈 30°角，使纤维束在前进时能按自己的轴线回转，牢固地将纤维末端嵌入到纤维束中。异形管吸风缝隙可根据不同的原料及纺纱号数设计成不同的宽度，微孔皮圈的细度及微孔大小可适应任何品种及纱号。为了保证微孔皮圈的清洁及透气性，并可在细纱发生断头时将接头吸起，在异形吸管尾端装有"真空吸尘器"，以保证机器的正常运行。这种微孔皮圈要经常拆下清洗，以保证其清洁及透气性。

4. 异形吸管与微孔皮圈（网格圈）合在一起即为紧密纺专件。是将普通环锭细纱机改造为紧密纺环锭细纱机的关键专件，也是模块化技术在环锭细纱机上的应用。除了德国绪森公司将普通环锭细纱机改造成紧密纺环锭细纱机外，日本丰田公司及我国一些纺机厂近几年也生产了各式紧密纺专件，供应国内改造普通环锭细纱机为紧密纺环锭细纱机，其中日本丰田公司的 EST 型紧密纺专件（见图 8-2-1）在国内比绪森公司的紧密纺专件更受欢迎。这两年我国国产的紧密纺专件也已走出国门，远销国外。

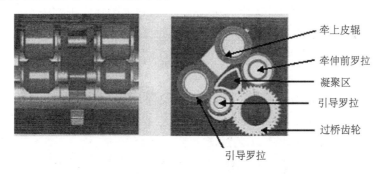

牵上皮辊
牵伸前罗拉
凝聚区
引导罗拉
过桥齿轮
引导罗拉

图 8-2-1　丰田 EST 四罗拉积极传动式紧密纺专件

第三节　牵伸罗拉和牵伸加压摇架的发展

一、牵伸罗拉

我国牵伸罗拉的制造历史很悠久，但质量很低，尤其是罗拉的机械波制约了纺纱质量的提高。以细纱罗拉为例，影响细纱下罗拉牵伸质量的因素之一是牵伸罗拉机械波，主要是由于细纱罗拉在材料使用、加工工艺等方面造成的。产生牵伸机械波的因素有几方面，如细纱罗拉的制造精度、采用的材料、加工工艺等，其他上罗拉（皮辊）质量、机械振动及齿轮传动误差等因素也对纺纱品质及机械波有影响,但其中牵伸下罗拉的机械波是影响纺纱质量的主要因素。

1. 牵伸罗拉的机械波主要表现为 8 cm 机械波,图 8-3-1 所示为牵伸下罗拉机械波的乌氏条干仪波谱图。从图中可看出,在机械波图中的烟囱位置 8 cm 处形成了周期性变化,造成细纱显规律性,周期性不匀变化。这种机械波在乌斯特波谱图上形成了有规律的突起的烟囱,尤其在纺低号纱时。机械波会使织造的浅色布面出现阴影,影响织物外观,降低了织物质量。

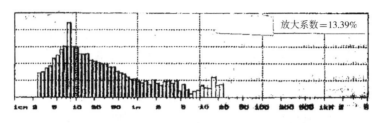

图 8-3-1 牵伸下罗拉机械波的乌氏条干仪波谱图

所谓罗拉机械波是由罗拉周长上的缺陷造成的,一般罗拉直径为 25 mm,圆周长为 8 cm,如上罗拉直径为 28 mm,机械波长为 9 cm。此外,传动罗拉的齿轮系统运转不良而造成罗拉扭振及机架不稳等也会产生机械波。

2. 20 世纪末以来,我国牵伸罗拉的制造水平有了很大的发展,采用了优质合金钢,提高了罗拉的抗弯刚度。优质合金钢加工出来的罗拉不仅具有很高的抗弯刚度,而且在数控加工中心加工的罗拉精度很高,不易变形。一台车的罗拉节与节之间互换性强、锭差小,两根罗拉对接时,径向跳动值大大低于普通罗拉对接后的径向跳动值,约可降低 50%。新型高级合金钢罗拉的外圆圆度也得到相应改进,罗拉外圆的径向跳动值也显著减小。

3. 罗拉的生产工艺也进行了大的改进,许多纺机厂引进了数控加工中心,将多个工序加工罗拉改为一个工序,大大提高了罗拉的同心度、精度,达到了国际先进水平。热处理及电镀加工后罗拉的表面光洁度也达到了国际先进水平,罗拉表面光滑无刺,表面硬度亦相应提高。采用这种高精度罗拉,减轻了纺纱厂对罗拉的维护保养负担,不需要在安装及平车时校罗拉弯曲及加装罗拉凳及垫片,大大提高了纺纱质量。

4. 消除或减少罗拉机械波除了选用高碳合金钢材料外,更重要的是要提高加工精度,从切削加工到热处理抛光、电镀等工序,都要有严格的工艺条件及质量要求,使加工后的高精度罗拉消除机械波,具有十分良好的纺纱工艺性能。

5. 国外生产罗拉的公司为了防止及减少罗拉机械波的产生,制订许多质量标准,并围绕这些标准在材质选用及加工工艺等方面作了许多改进,如工作面齿顶差异、齿深差异,工作面外圆尺寸偏差,罗拉径向跳动,罗拉工作面外圆圆度,两节罗拉连接后的径向跳动,电镀处理后罗拉表面的光洁度等,使成纱质量机械波波峰 5 mm 以上的机械波仅为 3.13%。而国内普通罗拉的成纱质量 5 mm 波峰的机械波要占 20%~30%,差距很大。如何缩小这个差距,是我国研制与开发高精度牵伸罗拉、赶超国际先进水平的目标。

6. 超高精度罗拉的研制开发及生产。在原来高精度罗拉的基础上,国内一些专业工厂又继续研制开发了超高精度罗拉。如常州同和纺织机械制造有限公司,开发出了新一代超高精度细纱罗拉,其主要特点有:

(1)由于选材得当及热处理工艺的改进,使新研制开发的超高精度罗拉具有很好的抗弯刚度,比原来的高精度罗拉的抗弯刚度提高了 9.1%。

（2）罗拉表面不仅精度高、光泽好、无毛刺，而且耐磨度好，纺纱中这种超高精度罗拉，不会产生挂花现象。

（3）超高精度罗拉的互换性好、同心度高，两节罗拉连接后静态径向跳动不超过 0.05 mm，上机安装不需垫片，大大提高了纺纱质量。

（4）超高精度罗拉上机前不需要预校调，可直接上机连接紧，不必进行人工敲罗拉、校弯曲，每锭对应的罗拉表面径向跳动 95％均在 0.02 mm 以内，另 5％最大不超过 0.05 mm。

（5）罗拉无机械波率达到 98％以上，24 h 全面检测无机械波率达到 95％。

与纺部各道工艺配套后（各道工序的半制品质量达到乌斯特统计值上限范围），细纱常规品种都能达到乌氏 2001 年公报的 5％水平。长期使用时罗拉抗弯曲、径向跳动等都能做到稳定一致，长期使用不走动。

7.超高精度罗拉的生产水平高，以常州同和纺织机械制造有限公司生产的细纱牵伸罗拉为例，将有关质量指标与普通罗拉相比较，超高精度罗拉达到了国际先进水平，无机械波率已基本上控制在 100％的水平，抗弯刚度、表面光洁度、硬度、罗拉同心度、互换性等都达到有些甚至超过了国内外先进水平，成为制造高精度纺纱机械的重要基础。

我国其他纺纱机如棉纺粗纱、并条、精梳、毛纺及麻纺的牵伸罗拉都有了很大的发展与提高。总之，我国有些牵伸罗拉的制造水平已达到国际先进水平，产品已出口国外。

二、牵伸加压摇架的发展

目前国内外生产的牵伸加压摇架共有四种类型：圈簧机械式加压摇架、板簧机械式加压摇架、直接式气动加压摇架操作及集中式气动加压。以绪森公司生产的四种环锭细纱机的加压机构为例进行对比，见表 8-3-1。

表 8-3-1　四种环锭细纱机加压机构对比

加压臂型式	A	B	C	D
加压原理	机械式	机械式	直接气动加压式	气动加压（杠杆式）
加压元件	板簧	圈簧	压缩空气	压缩空气
加压负荷	板簧加压	圈簧弹簧加压	压缩空气	压缩空气
加压负荷调节	强	强	强	强
加压机构调节情况	强	强	强	强
部分释压	单独调节	单独调节	集中调节	集中调节
摩擦负荷	单独调节	单独调节	集中调节	集中调节
前罗拉位置精度	单独调节	单独调节	集中调节	集中调节
前罗拉位置调节	可	否	否	否
抗静电	有	有	减少	减少

板簧摇架（见图 8-3-2）对上罗拉的加压直接由板簧加压机构实施，板簧加压的压力直接传递到全部加压上罗拉，不需要任何运动部件，因此不产生任何侧向摩擦。弹簧的预张力可以在前罗拉加压机构调节改变，以满足个别加压的要求，中后罗拉加压机构是固定的负荷。板簧（图 8-3-3）的加工难度较大，板簧材料、加工技术及热处理等都是影响板簧性能的重要因素。

图 8-3-2 板簧机械式加压摇架

图 8-3-3 板簧

板簧式弹簧加压摇架具有很多优点：可实现三小工艺要求，即小浮游区、小钳口隔距及小罗拉隔距；由于板簧式弹簧加压摇架的加工精度高，故可做到罗拉握持线平行，保证工艺上车；板簧的弹性好，在同样加压负荷下板簧的弹性变形仅为圈簧变形的 9% 以下。板簧的弹力持久性好于圈簧，而且机构简单，易于管理及维修。因此加快发展板簧式弹簧加压摇架是正确的方向。虽然板簧材料的选择及热处理比较困难。但我国还是要集中精力加快板簧式弹簧加压装置的发展。

2.圈簧摇架对罗拉加压由支撑臂握持，支撑臂由螺栓固定并由圈簧施加压力，前中后罗拉的加压机构空间有限，需要有支撑臂及插孔，弹簧的预张力对三个罗拉产生加压负荷，应用调节元件可对各个加压负荷调节。近年来圈簧材料、加工技术及热处理等都有了很大改进，使加压稳定性和持久性大大提高，锭差减小。但加压钳口的平行度还需改进。圈簧机械式加压摇架始于 20 世纪 50 年代，经历了半个多世纪的发展及改进，克服了许多不足，成为世界上用量最大的牵伸加压机构。我国也有多家圈簧机械式加压摇架的生产厂家，如常德纺机、日照纺机、台州恒生纺机、同和纺机等，以常德纺机厂规模最大、产量最多、历史最久，日照纺机厂以生产气动式加压摇架为主，同和纺机厂生产摇架的历史不长，但其生产的弹簧加压摇架及气动加压摇架已具有相当的水平。这些公司都对弹簧加压技术进行了许多重要改进，大大提高了圈簧加压机构的性能。由于圈簧式弹簧加压摇架近几年来采用了优质弹簧钢及先进的机加工、热处理技术，因此在加压性能上有了很大的改进，弹力的持久性有所提高，锭差减小。但仍需要在罗拉加压握持线上像板簧式加压摇架那样能保持平行及稳定，并注意消除内摩擦现象，争取进一步提高加压弹力的持久性、稳定性。圈簧式加压摇架的市场占有率大，今后在不断改进中仍然具很大的发展潜力。

3.气动加压中直接加压方式比杠杆式集中加压好，压力波动小。气动加压的最大优点是气压稳定，持久不衰退。但杠杆式集中加压容易受到相邻锭子的加压与否而波动，压力不稳定，产生显著的锭差。气动加压虽然气压稳定不衰退，但需配备气源发生器、储气装置及供气线路，因此比弹簧式加压要复杂一些，而且供气线路出现漏气现象会影响气压压力及增加能耗。

4.四种加压方式各具优缺点，应当取其之长、改其之短，今后应当对这四种加压方式继续研究、改进与提高。不论哪种加压方式都具有优缺点，适纺纱号及品种的范围不尽相同，因此要有针对性地选用。板簧加压具有可精确调节前上罗拉位置，保持上罗拉与下罗拉精确平行，没有内摩擦，保证运行稳定性，无静电现象等优点列居首位，其他加压形式均有一定的不足。今后的发展方向应以板簧加压为主，而其他加压方式也应努力保持优点，改进不足，使其更加完善。

5.与国际先进水平相比,我国的各种牵伸加压装置也具有相当水平。在不断吸取国外先进技术优点的基础上,不断改进我国的牵伸加压机构,赶超国际先进水平。在四种加压装置中尤其要重视板簧加压机构的发展。

第四节　细纱锭子

1.国外新技术的发展:随着棉纺环锭细纱机的发展,细纱锭子的支承结构形式也经历了一个由刚性支承向弹性支承(下支承有弹性)及双弹性支承(上下支承均有弹性)的发展进程。像德国绪森公司的NASA型锭子、HP-S68型锭子及SKF公司的Csis锭子,其性能都是世界领先的,锭速可开到30 000 r/min,噪声比普通锭子低6%~7%,耗能低,每锭可节能2~4 W,使用寿命达10年以上。

锭子的主要改进有三个方面,即上轴承、下轴承及动力消耗系统。

新型锭子的锭盘直径为18.5 mm,上轴承直径为6.8 mm,对降低由锭带和锭盘引起的能耗及噪声十分有利,在相同锭速下,下轴承直径减小,锭盘减小,可减少能耗。最新的锭杆轴承档的直径已由原来的6.8 mm改为5.8 mm,锭底直径由4.5 mm改为3.0 mm;同时将上轴承外环与轴承座连成一体,形成一个新的组合件,使轴承座外径从16 mm减至14 mm,锭盘直径由18.5 mm减至17 mm;上、下弹性支承使不平衡作用下的锭子借助于支承的弹性变形和下支承弹性位移及多层油阻尼,达到使锭杆盘的主要惯性轴和重心与回转轴重合,使锭杆与轴承保持良好的接触。

NASA锭子(图8-4-1)的下轴承结构原理为,用径向滑动轴承和推力轴承替代锥形轴承,可有效克服传统锭子的锭尖异常磨损及锭杆上窜跳动、承载能力小、耗能大的弱点。由于油膜的存在,使锭杆与轴套不直接接触,随着油隙逐渐减小,油压增大,当靠近最小间隙处,压力达到最大,越过最小间隙,油压很快降为零,从而使锭杆回转时任何微小的偏心所产生的径向力都经过油膜阻尼,达到吸振目的。根据动力消耗系统采用振动学中的动力消耗原理,锭杆及其上部元件构成主动力系统,外中心套管及锭脚构成消振器,改变外中心套管壁厚及锭脚底重块的大小,可以调节消振器的刚度和质量,从而调整动力消振效果。

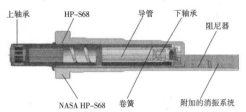

图8-4-1　标准锭子HP-S68及MASA HP-S68锭子

2.新一代高速、低噪声、长寿命锭子是当代国际上纺织器材发展中的新技术,为适应今后生产高速化的要求,锭子新技术的发展归纳如下几点:

(1)采用更小的纺锭轴承(φ6.8或φ5.8 mm),使锭盘做得更小(φ18.5或φ17 mm),为细纱机高速节能创造条件。

(2)采用双弹性支承结构,利于减振,降低噪声,减少磨损。

(3)采用双油腔结构,使润滑油与阻尼油分离,以增强锭子的阻尼,降低锭子的振动。

（4）采用径向支持和轴向承载分离的分体式锭底,克服原锥形锭底条件下锭杆盘的窜动、吸振作用滞后的现象。

（5）锭尖大球面支持有利于减小下支承的接触应力,提高承载能力和使用寿命。

（6）新型 NASA 锭子改用橡胶减振方法,应用物理学的上共振原理,使振动失谐,锭子本身的振动传不到锭轨上,从而使 NASA 高速锭子比普通锭子振动小,回转平稳。瑞士立达公司研制的 HP S-25 型高速锭子也是十分先进的。

3.西门子公司采用独立驱动技术传动锭子可节能 20%。

4.国内锭子的发展状况:国产锭子的主要问题是使用寿命短、耗能高、振动及噪声大等,经过长期改进,有许多进展。我国棉纺锭子早期有 D32、D12、DFG 等系列,目前主要的发展方向是采用小锭盘和双弹性支承,改进锭子材质等,重点是如何在减振的基础上延长锭子使用寿命,以适应我国环锭细纱机向高速发展的要求。

（1）河南二纺机新近开发的 YD5203 型高速锭子,锭速已开到 19 000~20 000 r/min,可节能 1%~7%,生产效率提高 10%。

（2）我国在吸收消化德国平底锭子的基础上研制开发出新型的国产平底锭子的系列产品,如 TD51、TD91 等,已投放市场,锭速可开到 25 000 r/min。国产平底锭子的下支撑轴承可自动调心,锭速开到 30 000 r/min 时,即使满管运行 10 h,锭脚也不会发热。另外,还采用了小锭盘及小轴承,小锭盘直径为 19 mm,小轴承直径为 6.8 mm,有利于高速运行及节能。

5.国外细纱纱管的改进与小卷装。

（1）纱管的改进:影响锭速提高的另一个重要因素是纱管质量、管锭配套问题。

瑞士立达公司的高速细纱机对提高机器性能和配套纱管做了许多改进,提高了细纱管与锭子的精确同心度,使两个回转体的动平衡偏差尽可能减少。纱管质量由原来的 220 g 减至 120 g。新研制的以合成材料 PBTB 及聚碳酸酯组合后制作的纱管,细纱管质量仅 120 g,可满足高速细纱运行的要求;可承受紧张的压力并保持长期的稳定性,锭子承受纱管的压力不超过 15 N。新型细纱管内部和锭子配合处与普通细纱管相比较十分光滑,减少了落纱过程中发生的故障,配合了高速细纱机的正常运行。

（2）小卷装:由于自动络筒机空气捻接技术的发展,络纱后形成无结头纱,为环锭细纱机采用小直径钢领、降低钢丝圈线速度创造了条件。国外新型环锭细纱机的卷绕成形都向小卷装发展[（38~42） mm×（180~190） mm],小卷装会增加落纱次数,采用自动落纱机可得到弥补,在长车（1 000 锭以上）上,集体自动落纱机的落纱时间仅需 2~4 min,尤其在细络联自动生产线中,小卷装对提高锭速、减轻锭子负荷都起到了积极作用。

第五节　钢领、钢丝圈

国外钢领材料主要选用轴承钢、高级合金钢等表面硬度在 600~800HV 的高硬度耐磨材料,并在金属加工、热处理及动力学理论等方面做了许多突破性的研究与开发,推出了耐磨、寿命长、散热性好、抗契性好的新型高速钢领。

1.瑞士立达公司应用 ORBIT 系列钢领钢丝圈,接触面积加大（图 8-5-1）,散热面增加,比普通钢领钢丝圈接触面大 4~5 倍,在锭速 25 000 r/min 时钢丝圈线速度达到 55 m/s,工作仍很正常。钢领使用轴承钢材料,热处理工艺好,加工精度高,耐磨性好,使用寿命 8 年以上,钢丝圈寿命在 2 个月左右。瑞士立达公司应用的高科技合金材料 Zenit 生产的高速钢领呈彩虹色,钢领钢丝圈之间无磨合期,运行 48 h 后完全走入正常,高速运转下无磨损现象,纺纱张力十分稳定。正是这种钢领钢丝圈的出现,才使锭子速度可上升到 25 000 r/min,生产稳定,纺纱质量好。

国外的纺机厂一般都是同时研制、开发与生产钢领钢丝圈的,钢领钢丝圈配套的设计与加工同时考虑,因此配套合理。如瑞士 Bracker 公司的 ORBIT 钢领钢丝圈就是一起设计与生产的,其钢丝圈与钢领的接触面积比一般钢领钢丝圈增加了 4 倍,扩大了散热面积,延长了使用寿命。如图图 8-5-1 所示。

瑞士立达公司的高速细纱机应用了 ORBIT 钢领钢丝圈、HP S-25 高速锭子、P3-1 气动加压系统及新型轻质纱管(质量为 120 g),锭速开到 25 000 r/min。这是环锭细纱机高速运转的器材的典型结合。

  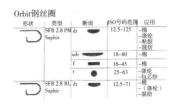

(1)钢领钢丝圈配合情况　　(2)瑞士 ORBIT 体系钢领钢丝圈与普通钢领丝圈比较图　　(3)钢丝圈断面图

图 8-5-1　钢领与钢丝圈

2. 德国 Tec 公司研制的 Geratwina 陶瓷钢领钢丝圈系列是高耐磨新技术的一次性钢领钢丝圈,在锭速 17 500 r/min 条件下,运转 105 d,钢丝圈飞行路程为 300 000 km,相当于绕地球7.5 周,而不出现损坏,大大减少了调换钢丝圈的次数,细纱断头减少 5%,效率提高,产量可提高 10%。

3. 瑞士 Bracker 是专门生产钢领钢丝圈的公司,目前已在我国逐步推开销售,除了生产 ORBIT 系列外,还生产 TiTan、Garat、fbermo 及 Nora 等高速钢领钢丝圈配套使用,可进一步降低细纱断头,钢领使用寿命可达到 10 年,钢丝圈寿命也很长,根据不同的品种、纱号及锭速配套供应。

此外,英国、日本、美国等公司生产的钢领钢丝圈的性能也很好。

第六节　胶辊胶圈

一、胶辊胶圈(皮辊皮圈)

1. 在环锭细纱机牵伸系统中,前后罗拉上胶辊的作用很大,尤其是前罗拉上胶辊与下罗拉对纤维的牵伸控制及握持很重要,目前普遍认为美国 ME666 胶辊的性能好,有利于纺纱。

美国及瑞士的胶辊质量好,胶辊配方中采用特别填料及化学配料,使胶辊具有高弹性、低硬度和内含电荷释放的成分,纺纱适应性好,抗静电性能强。如美国阿姆斯壮 J-463、MB-670、ME666 及瑞士贝克 MA66T 胶辊性能优良,都能与下罗拉形成很好的握持。它们具有以下特点:①耐磨,使用寿命长;②韧性好,抗损坏性能好;③膨胀变形很小;④不需要另外表面处理;

⑤抗静电性能好,适应性强;⑥胶辊光滑圆整,无搭接接头。

高质量的罗拉和皮辊是生产优质纱的关键,皮辊使用寿命长、损坏少、纺纱断头少、绕花衣现象少等都是纺纱工程所希望的。

2. 多数皮辊是用合成橡胶制成的。合成橡胶是一种复杂的材料,影响材料性质的因素很多,如材料的质量、配料计量精确度、各种原料在合成橡胶中的混合分布均匀状况、加工生产工艺及储存条件、温湿度等。许多国外皮辊的合成橡胶经过不断发展改进,使皮辊质量大大提高,经久耐用,在使用过程中按一定范围进行反复研磨与维护,大大延长了使用寿命。

国外设定邵氏72度以下为低硬度胶辊即软胶辊,使用软胶辊可使浮游区缩短1.5~2 mm,握持力比硬胶辊大,握持不匀率可改善。我国规定皮辊硬度在邵氏65度左右为软胶辊。

目前除美国阿姆斯壮公司外,瑞士贝克公司生产的皮辊性能也很先进,都属于不处理软弹皮辊范畴,如瑞士贝克 HA65T 及 HA66T 都很好。

3. 皮辊的制作。近20年来皮辊的制作有了很大的发展,有电动、液压、气动及人工操作的精密套压机等方法,制作质量高,国外应用电动液压方法较多,制作精度很高。正确选择皮辊套差及精细的加工制作是延长皮辊使用寿命、改善运转状态及成纱质量的重要因素。

近年来磨胶辊机已发展成全自动磨砺系统,包括磨砺、测量、分拣和表面处理等多功能设备,如 Bevkolized 磨皮辊机。此外,还有轻便式检验仪,检查皮辊表面磨后的粗糙度(Ra 值),理想的表面加工要达到如下设定的 Ra 值:特细表面加工 Ra=0.4~0.6,中等表面加工 Ra=0.7~1.0,粗糙表面加工 Ra 为1.0以上。皮辊表面的粗糙度会影响皮辊绕花衣,特细表面加工的皮辊很少绕花衣。

4. 皮辊的表面处理。皮辊表面处理受气候、纤维材料、纱线号数、机械条件及其他因素的影响,现在国内外大都推广应用紫外线照射技术,其他表面处理技术如涂层处理因影响环境已不再使用。照射时间与皮辊使用现场条件、胶辊材料的质量和硬度、成纱质量要求和气候条件(车间温湿度)、处理皮辊的数量、皮辊材质、质量及处理后的皮辊硬度等有关,新式 Berkolized 皮辊处理机的最佳照射时间可参考如下数值:粗纱皮辊:4~8 min;并条皮辊:5~10 min;精梳皮辊 5~10 min;环锭细纱皮辊:3~5 min。Berkolized 照射处理机处理皮辊表面很细致,应用扫描式电子显微镜检测选出优质皮辊,不会出现质量低劣或较差研磨加工的产品。

5. 新型皮辊处理机减少了老式磨皮辊机启动时发生的问题。这种新技术加工的皮辊绕花衣现象显著减少,对纤维的握持力增强,无滑移现象。新型皮辊处理比普通处理(磨砺处理)的细纱接头时间减少许多,普通磨皮辊机加工的皮辊在1 008锭细纱机上前3 h的断头数为68根,而新型皮辊处理机处理的皮辊仅为12根,基本无绕花现象发生。

6. 根据胶辊的磨损及成纱质量情况在规定周期内进行回磨,磨后再次进行照射处理,按直径和回磨次数分类使用,同档皮辊严格控制直径差异,要保持良好的同心度。国外还配备专用油脂枪对胶辊轴承进行润滑,油枪可任意调节加油量,并保持牵伸部位清洁。

目前,美国阿姆斯壮、瑞士 HA65、HA66 皮辊在一定号数范围内纺纱都做到只磨砺不处理,因此,对皮辊磨砺加工的要求很高。

此外,不论哪种牵伸形式都应用软弹皮辊,因此,软弹皮辊的质量特别是耐磨性、硬度、弹性等十分重要,是牵伸机构的主要部件,尤其应注意开发、应用与提高。

二、SUESSEN 公司牵伸前上罗拉（皮辊）的新改进

环锭细纱机的前罗拉回转很快，因此对于前上罗拉（皮辊）的磨损比较严重，要有一定的研磨周期。应用 CPS 式上罗拉牵伸机构在皮辊上增加一个皮圈，可减少对皮辊的研磨次数，而且还保证了纺纱质量。这是一项很重要的改进。

牵伸系统（图 8-6-1）设置的好坏是影响纺纱质量的重要因素。根据纤维的长度及线密度调整罗拉钳口的握持距离及压力，这与机械调节工作人员的经验及水平有关。以往罗拉钳口的握持距离及压力的调整基本上是由机械制造商根据原棉的性质设定的，根据实际情况，在生产中可进行调整改变。

压力的选择主要考虑纺纱质量及纺纱性能的稳定性，可以通过优化细纱机的工艺参数很容易地设置，但如果纱号变化频率高时就不能够保证优化效果及提高纺纱质量了。对于工艺参数的选择往往受调节人员的经验及主观感觉的影响。

对于纺纱元件摩擦情况的研究是一个涉及面很广的课题。对于纺纱厂来说，可接受的元件摩擦范围是有一定限度的，常以摩擦周期表示，摩擦周期的变化很大。

图 8-6-1　细纱机新型牵伸结构

一些纺织厂对于皮辊的磨损规定了磨砺的周期，以保障稳定纺纱质量及纺纱运转性能。对皮辊的磨研主要解决皮辊的圆整度及皮辊表面的光洁度，这就需要磨研的技术工人具有一定的经验，特别是对软皮辊表面的光洁度更要细心注意。

1. 前上罗拉的摩擦分析如下：

（1）从图 8-6-2 牵伸区的横截面上看到，上下罗拉对纤维束形成握持且靠得很近，上罗拉受加压后会产生从变形而形成对纤维握持区，在这里纤维受到摩擦力及压力的作用。在握持区的上罗拉受力后变形导致直径变小。从图 8-6-2 中可看出，上下罗拉之间并不存在一条握持线，而是包括有 A、B、C 在内的握持区；C 点的上罗拉（皮辊）的直径变形要比握持线的两侧（A、B）大，因此在同样的下罗拉转速下 A、B 两点的表面速度要比 C 点的表面速度大一些。

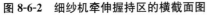

图 8-6-2　细纱机牵伸握持区的横截面图

图 8-6-3　上罗拉（皮辊）带有皮圈的握持区的横截面图

如图 8-6-3 所示，将上罗拉（皮辊）通过一个张力机构包覆一个非弹性皮圈，形成与下罗拉之间对纤维的握持区。虽然上罗拉的变形依然存在，但非弹性皮圈可以减小上罗拉的摩擦，而

且使皮圈能与 A、B、C 三点的速度保持基本一致。这是 SUSSEN 公司的 CPS 式上罗拉牵伸机构(C 点的加压系统)。应用 SUSSEN 公司的 CPS 机构使皮圈内表面与上罗拉表面不存在速度的差异,因此上罗拉表面不会被磨损。由于 CPS 皮圈比一般上下罗拉对纤维的握持与控制更好,因此纺纱质量可保持很好的水平,而皮辊的磨研周期可延长到 18 个月或更长时间。

(2)应用 SUSSEN 公司的 CPS 皮圈对牵伸倍数没有影响。一般不用 SUSSEN 公司 CPS 皮圈的皮辊直径为 29～30 mm 之间,应用了 CPS 皮圈后,由于 CPS 皮圈的厚度是 1.4 mm,皮辊直径减小到 27 mm,因此表面的几何尺寸没变,牵伸倍数不变,不用考虑调整牵伸倍数的问题。由于应用 CPS 皮圈使皮辊的磨损大幅减少,在应用软皮辊时不会使研磨周期改变。

(3)上罗拉(皮辊的)的节能效果。从图 8-6-4 中可看出,握持区的宽度表明,上罗拉应用软皮辊时可减小皮辊的压力,从而可减少能耗,或在同样的能耗下可增加牵伸区的压力,以达到对纤维的良好的控制。

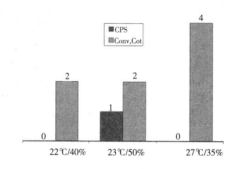

图 8-6-4 应用 CPS 皮圈与普通皮辊节能效果的对比

(图中 22℃/40％表示试验区的温度及相对湿度)

3.图 8-6-5 为应用 SUSSEN 公司的 CPS 皮圈与普通皮辊纺制的纱线毛羽的对比,可以看出应用 CPS 皮圈的纱线毛羽要比普通皮辊的纱线毛羽少。

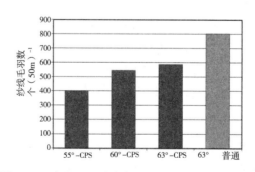

图 8-6-5 应用 CPS 皮圈与普通皮辊的纱线毛羽对比

4.研磨问题

(1)在加工人造纤维时,对外界气象条件及皮辊研磨控制的要求都比较高,但采用了 CPS 皮圈后可减少对皮辊的研磨。图 8-6-6 为在同一气象条件下对纺纱质量 CV％的影响。

(2)试验表明,在加工人造纤维时,普通皮辊在研磨后甚至不能纺纱。采用 CPS 皮圈由于减少了研磨次数及消除了皮辊的损伤,纺纱性能好,可提高生产效率。

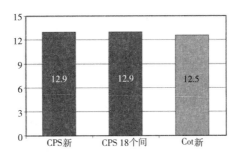

图 8-6-6　在同一气象条件下研磨时间对纺纱质量 CV%影响的对比

(3)SUSSEN 公司的 CPS 皮圈的使用寿命。工厂试验表明,在加工人造纤维时应用 CPS 皮圈的使用寿命为 14～18 个月。如图 8-6-6 所示,应用乌斯特条干仪对新 CPS 皮圈及用了 18 个月的 CPS 皮圈进行纺纱质量对比,很明显应用 CPS 皮圈纺纱质量好于不用 CPS 的普通牵伸系统。从图中还可看出,应用 CPS 皮圈后的新旧皮辊的纺纱条干基本变化不大,检查皮圈并无损坏(图 8-6-7)。应用 CPS 皮圈的最大优点是 CPS 皮圈不需要研磨而保持恒定的纱线质量及纺纱断头率。此外,应用 CPS 皮圈的牵伸区的几何尺寸及硬度都是恒定的,而普通皮辊的直径却因研磨而逐步减少,这样会使牵伸区的几何尺寸发生变化。

从图 8-6-7 中可看出,CPS 皮圈在使用了 18 个月后与新 CPS 皮圈相比,其外表面质量基本无变化,皮辊也没有被磨损。

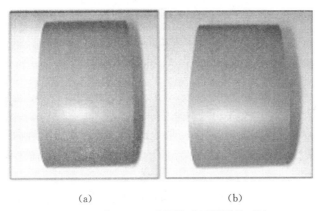

(a)　　　　　　　　　　　　(b)

图 8-6-7　新旧 CPS 皮圈外表面质量的对比

(4)应用 SUSSEN 公司的 CPS 皮圈可以改善环定细纱机牵伸部件皮辊的维修与保养,避免或减少对上皮辊的研磨而又能保证纺纱质量的长期稳定,不受研磨周期的影响,使工厂得到更多的经济效益。

总的说来 CPS 皮圈的使用有如下优点:

①纺纱品种适应性好,如可很好地加工人造纤维等;

②车间温湿度对应用 CPS 皮圈纺纱几乎没有影响;

③皮圈装上取下都不会有损伤;

④不增加皮辊维修人员的工作量;

⑤能长时间保持纺纱质量的稳定。

总之,应用 CPS 皮圈纺纱不会增加工厂的管理负担,相反会减少工厂的许多麻烦,提高工厂的纺纱质量及经济效益。

三、皮辊、皮圈下销

皮辊的芯子也是稳定与提高并、粗、细条干质量的重要方面。国内外都很重视,如:

1.德国特吕茨勒公司进一步改善了四上三下压力棒牵伸系统,第 4 根皮辊保证了棉条在牵伸系统输出端轻柔地导向,同时主牵伸区的可调压力棒使包括短纤维在内的所有纤维的导向都受到控制,在调整牵伸宽度时皮辊在下拉罗拉的轴承套中调节,这样的调节方式,加上高精度的机械加工水平,保证了皮辊的 100% 轴向平行,从而保证优化了棉条的均匀度。

2.国产并条机对加压系统中的皮辊轴套也作了改进,使皮辊运转稳定,握持钳口间保持平行不跳动。图 8-6-8 为南通五洲纺织专件厂生产的新型并条机加压皮辊轴套与普通轴套检测的振动波形图。

（a）普通并条轴套振动波形图

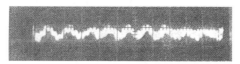

（b）新型并条轴套振动波形图

图 8-6-8 并条机上检测的振动波形图

从图 8-6-8 中可看出,轴承部分的振动在改进后比原来普通并条机滚动轴承的振动改进显著,而且波形平直、波幅小。同时并条机上罗拉（轴芯）的振动情况在改进加工工艺后,波形亦比较平稳,波幅减小。

根据国家标准的 GB/T6391-1995《滚动轴承额定动载荷和额定寿命》,如果并条机罗拉转速为 1 000 r/min,可计算出折合使用寿命为 28 583 h,新型并条机轴套大约有 90% 的使用寿命达到 2～3 年。

3.内花纹皮圈。我国目前也生产出各式内花纹皮圈,如 WRA-H268,MD-60,它们的使用效果与美国阿姆斯壮的皮圈相接近,主要差距是使用寿命比国外的先进皮圈短。国内外对皮圈的质量要求很高,因为它是细纱机上重要的牵伸元件,皮圈的加工工艺性能及质量好坏与纺纱质量十分密切。为了加强对主牵伸区快速纤维的控制,在中前罗拉之间配备良好的皮圈控制系统,目前应用的有双短皮圈及长短皮圈式。在长短皮圈系统中,下皮圈配有张力装置,因此下长皮圈运动比较准确;在双短皮圈中,对下短皮圈的制造及下销等的尺寸精度要求较高,要具备更适当的硬度及弹性。皮圈内层带有花纹,既要保证与中罗拉传动准确、摩擦系数高,又要做到与前下销配合精确、滑动好。为了使皮圈对下销的滑动更加灵活,皮圈的内径、长度、厚度、尺寸必须准确,且厚薄要均匀。皮圈内径应当下圈略紧、上圈略松。由于下圈是主动件,要求尤其严格,下圈的张力要适当,对双短皮圈的下圈尺寸要求十分严格,以达到握持钳口线保持稳定平行。为使下皮圈线速度能始终与金属罗拉保持一致,必须有适当的内外表面摩擦系数。此外,要求皮圈伸长率低、伸长均匀;皮圈的材质要有抗静电、耐油、耐污染、耐臭氧等性能。

4.下销也进行了改进,目前采用四氟乙烯涂层。在牵伸形式中 SKF、R2P、INA-V 型都是采用长短皮圈式,HP 是双短皮圈式。立达公司生产的 P3-1 气动加压是三罗拉双区长短皮圈形式,上下皮圈配置为非对称式,进一步缩小了浮游区距离,加强了对纤维的控制。

5.细纱的牵伸机构综述。细纱机的牵伸机构是细纱机的心脏,因此对牵伸罗拉、皮辊、皮圈、摇架加压形式以及上、下销等专件要继续努力提高性能,尤其要在材质、加工工艺及维护保养上下功夫,以提高纺纱质量,减少纱疵,改善纺纱均匀度。我国生产的下销已有了新的改进并获得了专利,使用效果很好,受到许多棉纺织厂的欢迎。

第七节　梳棉机针布

20 世纪 80 年代以来,国外大量推广应用了新型锯齿针布。新型锯齿针布具有短、浅、薄、密、细的特点,分梳质量高,生条质量大大提高,单产水平也大幅增加。我国也相继推广应用了新型针布,一改我国梳棉机的落后面貌,锡林速度已提高到 600 r/min。新型针布的开发与应用得到了很大发展,如瑞士 Graf 公司的锡林、盖板、道夫针布以及刺辊锯条都成套生产,英国 ECC、德国 Holl、日本金井、瑞典 ABK、美国 HW 等公司的针布也占有一定市场,一搬认为 Graf 针布较好。我国青岛纺机厂、上海金属针布厂引进 Graf 生产线生产的针布性能较好,无锡、天津、常州、南通等地均有生产新型针布的工厂,其中南通金轮、无锡纺器等厂生产的新型针布在国内外也比较出名。在梳理技术中应用新型针布、增加固定盖板、提高锡林位置、盖板踵趾差由 0.90 mm 减为 0.56 mm 和盖板反向回转等措施,对增加梳理度、减少生条结杂作用明显,其中新型针布的应用及配套是重要因素。假如其他条件不变,只配套使用锡林、盖板新型针布,降低结杂效果也是显著的。国外曾用 AFIS-N 棉结检测仪从原棉进厂到纺成粗纱各工序的棉结含量进行了测试,结果见表 8-7-1。

表 8-7-1　前纺各工序棉结含量

工序	原棉	开清棉喂入梳棉的棉絮	梳棉	半熟条	精梳条	熟条	粗纱
棉结含量/粒·g^{-1}	250	400	80	40	20	25	28

由表 8-7-1 看出:梳棉是降低生条棉结含量最有效的工序,生条棉结可降到 80 粒/g,为喂入棉絮棉结量的 20%。正常情况下若用新型针布,梳棉机械设备安装维护精细,各部分工艺、隔距及速比符合工艺要求,成纱棉结还可减少 30%～40%。

除搞好梳棉机针布配套外,针布的保养维护也十分重要。DK903、TC03、C51、C60、MK5C、MK7 等梳棉机对机械设备的精度要求很高,有的锡林是钢板卷制后进行精加工并作动平衡消除内应力,径向跳动要求达到 0.03 mm 以下。DK903、C51 及以后推出的梳棉机上还配置了精调盖板与锡林之间的隔距以及在线自动磨针系统(自动磨锡林、盖板针布),盖板隔距调整精度很高,自动磨盖板既磨针尖又磨侧面,使其保持原有针的锋锐外形。

一般一台梳棉机的锡林、盖板针布加工 300～1 000 t 原料后就需更换,进行在线磨针后既保持了产品质量的稳定,又可延长针布的使用寿命 10%～20%。

新型针布的设计及选用针对性强,金属针布厂根据纤维种类、长度、线密度、含杂、单强、梳棉机产量、锡林速度、生条定量、纺纱号数、纱线类型等,设计并生产了许多种类的针布,如高产梳棉机针布、高支纱针布、低级原料针布、普通棉型针布、棉型化纤针布、中长化纤针布及细旦、超细旦针布等不同系列的新型针布。为了进行合理配套使针布发挥更好作用，不仅有锡林、盖板各系列的新型针布，而且道夫针布、刺辊齿条也有相应的规格型号。

一、瑞士格拉夫新研发的驼峰牌梳理针布

1. 如图 2-2-10 所示，格拉夫驼峰牌锡林针布的驼峰外形设计与一般金属针布的外形设计不同，它在锡林针布表面形成的气流具有明显的积极作用，使纤维能保持在锡林针布表面并阻止纤维滑向针布底部，从而提高了对纤维的梳理作用。由于驼峰外形锡林针布的特殊齿形，使在锡林表面的纤维很容易转移到道夫上。回移的纤维比普通针布少，因此损伤的纤维少，在精梳机上排除的短纤也相应减少。成品（织物）上白点的减少表明了精梳纱上的棉结减少，也证明了梳棉机应用这种新型针布的极积作用。新型针布可以把不成熟纤维、死纤维及结杂排除，并较少损伤纤维，由此使短绒减少。驼峰针布的外形可以进行在线磨针，这是格拉夫-立达已应用的在线磨针技术在驼峰针布应用上的发展。表 8-7-2 为驼峰型金属针布的型号特征及应用产品。从表中可看出不同的产品配用不同的锡林针布。

表 8-7-2　为格拉夫驼峰针布型号及参数

型号	密度/(PPS)	针布高/mm	工作角/(°)	基部宽度/mm	纺纱品种
P-2025CX0.5	773	2.0	25	0.5	化纤、混纺
P-2025CX0.6	644	2.0	25	0.6	化纤、混纺
P-2030CX0.4	966	2.0	30	0.4	纯棉
P-2035CX0.4	966	2.0	35	0.4	纯棉
P-2040CX0.4	966	2.0	40	0.4	纯棉
P-2040CX0.5	773	2.0	40	0.5	纯棉
P-2040CXO.6	644	2.0	40	0.6	纯棉
R-2030CX0.5	866	2.0	30	0.5	纯棉
R-2520CX0.6	722	2.5	20	0.6	化纤、混纺
R-2530CX0.6	722	2.5	30	0.6	纯棉

2. 新型驼峰型梳棉机锡林金属针布适用于各种梳棉机，驼峰型金属针布的应用提高了纱线及最终产品的质量。不论是普梳纱还是精梳纱，质量都得到提高。由于新型针布具有特殊的齿形，因此具有许多优点。从以下日常纺纱生产的试验数据中可看出，新型驼峰型梳棉机锡林金属针布的优点，如纯棉 19.4、8.9 tex 精梳纱的性质等在梳棉机的产量、细纱机纺纱速度等都保持不变的条件下，8.9 tex 精梳纱的棉结数量显著减少（见图 8-7-2），19.4 tex 精梳纱的棉结数量也显著减少（见图 8-7-3）。

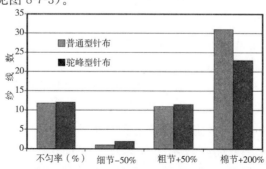

图 8-7-2　纯棉精梳 8.9 tex 环锭纱不同梳棉机针布纺纱质量比较

以上试验是在车间连续生产线上进行的,许多工艺条件保持不变。

第一个例子是纯棉8.9 tex精梳纱,纺纱结果见图8-7-2。从图中可看出,在同样的梳棉机产量及同样的细纱锭速下,纱线中的棉结显著减少。

第二个例子是纯棉19.4 tex精梳纱,在试验的工艺条件都不变的条件下进行的。从试验结果看,不匀率CVm%、粗细节等均无显著变化,而应用驼峰型针布棉结疵点明显比其他针布减少,见图8-7-3。

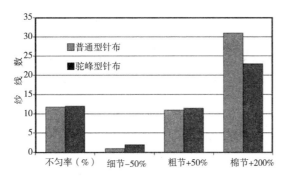

图8-7-3 纯棉精梳19.4 tex环锭纱不同梳棉机针布纺纱质量比较

此外,驼峰针布的显著优点是,不论针布使用的时间长短,产品质量总是稳定如一。

二、用于刺辊上的驼峰型齿形

如表8-7-3所示,驼峰型齿形也可用于刺辊上。根据在纺纱厂不同的应用结果可以看出,驼峰型金属刺辊针布仅产生很少量的纤维废品,但却提高了生条及纱线质量。

表8-7-3 骆驼型刺辊针布规格表

刺辊针布	密度(针/PP)	针布高/mm	工作角(°)	基部宽度	纺纱种类
V. E-S010VC-8	41	5.0	10	8intread /interked	棉、混纺
V. E-S010VC12	61	5.0	10	12 intread /interked	棉、混纺

注:1、纺纱种类:纯棉、混纺 2、基部宽度:8头、12头针布结合

三、驼峰型锡林及刺辊金属针布的应用具有很好的效果

驼峰型锡林及刺辊金属针布的应用可使纤维在梳棉机上梳理时受到很好的加工,使下游产品的棉结显著减少。在梳理过程中纤维受到柔和的处理,并将不成熟纤维及死纤维去除,从而进一步提高了产品质量。

1.新型针布在国内应用以来,使生条及成纱质量大大提高,棉条结杂降低,但也带来了一些困难,尤其在商品经济时代,市场的需要使纺织企业的品种翻改频率提高,企业在许多情况下不能正确对号使用针布,从而造成针布使用混乱,不能很好地发挥新型针布的作用。大连工学院与重庆纺织器材厂曾联合开发了"通用型金属针布",其中针布工作角的设计兼顾了化纤与棉花的要求,适应性比较灵活,在一定程度上可适当满足翻改品种的需要。

2.新型针布使用还有一个问题需要考虑,由于锯齿的断面是矩型从而形成了四面刀锋,因此对纤维的损伤力大,有必要将断面形状改为椭圆形以减小对纤维的损伤。

3.我国的新型针布在加工精度及热处理方面与国外先进水平相比还有较大差距,热处理

均匀度较差,针布的耐磨性更要努力提高。

4.我国锦峰生产的精梳机整体锡林及顶梳,不仅质量好,而且质量能满足精梳机的要求,耐磨性也不比国外先进水平差,目前已远销国外。

5.纺织器材的发展是我国纺织工业发展的基础,纺织器材是纺织工业生产的核心,因此必须花大力气发展好我国的纺织器材及纺织专件,为我国纺织工业的大发展创造条件、当好先行,为提升我国纺织纺织工业的水平作出贡献。在发展我国纺织器材工业时,要瞄准国际先进水平,积极采用新材料、新工艺、新技术、新设备,努力赶超世界先进水平。

第八节 纺前准备的条筒自动运输及质量保证系统

纺纱厂条筒自动运输包括:

1.并条机与转杯纺纱机之间的条筒运输:

2.一道并条机与二道并条机之间的条筒运输;

3.并条机与粗纱机之间以及并条机与精梳机之间的条筒运输。

一、并条机与转杯纺纱机之间的条筒自动运输生产线

可铺设运输轨道将并条机与转杯纺纱机连接成生产线,由"cantrac"系统完成对所有转杯纺纱机的满筒进行连续不停的分配,保证将满筒及时输送到需换筒的位置。

将用完棉条的空筒,或将满筒储存在靠近转杯纺纱机需要换筒的地方,以保证及时供应满筒条子。空筒换下后立即运送到其他地方。

二、一道并条机与二道并条机之间的自动生产线

"can-connect"系统将一、二道并条机直接连接起来,其功能为:

1.自动将一道并条机生产的满筒排放在二道并条机导条架附近;

2.当条子在筒内用完时立即插入满筒,并同时运出空筒,以横向运动装置将空筒运到排放位置;

3.自动将空筒输送到头道并条机的自动换筒机构附近。

三、精梳机与并条机或并条机与粗纱机之间的自动运输

自动运输系统将满筒从精梳机运到并条机的导条架位置并将空筒从并条机运回到精梳机,或将并条的满筒运送到粗纱机导条架位置并将空筒运回到并条机自动换筒位置,条筒运输不用轨道,可直接在地板上进行,空筒换满筒运输由滑车完成。

如一排条筒用完,操作者将条子接好并将空筒取出自动运输到并条机位置。这些功能都由操作键盘控制,在并条机或精梳机上空筒装满后再运送到需要换筒的机器位置。

四、自动运输线对产品质量的保障作用

1.在空筒回到并条机或精梳机之前要经过清洁站将残余在条筒中的棉条清除,从而消除了不同棉条混用及污染的隐患。

2.棉条筒上标以显著标记,这些标记经过传感器检测,并由控制中心监督控制,保证条筒不会用错。

条筒可按品种规定准确到达指定的并条机、转杯纺纱机或粗纱机循环使用。由于条筒容易区别并准确到达指定机台,从而杜绝了混号混料的发生。

如果并条机不用自动条筒标记及有关顺序标注,则无法进行对条筒的检查及消除质量不符的棉条。因此,档车工必须在每次使用的条筒上加注标记才不会出现问题。

3.大条筒的应用:纺前准备中梳棉机大都采用了 1 000 mm 直径、1 200 mm 高的大条筒,给生产带来了许多方便。以往大条筒在梳棉机上的应用减少了梳棉机及下道工序的换筒次数及接头次数,提高了梳棉机的效率及生条质量。现在在头道并条机上也采用了 1 000 mm 的大条筒,使每年每台并条机的换筒次数减少了 40 万次,大大提高了并条机的效率,如图 8-8-1 所示。

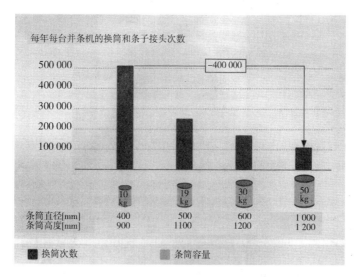

图 8-8-1 条筒直径及高度与换筒次数的关系

从图 8-8-1 中可看出,当条筒尺寸为直径 1 000 mm、高 1 200 mm 时,其容量要比其他尺寸的条筒大,比 400 mm×900 mm 条筒的容量大得多,年换筒次数大筒比小筒减少 40 万次。如立达公司生产的 SB-D 22 双眼并条机就应用 1 000 mm×1 200 mm 大条筒,引出速度达 1 100 m/min;大条筒棉条结头少、质量好,也减少了络筒机的电清切断次数,从而提高了络筒机的效率,同时也减少了用工。为了与大条筒配套,并条机导条部分的几何尺寸应作新的设计,如图 8-8-2 所示。

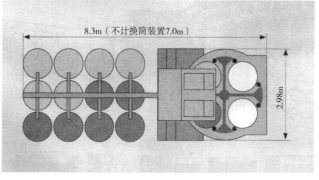

8-8-2 二道并条机喂入部分排放 1 000 mm 大条筒的排放法

大条筒直径达 1 000 mm,双眼并条机的自动换筒是该机的独特之处,整个换筒过程不需要人工介入,可在较长时间里确保生产稳定、高效生产,与传统的老式双眼并条机相比效率提高 10%,使用大条筒比一般小筒每台并条机日产增加 3～6 t。这种大条筒带自动换筒可使档车工的看管机台增加,由 4 台增到 6 台。立达的 SB-D 22 就是这种新式的自动换大筒的并条机,自动换筒装置有条筒库,可存放 4 个大筒,一对使用,一对空筒备用,当满筒时,机器停止运转,换筒装置旋转 180°,两个空筒自动换下满筒,机器自动继续运转。

图 8-8-3　大条筒的喂入及输出部分的位置设置

立达产的 J20 喷气纺纱机及转杯纺纱机都是应用 1 000 mm 直径的大条筒,由梳棉机直供或用一道并条机的 1 000 mm 大筒供应半熟条。

五、粗纱管的自动运输

"Neuennauser Textra"是一种灵活的粗纱管运输系统,由自动落纱机构、换粗纱机构及升起机构与各式自动纱管清洁系统相连接。应用计算机荧屏对生产的半制品进行监检。

在整个系统中有固定或活动的连接系统、换粗纱系统,在纱架上将空管换成满管。这项自动化设计的优点如下:

1. 有保证产品质量的功能:对半制品采取不接触的运输方式;防止混号;应用自动纱管检查半制品质量并控制原料情况。

2. 重载升降灵活,运输时间减少。

3. 对全部产品进行检测,荧屏监视全过程。

4. 运输系统灵活,可通过不同高度(楼层之间)运输。

5. 按照需要有不同的落纱机构(如升降机、换棉条装置等)。

6. 自动纱管清洁系统可与全自动系统相连。

六、宝塔管的运输

1. "Autoflow"自动络纱管运输系统包含质量保证的新概念,其优点:

①连续运输,中间不停;②落纱时间短(5～7 min/台次);③提高生产效率;④纱线卷绕精密,用专用运纱系统运纱;⑤机器使络筒机正常运转不出现停、开现象,防止脱圈现象产生。

2. "Autoflow"系统可增加产量。"Autoflow"自动化装置减少了生产时间及费用,如转杯纱可同时生产不同纺纱号数,生产效率增加,落纱时换管动作采用滑车式,卷绕不满的筒子纱也被落下。新的卷绕开始于落纱周期时间,使落纱时间减少,提高转杯纺纱的效率。不同的纱号品种可同时在一台机器上生产,产量根据不同纱号计算,提高了机器的运转效率。

3.“Autoflow”系统对转杯纺纱质量的保障作用。转杯纺纱或络筒机的卷绕质量,与人工落纱及卷绕相比较其产品质量是后者无法比的。筒子纱运输是在传送上完成的,筒子纱自动放入篮内或钉盘上,分品种、纱号运输,不会发生错号,特别对减少织机、整经机断头及停台有明显效果。

4.减少用工费用。因为取消了落纱及卷绕等一些笨重而多余的劳动,每班可节约许多人。

5.生产费用低。将不同批次产品从生产机台运到下一站是由现代化物流控制技术所控制的,系统最后的中心集汇站可一次从不同集中站汇集 36 个批次的产品。

这种新的储运方式可排除纺纱厂物流运输中的批次混乱,汇集站可完成自动搬动、称重及做标记等。

七、筒子的质量试验

半自动“Quality ident”筒子纱鉴别系统很容易将问题反馈到运行的络筒机上,这种质量控制系统鉴定筒子纱质量的优点在于:(1)可连续控制卷绕中的疵点;(2)自动检查出有问题的卷绕头;(3)可改进卷绕质量,保持质量高水平;(4)显著减少由于卷绕疵点造成的再卷绕;(5)减少加工费用;(6)提高络筒机加工能力,减少落纱人员;(7)减少材料消耗及能耗。

八、全自动“Check'nflow”筒子纱试验站

“Check'nflow”具有连续对经过的筒子纱检验卷绕质量的功能,每小时约检验 900 个,每个筒子纱试验时间为 4 s。自动将纺纱或络纱机卷绕质量经计算机转化为数字输出,对卷绕质量的评价经计算机系统以图形方式将纱线卷绕质量的信号输出。主要试验内容为:(1)原材料混合情况;(2)纱线储存情况;(3)卷绕直径;(4)卷绕形状;(5)卷绕对称情况;(6)纱管的颜色;(7)筒子纱重量;(8)脱纱现象;(9)带状卷绕现象。

“Checknflow”及“Check'nflow”的联合工作可经过计算机报告出转杯纺或络纱头的数量并鉴别每个纱管的断头数、清纱曲线、纺纱及卷绕的故障等以便尽快消除故障。以上自动检测可获得如下结果:(1)鉴别出不标准的管纱;(2)快速消除疵点并进行相应的机械维修服务;(3)提高了纱线质量。

九、纱线作标记

管纱或筒子纱作标记的系统“Tubelab”与“Check'nflow”相连接,可直接连续对试验的纱作标记。保证每个筒子纱所有的质量数据及疵点都明确标记出,或以条码形式标记出。

第九节　空气捻接器、电子清纱器

一、空气捻接器是自动络筒机的重要组成部分

1. 纱线接头方式有人工、机械及空气捻接三种,空捻接头技术是当代发展趋势,它可解决结头大的问题。第三代自动络筒机的捻结器接头处直径是原纱直径的 1.2 倍,而人工、机械、打结器接头直径是原纱直径的 3~4 倍。空捻接头可减少针织布的破洞,普通接头纱由于结头大在生产高密织物时会在钢筘处断经或在布面上有较大的疵点,空捻接头克服了上述问题,减少了织机断头,提高了织机效率及产品质量。

2. 空捻接头是将纱尾搭接在紊流空气箱中,由气箱中的强气流进行捻接接头,接头时间及耗气量均可调节,从而满足空捻纱的质量要求。垂直于纱尾的气流在捻接的同时还给接头纱一定的捻度。空气捻接器捻接纱线的过程是将纱交叉放入捻接器中,将多余纱线切除,切除后的纱线进入振荡器退捻,最后进入气腔加捻,完成接头。

3. 空捻接头技术使接头后的纱获得足够强力(为原纱强力的 80%~85%),外观好,接头处纱的直径比原纱直径稍有增加,约为原纱直径的 1.2 倍,无明显重量偏差及缺陷,在静态负荷下与原纱弹性一致。捻接接头不需要外界材料,因此染色亲合性一致。

4. 目前空捻接头技术已广泛用于任何原料、任何品种、纱号的接头,是络筒工序不可分割的部分。意大利美期丹空捻器接头质量好、接头成功率高、耐用。美期丹机械式接头器结头合格率高,但机械太复杂,维修困难,使用较少。国内许多厂家生产空捻器,国产空捻器尚需在使用寿命及结头成功率上下功夫,进一步改进。

5. 目前市场上供应的空捻器已分别用于粗号纱、细号纱、花色纱、股线、弹力包芯纱及紧密环锭纱等不同品种,除普通空捻外,还有热捻、湿捻等捻接器。

总之,空气捻接器对提高原纱和织物质量、提高生产效率有显著作用,亦相应降低了成本,比机械打接器维修量相应减少。

6. 2007 慕尼黑及 2011 巴塞罗纳 ITMA 上展出的络筒机 AUTOCONER5 采用新型空捻器接头技术后,接头纱外观基本与原纱一致,接头处强力与原纱强力一致。这是空气捻接器捻接纱线技术的新突破,改变了接头纱外观是原纱直径 1.2 倍的局面,也提高了接头处纱的强力,提高了络筒纱的外观质量,为环锭细纱机提高车速创造了条件,如可减小钢领直径,提高纺纱速度。目前喷气织机的速度已高达 2 000 r/min,这与络筒机用空捻接头有密切关系。AUTO360、R40 及 FL3000 等自动转杯纺纱机的气动接头质量更好,根本无接头痕。

二、电子清纱器

1. 我国 1332 型络筒纱机上已有 40%~50% 推广应用了先进的电子清纱器,电清技术由普通型、提高型发展到智能型。在 1332 络筒机上应用普通型、提高型电子清纱器,在国产萨维奥及 AC238 上已配用智能型电子清纱器。国外都已采用智能型,如 AC338 采用 Peyer540 型电子清纱器,性能优越,灵敏度高,检测功能强,纱疵清除范围广。该机有三种"固定清纱曲线",也可根据工厂需要自行设定"清纱曲线"控制棉纱质量水平。意大利欧立安(ORION)自动络筒机上配备的智能型电子清纱器,每个单锭相当于一个工艺试验室,可以做到对纱线捻接

质量、疵点、周期性小疵点、异纤及超标准毛羽造成的疵点进行控制及清除。德国 AC338 自动络筒机上的电子清纱器已成为卷绕过程中的重要部件，用以监测和保证纱线质量，形成一体化的清纱器。其清纱性能在电脑屏幕上可精确设定，如纱疵超过极限值，清纱器指令切断纱线并向卷绕部件发出信号以中断卷绕，捻接质量也由清纱器单独监控，捻接纱接头归类于一档清纱类型。

2. 清纱器不仅负担清纱及纱线质量监测任务，还有统计功能，可记忆、储存并报告生产运行状况及疵点分级，完成纱疵分级任务。清纱器的清纱曲线对纱疵的粗细节及其长度的划分较细，档次密小，按需要可分档控制各种类型的纱疵。

3. 清纱器的位置，除日本产机器外都是放在捻接器之上，对捻接质量进行监测。上蜡装置一般放在电清上面，以消除上蜡对电清的干扰。新型电子清纱器可自动调节适合各种速度监测及检查各种卷绕速度下的纱线质量，不因启动和正常卷绕速度差异变化而产生误切。

4. 自动络筒机上的吸头已配有传感器，可将纱疵全部吸出经电清切除，不会漏切。电子清纱器分光电式及电器式两种，各有特点，但都因环境受到干扰，如果车间和络筒机自动净化程度高、车间温湿度恒定，干扰即排除。

5. 乌斯特 QUANTUM-2 检测仪的检测装置是智能型多功能电子清纱器，具有根据纱疵及条干 CV％值在线纱线分级，检测纱线粗节、细节、棉结及异纤的综合功能；可检测出植物性等有机异纤，描绘出细节曲线，并模拟织物的疵点情况，分析与报告纱线上的疵点情况；还可在线进行纱疵分级，可追踪到异纤清纱器，避免质量事故的扩大，可检测出亮度大的异纤和暗色的异纤，特别对于透明的、白色丙纶的检测功能是最新的检测技术发展；还能检测纱线毛羽 H 值。

6. 电子清纱器已由模拟式发展为数字式 UETER QUANTUM-3，检测及清纱性能有了很大提高。AC338 自动络筒机选用乌期特电子清纱系列，性能及稳定性和可靠性都很好。电子清纱器是络筒机完成清除纱疵、提高纱线质量的重要组成部分，智能型电子清纱器还担负着对纱线质量监测、纱疵分级及清除异纤的功能。

UETER QUANTUM3 电子清纱器是最新的电子清纱技术，它具有强有力的质量控制体系。新型电子清纱器 UETER QUANTUM3 可测试、分析纱线质量，设定络筒机清纱曲线，还可对粗、细节进行检测。此外 USTER QUANTUM3 对异纤具有很强的检测功能，可降低纱线被污染的程度，提高染色或漂白布的质量；工作效率高，节省时间和人力，检测分析及确立清纱曲线的准确性都有很大的改进。USTER QUANTUM EXORET3 清纱器专家系统是最新的智能型的纱线质量保证系统，使 USTER QUANTUM 清纱器的功能达到最大化，可连续不停地监控所有生产品种的实时状况，使新的 USTER QUANTUM3 具有最新的智能型清纱技术，使清纱技术达到更高的水平。

7. 乌斯特纱疵分级仪已从 USTER CLASSIMAT QUANTUM、USTER CLASSIMAT3 发展到 USTER CLASSIMAT 5，它除了可提供所有传统的纱疵分级标准外，还涵盖了周期性的疵点、均匀度、常发性疵点、毛羽和有害疵点对纺织品的污染。强大的检测异纤工具提供了评估异纤的工具，还能评估有色异纤、植物纤维，并首次实现了对丙纶含量的检测，对于透明的、白色的丙纶的检测功能是最新检测技术的发展。

瑞士乌斯特新近研发的 USTER CLASSIMAT 5 具有高精度、易操作的特点：

(1)采用全新电容式传感器能够对细小棉结以及以前不能检测发现的粗细节疵点，只能在印染布上看到的疵点在 USTER CLASSIMAT 5 上已能检测发现。

（2）设有新的异纤传感器，利用多重光源对纱线的污染进行定位分级，还能分离纯棉纱和混纺纱内的有色纤维和植物纤维，区分有害疵点和无害疵点。

（3）独有的传感器组合，实现了对丙纶含量的检测及分级。

8. 国内长岭、雷声等电子仪器公司也有类似产品，无锡海鹰纺织电子设备公司的雷声 QS-5 型为光电多功能型电子清纱器，具有清除长、短粗节、长细节、静态检测及对棉结杂质等小疵点有分档选择的功能，其中超原纱直径 0.6～2.4 倍、长度 1～10 cm 的短粗节可分 10 档选择；长粗节为 20%～80%倍，长度为 100 cm，分 9 档选择。

9. 长细节直径为原纱的 15%～50%，长度为 100 cm，分 9 档选择。

QS-8 型为电容式清纱器，具有清除长短粗节、纱疵功能，其中短粗节直径为原纱的 0.5～3 倍，长度为 1～10 cm；细节为 0.3～1 倍，长度为 100 cm。

我国长岭及无锡雷声生产的智能型电子清纱器与国外同类产品水平相同，可以作为国内外自动络筒机上智能型电子清纱器的替代品。

第十节　喷气织机的电子储纬器

图 8-10-1　喷气织机电子储纬器

1. 喷气织机储纬器（图 8-10-1）是引纬系统的重要组成部分。它的作用有三个：一是纬纱定长，根据布幅确定储纬器上的纬纱长度；二是考虑纬缩、边纱等用纱的长度以确定储纬长度；三是在储纬器上给予纬纱一定的退绕张力，以保证纬纱在高速退绕时退绕张力的稳定一致。

2. 纬纱在储纬器头端的测长板上卷绕一定圈数后（即达到一定的储纬长度后），电磁阀打开释放纬纱，当电磁阀打开释放纬纱时，主喷嘴及串联喷嘴通过喷射的气流将纬纱送入钢筘的筘槽中，由辅助喷嘴接力把纬纱引到织物的另一侧，完成一次引纬。

3. 储纬器的种类主要有两种：一种是以变频器、电动机及存纱量传感器组成的，移动传感器可调整纬纱的储纱量，传感器检测的信号控制储纬器的停开，这种形式应用较多；另一种是由变频器、电动机及纬纱在储纬器上的圈数的传感器组成的，储纬器的旋转圈数是由编码盘反馈的信号控制决定的，储纬器在织机运行中是固定不变的，这种方式对储纬器的开停要求高，不易控制，应用的不多。

4. 储纬器有单储纬器及多色储纬器（2、4、6 及 8 等），8 色储纬器是在 2007 慕尼黑及 2011 巴塞罗纳 ITMA 上新展出的，多色引纬可使喷气织机织造色织布，引纬选纬的顺序是由计算机按照图案软件来控制的。

5. 单储纬器及多色储纬器的位置可作上、下、左、右的调整以调整引纬时的纬纱张力。

6. 储纬器及停止指的停止与释放动作有了相应的改进与提高，在计算机程序的控制下，储纬器停放纬纱的动作与主喷嘴喷射气流的电磁阀的开启与闭合动作十分协调。

7. 我国已有生产电子储纬器的企业，仅供国产喷气织机用，与国外相比还有一定差距。

第十一节　无梭织机的开口装置

喷气织机如果仅应用凸轮开口系统,织造的品种有很大的局限性,只可能织造一般的平纹、斜纹坯布,而应用了电子提花、电子多臂等高级开口技术后,织物品种的适应性大大提高。尤其在2007慕尼黑和2011巴塞罗纳 ITMA上,展出了许多应用电子提花及电子多臂技术的喷气织机。如多尼尔电子提花钩针已在10 000钩以上,津田驹应用正反向电子多臂及电子提花开口装置,必佳乐也增加了各式电子开口系统,电子提花可以做到无综框提花。

电子提花技术是将花纹编成软件以计算机控制钩针的上升与下降,速度可大大提高,引纬率 达到2 800 m/min(德国多尼尔喷气织机)。应用了电子提花、电子多臂开口技术及多色引纬技术后,喷气织机的品种已发展到织造色织布及各式豪华装饰织物,如室内装饰布等。在2007慕尼黑及2011巴塞罗纳 ITMA上,50%以上的喷气织机已装有电子提花装置及电子开口机构,从轻薄到重厚的织物、从平纹布到装饰布、从宽幅到带子织物,纱线从短纤纱到长丝纱作纬纱,纬纱可有6、8及12色等。

目前许多类型的高质量的织物都可在喷气织机上生产,应用曲轴、凸轮、电子多臂、电子提花等开口装置,在受控的电动机控制下可生产出各种独特外观风格与奇特色彩的织物。在21世纪,喷气织机将在许多纺织领域里广为应用,并取得比任何无梭织机更快的发展速度。许多无梭织机都已配用了电子提花等开口技术,使织机的开口运动十分精确,对提高产品质量有显著的影响。预计现有的电子开口技术会很快推广应用并在应用中进一步改进提高。

一、无梭织机电子控制自动开口技术的发展

喷气织机等无梭织机开口运动自动化的发展是无梭织机技术进步的重要方面,已发展应用的开口装置是由计算机程控的,在高速织机上已应用很多,包括电子提花、电子多臂及凸轮开口等新技术的发展。现代无梭织机开口装置是应用计算机技术并根据织物组织、花纹及图案的要求编程到计算机内,由计算机按所编程序及织机的织造速度、引纬速度对开口执行机构发出指令,进行开口运动,从而完成织造任务。计算机对各式开口运动的程序控制是当代高速织机进一步实现自动化的一个重大进步。图8-11-1为日本津田驹喷气织机用 ESS 电子开口机构织造高档色织布。

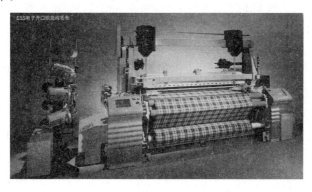

图 8-11-1　津田驹喷气织机用 ESS 电子开口机构织造高档色织布

二、国外的几种电子开口机构

国外有多家生产与高速织机配套的电子开口装置的专业公司,在 2007 慕尼黑及 2011 巴塞罗纳 ITMA 上有许多喷气织机及剑杆织机都应用了计算机控制的开口装置。如西班牙 Staubli 公司是一家研究、生产与高速织机配套的计算机控制的开口装置的专业公司,具有很丰富的实践经验,是生产电控开口装置的代表公司。不论大提花或电子多臂等都可应用 Staubli 公司的电控开口系统。同时该公司还研发与制造全自动电子穿经机构,为高速织机实现全自动化做出了贡献。西班牙 Staubli 公司在 2007 慕尼黑及 2011 巴塞罗纳 ITMA 上展出了许多新型的电子开口装置。

1. SX 型电子提花开口机构

SX 型提花开口机构已在世界各地受到市场的欢迎与肯定,在喷气织机上应用非常灵活好用,体现出 SX 型电子提花开口机构在现代化喷气织机上应用的优点。SX 型提花开口机构与提花喷气织机相结合,其产量要比其他形式的提花机构织机高,可满足织造厂的要求。SX 型电子提花开口机构小巧玲珑、非常紧凑,具有很高的性能,可承受较高的负荷,速度高。机器高速运行时几乎没有振动,机器运转十分稳定并能效率高,零件磨损率低,也很少需要维修。SX 型提花开口机有两种规格可应用,一种是 1 408 钩、一种是 2 688 钩。主要应用于剑杆织机、喷气织机及片梭织机的提花品种的自动开口控制系统,现在已在世界上应用于生产各式提花纺织品的纺织厂。

图 8-11-2　SX V 提花机构外形图

在 2011 巴塞罗纳 ITMA 上展出的喷气提花织机上,Staubli 公司提供的 2 688 钩生产服装用布的提花开口机构,可适应很高车速。

新型的 SX V 提花机构(图 8-11-2),是专门用于在喷气织机上生产天鹅绒织物的提花机构,Staubli 公司在 2011 巴塞罗纳 ITMA 上展出的 SX V 提花机构有 2 688 个钩,由 M6.2 三头模块式传动。

开口机构由独立电机传动。电子提花织机不用机械传动到提花机构的系统,由单独电机直接传动提花开口机构,能做到提花开口机构与织机运转同步。Staubli 公司在 2011 巴塞罗纳 ITMA 上展出的这种新型提花机开口机构,主要用于生产各种规格的天鹅绒提花织物。该机构有 2 688 个钩,可配用于各式新老生产天鹅绒织物的织机。Staubli 公司这种型号的开口机构在市场上已有 10 多年的历史,主要是 UNIVAL-100 型(图 8-11-

**图 8-11-3　UNIVAL-100 型开口机构
外形图**

3)。这种型号的开口机构可以应用于各种无梭织机上,都是分别由单个电机传动,使其具有许多优点,包括机器零部件比较少,维修简单,较容易适应各种织机的要求。其特点如下:

(1)可对单根纱进行控制,很适于织机生产产业用织物。新型的 UNIVAL-100 开口机构的零部件配置得很小,也很少,使机构简单紧凑。两种新型号的开口机构可以组装成 512 或 1024 个执行器的开口系统,还可以补充有关配置形成 2048 与 15360 个执行器的开口系统。对于生产产业用织物的新配置可生产从简单到复杂的窄幅织物(如多层织物)。

（2）所有的 UNIVAL-100 型开口机构都很容易操作,可以通过触摸 JC6U 彩色荧屏控制器进行控制,可设立并储存关于开口的性质,如开口角的调节、开口的断面及梭道横截面的区别等信息。Staublie 公司在展会上现场展示的能控制单根纱的 UNLVAL-100 电子提花机改为控制 384 根纱的控制系统,很受与会者观注。

2. 生产窄幅布的提花喷气织机的开口机构 UNIVALETTE

UNIVALETTE 技术(图 8-11-4)是喷气织机织边的电子开口系统,可以把需要的字织在布上。可根据要求应用于 UNLVAL-100 控制开口装置。UNIVALETTE 技术配置了两种执行机构,即 64 钩或 96 钩来控制经纱的开口运动。应用 JC6U 彩色荧屏控制器的控制,开口的特点是随意的,可编程序可以达到优化的特点及与织机运动完美的同步。织机上的 UNIVALETTE 提花机构可以很容易地进行调节,使开口达到理想的几何尺寸,还可以用来控制 CS1 织边的送经装置。CS1 可在布边区精密地控制经纱张力,以使织物的质量达到理想的水平。

3. CX182 电子提花机构

CX182(图 8-11-5)电子提花机构主要用于织标签及在布面上织字等,这项技术已得到进一步的发展。它有 192 根钩子,是通过精密的机械传动的。CX182 也可由电动机直接传动,因此与织机的传动可不通过机械联接,分别以在 JC6U 控制器所设的程序或模式进行控制。

图 8-11-4　UNIVALETTE 技术配置工作图

图 8-11-5　CX182 电子提花机构图

表 8-11-4　多尼尔公司喷气织机的开口形式与生产品种

机型	开口形式	纬纱颜色	织物宽度/cm	引纬率/(m·min⁻¹)	织物种类
AWS4/E	凸轮	4	400	2100	双幅牛仔布
AWS4/E	凸轮	4	200	1325	输送带
AWS4/L	简易纱罗装置	2	540	2015	数控印花及加固织物
AWS8/j	Bonas 提花	——	180 机幅		标签
AWS8/j	Bonas 提花	——150 机幅	——	标签	
ATSF8/J	Bonas 提花		260 机幅		毛巾
LWV6/J	Bonas 提花		150 布幅		
AWSE8/E	G-B 凸轮		320		装饰织物
CLS	多臂	8	190	1750	男外衣料
STSF8/J-TERRY	提花 6144 钩	8	260	1720	毛浴巾

4. Staubli 公司电子多臂开口系统

S3060/S3260——新型的多臂织机开口系统的发展是回转式多臂开口装置,这可以认为是一项成功的发明。实际上在世界上已运转了几十年的时间。新的多臂开口装置具有新的自锁系统。新的技术进步的特点是增强在高速运转时的稳定性及安全。机器设计的很紧凑,躁音小,高速运转时震动小,还有冷却系统,机器很少需要维修。

5. 1671/1681/1781 凸轮开口装置

图 8-11-6 为新型的 1671/1681/1781 凸轮开口装置。

图 8-11-6　1671/1681/1781 凸轮开口装置

6. STAUBLI 公司研发了新的凸轮运动体系以满足新型高速织机的开口运动的需要。新的凸轮系列包括高性能的 1671/1681/1781 的凸轮、杠干的组合件有广泛的对称、不对称的凸轮,这些先进的机构增加了开口运动的灵活性和适应性。

表 8-11-5　必佳乐公司的喷气织机开口形式与品种

织机型号	开口形式	纬纱颜色	布幅/cm	织物种类
OMNIPIUS	凸轮 800 4-190	4	150	衬里布
OMNIPIUS	凸轮 800 2-p340	2	320	被单布
OMNIJET	凸轮 800 4-p190	4	169	牛仔布
OMNIPIUS	多臂 800 4-220	4	220	汽车用布
TERRYPLUS	提花 800 8-j260	8	235	毛巾
OMNIPIUS	提花 800 4-j190	4	190	衬里布
OMNIPIUS	提花 800 4-j250	4	250	床垫布

目前的开口形式有电子提花、电子多臂及机械凸轮等,生产的品种繁多,厚薄宽窄、平纹提花都有,可生产高级服装衣料、牛仔布、被单布、装饰布、标签、汽车用布及毛浴巾等。这些品种的生产大都与电子开口技术的发展与应用分不开,大提花喷气织机的车速也很高,引纬率一般达到 1 800 m/min,而且产品质量好。因此,随着时间的推移,高速织机的电子开口技术将得到快速的发展与应用。

五、织机钢筘及筘号的选择

织机用钢筘分为普通织机用钢筘及喷气织机用钢筘两大类。

1. 普通织机用钢筘又分为胶合筘及焊接筘两种,棉织用钢筘有单层筘及双层筘两类,双层筘多用于高经密或股线织物。

(1)一般胶合筘片是低碳素钢,含碳量为 0.42%~0.65%,含硫磷不多于 0.04%。筘片要光洁无疵,棱角光滑,筘面要平正无凹凸现象。筘齿排列均匀,无明显的大间隙,大的间隙不大于 30%,筘片间要平行并与筘梁垂直。筘帽用厚度为 0.30~0.35 mm 的铁皮制成,表面要电镀防锈处理。随着高速无梭织机取代有梭织机的发展,这种一般胶合筘也会被淘汰。

（2）焊接筘的制作比胶合筘好，全部采用金属制造，分为平筘及异形筘两种，平筘多用于剑杆、片梭等高速、生产高档品种的织机。

（3）异形筘是喷气织机专用的优质钢筘，由不锈钢异形筘齿、直齿、铝合金筘梁、筘边、不锈钢半圆、不锈钢专用黏结剂等组成。

（4）钢筘的计算

①公制筘号（齿/10 cm）＝ 经纱密度（根/10 cm）×（1-纬纱织缩率）/地组织每筘穿入经纱根数）。

②英制筘号（齿/英寸）＝经纱密（根/英寸）×2×（1-纬纱织缩率）/地组织每筘穿入经纱根数）。

③ 筘号选择的经验公式：英制筘号（齿/2 英寸）＝{经纱密度（根/英寸）-1/地组织每筘穿入经纱根数）}×0.95×2+不同经密纱支。

④公英制筘号换算公制筘号＝10968 ×英制筘号，英制筘号＝0.508×公制筘号。

第九章 工厂建设和管理

目前,我国的棉纺纱锭已达到 1.2 亿锭,约占全世界棉纺纱锭总量的 1/3。从数量上看,我国的确是纺织大国,但仔细分析问题却既复杂又严重。在我国现有的纱锭里,达到 20 世纪末国外纺纱设备最高水平(即 1999 巴黎 ITMA 水平)的只是极少数。因此我国的棉纺纱设备只有一小部分达到 20 世纪末的国际水平。2007 年慕尼黑及 2011 巴塞罗纳 ITMA 的先进技术,我国还要经过一段时间的消化吸收,才能得到应用。因此 2007 年慕尼黑及 2011 巴塞罗纳 ITMA 的先进技术应当作为我国在 21 世纪纺织工业技术赶超的第一目标。

但我国棉纺织企业的用工、用电及生产环境的保护、空气调节等大都存在很严重的问题,急待改进。如有些企业的工人劳动时间竟长达 12 h,夏天高温季节有的车间温度竟高达 38～40℃,有的车间粉尘浓度很高,工作区的粉尘浓度严重超标,照度也很差,与劳动保护规定的标准差距很大,工作环境极差。这些在一些私营企业或其他股份制企业尤为严重,职工们要一年干到头,没有星期天,没有节假日,只有春节可以休息几天。这些问题急待解决,并且应作为我国"十二五"及后 10 年必须解决的问题。

第一节 棉纺织厂空调除尘及照明问题

棉纺织厂的技术改造还应包括厂房设计及选择、空气调节、排尘及照明设计。

一、纺织厂的厂房设计与选择

纺织厂的厂房设计与选择要根据具体气象条件、地形、工艺特点、机器排列、采光照明、空气调节、生产管理及自动化程度等因素来确定。

纺织厂生产的特点为:

1. 生产连续性强,工艺流程长,机台多,厂房占地面积大,机器振动大,噪声高。

2. 纺织生产对温湿度要求高,因此厂房要有保持温湿度的条件,当室外温湿度变化时,室内要有相应的温湿度调节能力。

3. 车间要设立防火设备。

4. 要根据生产的要求设计与应用足够的照明,保证生产及人工对照度(勒克斯)的要求。

5. 要具备适当的空间及通道以实现自动化运输及自动落纱落布等。

6. 注意水、电、风、液的管道交差及流量。

二、纺织厂的厂房形式

目前纺织厂的厂房形式有三种:

1. 楼房式厂房:占地面积少,可节约土地。以前上海等大城市建纺织厂有不少是楼房式厂房,就是为了节约土地。从我国长期发展工业的战略眼光看,采用楼房式厂房的方向是有积极意义的,而且在楼房式厂房里的供电、供水、通风、除尘及半制品运输等都比较方便。但楼房式厂房的造价较高,一次性投资较大。

2. 锯齿式厂房:这种形式的厂房是我国以前普遍采用的,造价较低,可充分利用阳光照明,节约能源,但也有缺点,如占用土地面积多。从长远发展看,有浪费土地资源的缺点,而且厂房的排漏水问题也不大好解决,空调的降温去湿等问题会受外界的影响。为了避免阳光直射,造成眩目并影响车间内的温湿度变化,一般锯齿式厂房的天窗多设计为北向偏东。

3. 封闭式无窗厂房:封闭式无窗厂房是从国外引进的一种无窗厂房形式,这种厂房具有构件少、投资省、施工快的特点。国外发达国家为了使车间的空气条件不受车间外环境的影响而将有窗厂房改成封闭式的无窗厂房,应用独立于室外空气条件的车间空气调节以满足车间内的生产工艺对温湿度的要求。很显然,对封闭式无窗厂房的各项要求要比有窗厂房的要求高得多,一切室内的空气、照明及人体对紫外线的要求完全靠人为的努力完成,如白天的光照也要靠电力照明完成,无形中浪费了能源。相对来说厂房的造价可能会低一些,建筑周期会短一些。国外发达国家应用无窗厂房进行全自动空气调节控制,确实收到了很好的效果。封闭式无窗厂房与锯齿式厂房一样,占用的土地比楼房厂房多。

封闭式无窗厂房最适于风沙大、气候炎热或寒冷而且电力充足的区域建厂。

由此可见,三种形式的厂房各有利弊,可根据具体条件选用。

随着棉纺织厂自动化程度的发展与提高,许多机器之间已形成了联合机,也有的工序因生产工艺的改变减少了占地面积,因此在新厂房设计时要考虑到这些变化的因素。

三、棉纺纺纱生产对车间温湿度的要求

1. 温湿度的影响包括对纤维回潮率、强力、伸长率、柔软性的影响以及对纱线条干不匀和牵伸力的影响等。这些都会影响成纱质量及生产效率。表 10-1-1 为棉纺半制品及成品回潮率的控制范围。

表 10-1-1 棉纺半制品及成品回潮控制范围(%)

原棉	棉絮	生条	熟条	粗纱	细纱
8.0~9.0	7.5~8.5	6.0~7.0	6.5~7.0	6.8~7.2	6.0~6.5

2. 不同的工序、不同的原料及品种在不同的季节对温湿度的要求不一样,见表 10-1-2。

表 10-1-2 棉纺纺纱生产对车间温湿度的控制范围建议指标

工序	冬季温度/℃	冬季相对湿度/%	夏季温度/℃	夏季相对湿度/%
开清棉	20~22	50~60	28~30	55~60
梳棉	22~25	60~50	28~30	50~60
精梳	22~24	60~65	28~30	60~65
并条及粗纱	22~24	60~65	28~30	60~65
细纱	24~27	50~55	28~31	55~60

3. 不同的纤维在不同工序的吸湿与放湿情况不同,见表 10-1-3。

表 10-1-3　化纤及棉纤维纺纱各工序的吸湿及放湿情况

工序	开清棉	梳棉	并条及粗纱	细纱
棉纤维	放湿	放湿	吸湿	放湿
合成纤维	吸湿	放湿	放湿	放湿
纤维素纤维	吸湿	放湿	吸湿	放湿

注：纤维素纤维包括：黏胶纤维、天丝、竹纤维及再生黄麻纤维素纤维等人造纤维素纤维。

夏季车间温度的上限应控制在 31℃ 以内，一般都为 28～30℃。车间温湿度的设计与管理除了满足产品的产质量需要外，还要考虑人性化的需求，见表 10-1-2，这其中包括了对产品质量的要求及人体生理的需求。从表中看出，纺纱车间的温度全年要保持在 20～30℃。

要想达到 28～30℃，必须要有冷源。南方地区要配备制冷设备，如溴化锂制冷机等，一般夏天高温高湿季节应用。溴化锂制冷机的出口温度可在 10℃ 以下，而深井水的温度较高，不能在高温高湿季节作为降温去湿的冷源。

对于相对湿度的要求全年全车间变化不大，比较容易控制，但在加工化纤产品时相对湿度要相对低一些。尤其是并粗细及精梳等工序（见表 10-1-4）。

表 10-1-4　涤棉混纺产品各纺纱工序的温湿度控制范围的建议指标

工序	冬季温度/℃	冬季相对湿度/%	夏季温度/℃	夏季相对湿度/%
开清棉	20～22	60～65	28～30	60～65
梳棉	21～23	55～60	28～30	55～60
并粗精	21-23	55～60	28～30	55～60
细纱	23-25	50～55	30～31	50～55

4. 根据生产的需要，棉纺半制品的回潮控制范围不一样，但基本差不多。

5. 布机织造车间的温湿度的要求与纺纱部分不同，温度在 25～30℃，生产纯棉织品的相对湿度为 75%～80%。但生产的品种不同，对温湿度的要求不同，要局部控制不同产品对温湿度的要求。对纺织车间温湿度的设计原则是要能尽量满足各工序产品、半制品对温湿度的要求。如有些布厂的织机由于是生产多品种，采用单机局部空调技术措施，充分发挥空调与节能的作用，更重要的是局部空调技术对多品种的适应性好。

6. 纺纱车间的温湿度会直接影响纤维的纺纱性能，影响条干不匀、细纱断头及纱疵多少。因此要严格控制车间的温度及相对湿度。

空气调节包括净化车间的空气及对生产车间、工序进行温度及相对湿度的控制与调节两个部分。

（1）现代化棉纺织厂净化车间空气的任务已得到比较好的解决，生产车间、工序的空气都很洁净，飞花及粉尘浓度已达到 135 mg/m³ 左右。

（2）有些车间、工序的温度及相对湿度还没有很好地达标，尤其是高温高湿季节。要想使车间、工序的温湿度满足生产车间的生产及操作人员的要求还有一定难度。

（3）空调的设计、设置及调节要有人性化的概念，人体在一定的温湿度范围内是适应的，可以精神饱满地在岗位上工作，以保证产质量。如果在高温高湿环境下连续工作是不可能很好的持续工作的，产品质量也不可能理想。高温作业对人的身体健康有不利的影响，为此对高温高湿季节的温湿度调节应很好考虑。

四、封闭式厂房设计的送排风问题

老式纺织厂的厂房是锯齿式的，为了防止外界温湿度的干扰并减小锯齿部分的空间以减少能耗，国外改为封闭式厂房。封闭式厂房对空气调节的要求非但没有降低，相反还应在封闭式厂房的条件下加强空调对车间的控制。

1.空调风的自我循环

封闭式厂房的空调设计要考虑到送风量与排风量持平的问题。在车间之间不能有正负压的不平衡现象产生，更重要是带有一定温湿度的空气的流量应当完全受控，不能从生车产间大门排到车间以外或流向其他相邻的车间，而只能在本车间形成自我循环。送进车间的空调风应当在生产机台中对半制品或成品起温湿度的调节作用后经地吸排出，并经排风管道送到滤尘器过滤后继而送入空调洗涤室洗涤，补充温湿度达到本车间的温湿度要求，然后再送入车间，周而复始形成自我循环。这样的空调系统是既节能又高效的理想设计。当然，对于车间空调用风还要不断地补充外风，要有一定的换气次数，大约要补充 10% 送风量的外风，以增加新鲜空气及补充空调风的风量。

2.下排风及除尘的设计与管理

现代化纺织厂空调风自我循环的关键是送进车间的空调风如何进行循环。如上所述，空调风要通过车间地面上的排风口或吸风口排入下排风管道进入空调室洗涤，再送入车间。墙壁吸风圆盘过滤器过滤系统在新式厂房的设计中已不再应用，现代化纺织车间的空调设计中大都采用上送风、下排风的形式，形成上送下排的空调风自我循环的气流流动方式。下吸风入风口的风速应大于 12 m/s，以防止灰尘、杂质及短绒沉积堵塞吸风管道。下排风管道的设计应考虑管道内表面要光滑无疵、材料要有抗静电的特性，以防止管道不通畅。

为了净化生产车间的空气，减少运转机台的积花及短绒，提高制品及半制品的质量，现代化纺织机器大都配备与加强了机器的自我净化能力，如：

(1)开清棉机组在机器下方的落杂箱里设置了连续吸或间歇吸的下排风机构，而且所有的开清棉机器都尽量封闭，使气流大都经下排风管道排入有滤尘装置的系统里。

(2)现代梳棉机的喂入部分及盖板部分都增加了负压吸尘系统，全机的吸点由老式梳棉机的 3 个增加到 12 个以上，全机封闭，彻底净化了梳棉机的梳理部分及全机的生产环境，特别是盖板与锡林梳理区也增加了许多负压吸尘罩，可提高排杂效率，大大提高了生条的品质。

(3)并条机、精梳机及粗纱机加大了负压风量，并以上下压吸风口替代上下绒板。负压吸嘴不仅使并条机的牵伸部分及机器的生产环境得到净化，尤其使棉条及粗纱减少了纱疵，棉条或粗纱的质量得到提高。

(4)由于细纱车间发展了紧密纺，对空气净化的要求更高，特别是起凝聚作用的网格圈更需要净化的空气，以免网格圈堵塞，影响紧密纺纱的质量。

(5)开清棉、梳棉的负压空气基本上是经吸尘管道及滤尘器过滤后进入空气洗涤室处理后，再把符合温湿度要求的风送入车间；并条粗纱及精梳工序自身过滤的空气由于含粉尘量很低，大部分回入本工序。要做到送进车间的空气温湿度能符合车间的要求，气流的压力进出平恒稳定，送入车间的空气中的含尘量要达到标准，一般空气含尘量为 $5\sim10$ mg/m^2。

五、空气调节的自动控制

现代化纺织厂的空气调节是全自动的,空气调节工程由计算机控制。按照各纺织车间或工序对空气温湿度的设定,由计算机编制软件并根据要求在车间安放温度及湿度传感器,监控车间的温湿度变化情况,一旦超标,计算机控制加温或加湿的电磁阀,进行加热、加湿、变更加热加湿量或制冷,使送进车间的空气条件能符合车间的要求,达到稳定生产、提高产品质量的目的。

六、局部加温加湿或降温去湿

由于织布车间生产的品种繁多,有亲水性的棉纤维、纤维素再生纤维(如黏纤、天丝、竹纤及黄麻等)及拒水性纤维(如各类合成纤维涤纶、腈纶、锦纶等)的纯纺、混纺或交织的织物,还有包芯纱织物,因此这种多品种的织布生产对车间的空气要求不同,需要分别送风,以满足不同产品对温湿度的要求。在现代化织布车间已有局部加温加湿或降温去湿的形式,根据不同的产品对温湿度的要求,单独采用局部送风的方式,以达到有效地控制产品对温湿度的要求。局部加温加湿或降温去湿是一项车间空气调节新技术,具有高效节能的特点,应用灵活,可随产品的变更而改变空气的温湿度。

局部加温加湿或降温去湿的方式有采用空气罩及喷射一定温度的水的加湿喷雾机等。空气的气象指标可受计算机控制。当气象指标输入后,空气罩送给机台的温湿度可达到恒值。

七、照明设计及应用

不论是锯齿式、楼房式或封闭式厂房对照明都有明确的规定,一方面是生产工艺的要求,另一方面是人体生理的要求。照明设计及应用的好坏对提高劳动生产率及保护职工视力及健康有很大的影响。我国在经济体制的改革中出现了不少私营企业,有不少采用了封闭式无窗厂房,但对于车间照明设计及应用很不到位,有的车间的照度很差,应引起高度重视。

1.纺织厂的生产照明设计应考虑以下因素:

①厂房的型式和种类。楼房的照明要求高于锯齿厂房;无窗厂房的照明要求高于有窗厂房;

②各工序的照明要求不同,大部分要求一般照明,有部分工序要求局部照明;

③工作地点的环境要求防潮、防湿及防爆。

2.棉纺织厂各车间的照度要求(采用荧光灯)见表10-1-5。

3.事故照明

纺织厂应安装事故照明。一旦发生断电事故,车间内应保持1勒克斯的照度,以便于工人安全疏散。对于无窗的封闭式厂房,事故照明尤为重要。事故照明最好配有第二电源或单独引入安全事故照明线。也可在一定地方(车间大门及重要通道等)设立蓄电照明电源备用。

现代棉纺织厂不论是老厂改造还是新厂建设,都必须认真考虑空调除尘及照明问题,没有科学的空调除尘及照明设计和应用管理是不可能生产出优良产品的。

4.紫外线人体健康照射

紫外线人体健康照射是对在不能接受正常日光照射的纺织工人缺少应有的紫外线照射的补充。对于只在白日做工而见不到太阳的工人(如在全封闭纺织厂做工时间过长,上下班不见太阳),必须单独进行紫外线人体照射。

表 10-1-5　棉纺厂各车间照度要求

车间名称	单层锯齿厂房	无窗厂房(24 小时照明)
开清棉	60	100
梳棉	80	100
并条	80	100
粗纱	80	100
细纱	120	150
捻线	120	150
筒摇	120	150
整经	120	150
调浆	60	100
浆纱	100	100
穿经	100	100
织布	125	150
验布	100	100
成包	80	100

第二节　现代化棉纺织厂的发展方向

21 世纪以来,世界棉纺织机械向着速度高、产量高、产品质量高、自动化程度高、信息网络化、环保节能等方向快速发展。使棉纺织生产各工序的技术都达到了高产优质低耗的高效率生产水平。如开清棉在原有的短流程基础上实现了超短流程,只有四台主机即可很好地完成开松除杂的任务。由于是渐增性地对棉纤维进行柔和的处理,使棉结及短绒相对减少,根据不同的要求有针对性地进行工艺配置并改进了梳棉机工艺路线,对精梳环锭纺及转杯纺采用不同的梳棉机及并条机,更好地发挥各自的特点,适应不同的车速及品种。粗纱机已实现了四单元传动及全自动、半自动落纱,环锭细纱机向紧密纺方向发展,紧密纺环锭细纱机也有长车并有细络联出现。在 21 世纪前 10 年时间里,棉纺织机械和工艺技术都取得了巨大的进步,开创了高产优质低耗的高效率生产新局面。

1. 对于世界棉纺织技术的最新成就,我国要关注与参考历届 ITMA 展出的最新设备,特别要注意吸收 2011 年巴塞罗纳 ITMA 展出的新设备、新技术,供我国棉纺织企业技术改造及新建企业设备选型的参考。要把我国从一个纺织大国建设成世界上的纺织强国,就必须迎头赶上世界纺织技术先进水平,用世界上最先进的纺织设备或技术更新与改造我国现有的棉纺织企业,首先要改造与发展我国纺织机械制造企业,提高我国纺织机械制造的技术水平,使纺织机械生产企业能生产出具有国际先进水平的纺织装备,加快我国走向世界纺织强国的速度。

我国在清梳联合机、高产精梳机、高速并条机、高速粗纱机、紧密纺环锭细纱机、自动络筒机以及无梭的织前准备设备、无梭织机等方面都有企业生产,而且也具有一定的水平,但与发达国家生产的先进设备相比较,在速度及产品质量方面都有一定的差距。此外,在许多纺织工艺研究及应用上也存在较大差距。

2. 对于一个纺织企业来说，如果不能对产品及半制品质量进行检测，就无法对产品及半制品质量进行控制，也就无法对产品及半制品质量进行管理与提高，企业就得不到持续发展。可见检测技术对提高半制品、成品质量具有重要作用。因此，在我国新建与改造棉纺织企业时要高度重视发挥检测技术在企业生产中质量管理的作用，配备足够的必要的检测仪器与设备。

3. 只有纺织器材及专件得到发展，才能保证棉纺织技术的迅速提高，进一步提高纺织产品的产量及质量，同时在节约原材料、能源及电子网络方面也起着重要的作用。纺织机械性能的好坏与所配用的纺织器材或专件的性能密切相关，纺织机械的技术进步与纺织器材或专件的技术进步应该是同步的。事实上，无论是国内还是国外，纺织机械的技术进步在很大程度上涵盖了纺织器材或专件的技术进步。相信纺织器材及专件在今后的棉纺织装备发展中将得到进一步提高，以保障棉纺织技术的快速进步。

纺织器材的发展是我国纺织工业发展的基础，是我国纺织工业生产的核心，因此必须花大力气在"十二五"期间发展好我国的纺织器材及纺织专件，为我国纺织工业的大发展创造条件，当好先行，为提升我国纺织工业的水平作出贡献。在发展我国纺织器材工业时，要瞄准国际先进水平，积极采用新材料、新工艺、新技术、新设备，努力赶超世界先进水平，把我国建成世界纺织强国。

4. 高度自动化纺织生产线包括：清梳联、并粗联、粗细联及细络联等。在新型纺纱系统中自动生产线几乎不需要工人操作，形成了无人工序、无人车间及无人工厂。美国环锭纺纱厂每4万锭仅需要100人，吨纱用工仅4人，中档一级的吨纱用工为16人，而第三世界的普通纺纱厂吨纱用工为30人。事实上，用工越多生产效率越低、产品质量也越差，因此加快纺织生产的短流程、自动化进程，提高生产效率及速度，是21世纪纺织工业技术进步的重要任务。要加快产业结构的调整和产业升级，为建成纺织强国提供强有力的科技支撑。要重点突破、全面提升、健全机制、放眼未来，把握住世界纺织科技的发展趋势，加强基础理论研究，组织前沿技术攻关，为行业的未来发展奠定坚实的基础。

5. 现代棉纺织厂不论是老厂改造还是新厂建设，不论是楼房或厂房、封闭式厂房还是锯齿式厂房，都必须认真考虑空调、除尘及照明问题，没有科学的空调、除尘照明设计以及科学的应用管理，不仅生产上不去，而且会对人体的健康带来不利。不合理的空气调节及照明是不可能生产出优良产品，应该有的空调及照明的花费是一点也不能减少的。

6. 我国于2012年提出要建设成为纺织强国的宏伟目标，我们要坚持以科学发展观为主题，以转变经济方式为主线，以市场为导向，充分发挥科技第一生产力和人才为第一资源的重要作用，努力提高纺织行业的自主创新能力及整体技术素质，不断壮大科技创新人才队伍，把产、学、研及行业公共服务体系等各方面人力资源联合起来，加快培养高水平的科研、工程设计、管理等领军人才和骨干队伍，加强对在岗职工的专业技能培训，全面提高纺织从业人员的整体素质，促进行业创新能力、生产效率的提高。

7. 对于国际上的新装备、新工艺、新技术，我国纺织行业严重缺少高素质的专业工程技术人员去吸收、研制、开发及掌握。要像巴西那样，针对引进的新设备、新技术常年不断地举办各种层次、各种类型的专题学习培训班，从而提高纺织厂的应变能力。

8. 对于国际上的新装备、新工艺、新技术不是单靠引进购买来实现赶超的，更重要的是要组织力量在吸收消化的基础上走创新发展的道路，要研制开发具有国际先进水平的国产棉纺织高端装备。但是我国纺织工业还面临着各类人才严重缺乏的问题,目前我国纺织行业人才培养与实际需求及应用尚有很大的差距,要建立起产学研合作、校企合作、工学结合等人才培养机制,提高科技创新能力,提高科研院所在科技创新体系中的地位和作用。要充分加强发挥创新人才资源有效的应用,提高与加强我国纺织机械及器材的加工制造能力及水平,及时生产制造出具国际先进水平的装备。只有这样才能使我国实现由纺织大国变成强国目标。

第三节　现代化纺织厂的员工管理

1.要纺织强国,除了要配备高科技的专业设备外,员工的素质要相应提高。各类人员在上岗前都要经过必要时间的技术岗位培训并经过考核,确认员工已具备必要的操作能力后才能上岗工作。

2.国家有关门部门要对全国各类纺织厂的劳动条件(工作环境的照明、粉尘浓度和温湿度以及作息时间、工资待遇等)制定出有关规定章程,依法进行管理。

3.新建或改建的纺织厂都要有建厂的各项设计并经有关审批通过后方可动工建设。

4.对于新建或改建的纺织厂及印染厂设计建设时要特别注意环境污染、防火等问题,达不到要求的不能进入建设阶段。

5.要高度重视员工的生活问题,提供适当的吃住条件;全年的节假日要有统一规定,不能随意要工人加班;非工作时间和加班要按规定付加班工资,做到劳资双方按规章合同办事。

6.减少用工决不能忽视对生产设备的管理与维修,要在保障设备正常运行的条件下确定维修员工的定额,决不能因完成产量任务或劳动定额、降低生产成本而减少对设备的必要维修。

7.要特别重视对各类员工的技术培训,使工厂员工成为一专多能、技术全面的员工。发达国家的设备维修人员可做到一专多能,从纺织机械到强弱电、自动控制、电子计算机等一人就能完成维修任务。

编后语

归纳本书的内容,有以下方面需要明确实施,以符合我国纺织工业"十二五"科技发展规划纲要。

1. 我国棉纺织厂的设备中,开清棉、梳棉机应参考 2011 年巴塞罗纳 ITMA 上展出的技术进行改进更新,要建立模块化短流程的清梳联生产线,供应转杯纺与精梳环锭纺的清梳联要分开,开清棉、梳棉机要以模块化进行改造更新。

2. 我国并、粗、细、络设备都具有一定的国际水平,可以参考国外的先进经验进行部分改进以替代进口。并条机的应用要按品种设计速度等;粗纱机要应用分单元传动、四罗拉三区牵伸,上、下牵伸部分安装吸尘,采用全自动或半自动落纱及粗细联;细纱要全部向紧密纺改造,不增加一枚锭子。

3. 环锭细纱机目前容量太大,在"十二五"及以后一段时间里要做到不增加一枚纱锭。要着眼于更新改造,重点抓好扩大精梳容量、紧密纺、细络联、粗细联及细纱机的自动控制等。新型纺纱中要发展以半自动为主的转杯纺纱机以及全自动转杯纺纱机为主的新型纺纱机,容量达到 500 万头,并与精梳环锭纺的改造相配套。我国要加快高档转杯纺纱机的开发研制,力争尽快自给,满足市场的需求。

4. 自动络筒机也不应进口,要改进部分零部件专件。要发展细络联,具备信息智能化。不能只联而不采用质量信息传递技术,要进行逐锭质量监控。防叠部分可参考立达 J20 喷气纺纱机的计算机控制的卷绕防叠技术。

5. 我国的浆整设备要向高科技看齐,如津田驹经纱垂直进烘房、自动监控技术等。

6. 要加快有梭织机无梭化的更新改造,在 10 年时间里要实现全部无梭化。我国的喷气织机及剑杆织机在许多方面已达到国际先进水平,完全可以自给,要全面推广无梭化。剑杆织机与喷气织机要同时上,根据需要及经济能力安排。国产无梭织机自给能力较强,完全可替代进口。

7. 要重视纺织厂车间空调、除尘、照明的改造、管理及应用。车间照度、粉尘浓度、安全防火达不到要求的不准生产。

8. 要努力开发纺织新品种,但不能应用粮食作原料,不能再扩大占用粮田,不能污染环境。

9. 我国要高度重视对纺织机械、器材及专件厂的改造,要生产出具有国际先进水平的纺织设备及器材。

10. 要重视技术力量的培养,开办各层次的学习班,特别要重视培养高级管理人才。

11. 要添设生产质量管理的测试仪器,配全配足。

12. 纺织强国的用工水平应该是低的。美国对用工水平曾做过调查,确立每 4 万锭的棉纺厂的全体员工为 100 人,这种定员的含义包括了全部生产过程的自动化、连续化,以及每台机器的高产、优质、高度自动监控等,车间的除尘、空调自动化也是全部生产过程自动化、连续化的一部分。值得注意的是,工厂的管理工作全部纳入计算机网络管理内,人工管理只是计算机网络管理的辅助部分。

13. 计算机网络化管理是现代纺织企业管理水平的体现。原棉从供用站按棉纺厂要求调拨到纺纱厂起并纺成纱供应织造工序或其他下工序的全过程的产质量都在计算机网络的控制与管理下进行,还包括机物料、生产计划及品种安排等,这些管理的大部分都实现了网络管理,而且是三级管理。只有这样才能真正达到减少用工的目的。

实现上述 13 条技术进步是我国棉纺织企业落实"十二五"纺织科技发展规划纲要,争做世界级纺织强国的重要标志。

我国目前约有 1.2 亿锭纺纱机,还有 126 万台有梭织机,规模很大,是世界纺织大国。10～20 年后通过努力将 1/3 的纺纱规模即 4 000 万锭实现现代化(主要发展紧密纺及精梳环锭纺),高档转杯纺达到 500 万头,大部分织机实现无梭化,使全部生产设备及相应的理管达到世界级的先进水平,这是我国争做世界级纺织强国的重要成绩。我们要在 21 世纪使我国棉纺织工业不仅完全成为世界纺织大国,更要成为世界纺织强国! 21 世纪初,根据我国全面建设小康社会的总体任务,提出了到 2020 年建成纺织强国的宏伟目标。未来 5～10 年将是我国纺织工业向强国目标全面冲刺的关键时期。要加快科技进步,实现纺织科技生产力的跨越式发展,并以此为支撑转变发展方式,是实现 2020 年纺织强国目标的根本途径。主要企业(规模以上企业中的前三分之一)具备较强的自主创新能力,技术和产品研发、检测中心完备,拥有高素质、专业化的科技创新人才队伍,研发投入强度达到 3%～5%;行业信息化技术开发和应用接近或达到国际先进水平,推动管理和营销模式的现代化;生产效率继续提高,到"十二五"末,规模以上企业劳动生产率争取比 2010 年翻一番。

参考文献

［1］秦贞俊.现代棉纺纺纱新技术［M］.上海：东华大学出版社，2008.

［2］秦贞俊.现代喷气织机及应用［M］.上海：东华大学出版社，2008.

［3］秦贞俊.世界棉纺织前沿技术［M］.北京：中国纺织出版社，2010.

［4］秦贞俊.现代棉纺织工程产品质量的监控与管理［M］.上海：东华大学出版社，2011.

［5］秦贞俊.现代化棉纺织生产技术的发展［M］.上海：东华大学出版社，2012.

［6］秦贞俊.世界棉纺织工业的技术进步［C］.第二届中国国际棉纺织大会论文集，2001：20-27.

［7］秦贞俊.21世纪纺织工业发展的展望［J］.安徽纺织信息，2002(2).

［8］秦贞俊.美国棉纺织工业结构的战略调整［J］.国外纺织技术，2002(6).

［9］秦贞俊.世界棉纺织工业的技术进步［J］.国外纺织技术，2002(8).

［10］棉纺手册(第三版)编委会.棉纺手册［N］3版.北京.中国纺织出版社，2004.

［11］棉织手册(第三版)编委会.棉织手册［N］3版,北京.中国纺织出版社2006.

［12］Survey. Staple yarn spinning［J］. Textrle Asia，2008(8)：22-28.

［13］2011年巴塞罗纳ITMA及2012年上海CITAME技术资料.

图书在版编目(CIP)数据

创建世界纺织强国/秦贞俊编著. 一上海:东华
大学出版社,2014.6
ISBN 978-7-5669-0530-7

Ⅰ.①创… Ⅱ.①秦… Ⅲ.①纺织工业-研究
Ⅳ.①TS1

中国版本图书馆 CIP 数据核字(2014)第 115557 号

责任编辑 竺海娟
封面设计 程智慧

出　　　版:东华大学出版社(上海市延安西路 1882 号,200051)
本 社 网 址:http://www.dhupress.net
天猫旗舰店:http://dhdx.tmall.com
营 销 中 心:021-62193056　62373056　62379558
印　　　刷:常熟大宏印刷有限公司
开　　　本:787mm×1 092mm　1/16　印张　12.5
字　　　数:312 千字
版　　　次:2014 年 6 月第 1 版
印　　　次:2014 年 6 月第 1 次印刷
书　　　号:ISBN 978-7-5669-0530-7/TS·495
定　　　价:38.00 元